AUTODESK.

Autodesk Fusion 360 自学宝典

主编 何 超 龚鹏飞 王跃锦

参编 王 珺 张钧昱 张 磊 谷连旺 石现博

主审 王 苓

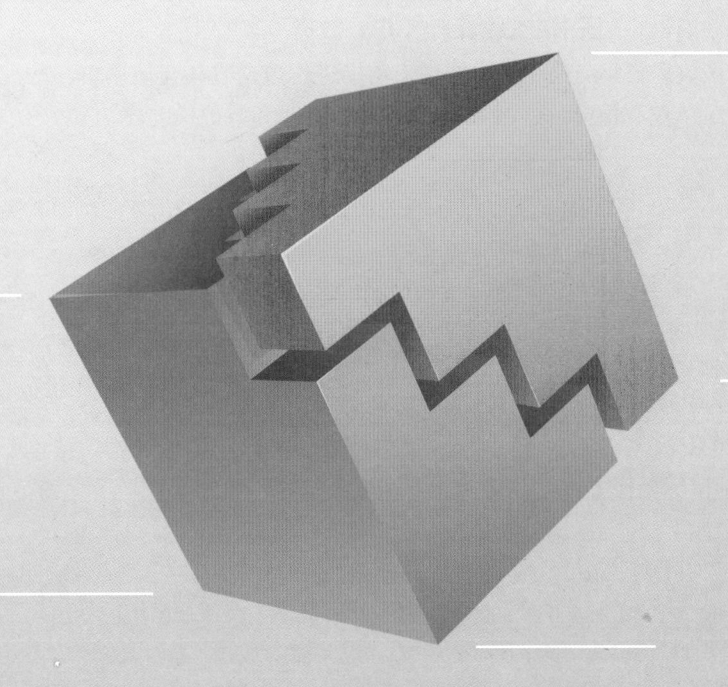

本书不仅系统地介绍了Fusion 360软件的使用方法，而且给出了大量的图文和视频教学案例，从三维建模、三维渲染、装配动画、仿真模拟、3D打印以及数字制造等多个模块进行讲解。

本书的最大特色是融入了互联网思维，特别强调云设计、云协作、云办公、云教学的方式，将教学案例的内容和云端视频相连接，通过扫描二维码就可以看到案例制作的精品教学视频，大大方便了初学者在软件起步阶段的使用，快速、精准地解决其所面临的问题。

本书内容全面、结构清晰、实例由浅入深且趣味十足，可作为广大三维设计师尤其是家装设计师的自学教程和参考用书，也可作为中、高职设计专业学生的入门教程。

图书在版编目（CIP）数据

Autodesk Fusion 360 自学宝典 / 何超，龚鹏飞，王跃锦主编．—北京：机械工业出版社，2018.5

ISBN 978-7-111-59913-5

Ⅰ．① A…　Ⅱ．①何… ②龚… ③王…　Ⅲ．①三维动画软件　Ⅳ．① TP391.414

中国版本图书馆 CIP 数据核字（2018）第 097659 号

机械工业出版社（北京市百万庄大街 22 号　邮政编码 100037）

策划编辑：宋亚东　张雁茹　责任编辑：宋亚东　张雁茹

责任校对：陈　越　　　　　责任印制：李　昂

北京瑞禾彩色印刷有限公司印刷

2018 年 6 月第 1 版第 1 次印刷

184mm × 260mm · 12.5 印张 · 323 千字

0 001—3 000 册

标准书号：ISBN 978-7-111-59913-5

定价：69.80元

凡购本书，如有缺页、倒页、脱页，由本社发行部调换

电话服务　　　　　　　　　网络服务

服务咨询热线：010-88361066　机 工 官 网：www.cmpbook.com

读者购书热线：010-68326294　机 工 官 博：weibo.com/cmp1952

　　　　　　　010-88379203　金 书 网：www.golden-book.com

封面无防伪标均为盗版　　　教育服务网：www.cmpedu.com

序一

“工欲善其事，必先利其器。”多年来我一直在想：人类进入21世纪，能使用什么样的利器来提升我们当前的设计制造效率和质量，以便用最少的代价做更多有意义、有价值的事情，让工作、生活变得更有趣更高效？

记得2013年11月，我还在哈尔滨电气集团有限公司主持技术和信息化工作时，受邀参加了Autodesk公司在北京举办的Autodesk University（AU）大会，第一次听说有一款基于云端的设计协同软件Fusion 360，让我很兴奋。我找到共识：制造业正在步入一个云设计制造的新纪元，设计制造一体化、艺术美术与结构设计融合、客户融入定制和变更，整个制造业产业链将发生重大改变。我意识到：整个设计制造工具的革新将会引发一场全球性制造业模式的变革，不仅影响到行业，也会影响到我们个人，并且越早使用，越会产生竞争性优势。

随后，我们就着手进行评估和试用，并与Autodesk Fusion 360的中国研发团队紧密协同工作。Fusion 360软件采用了快捷研发的手段，它是一款更新速度非常快的软件，今天的Fusion 360无论软件功能还是用户体验都与几年前发生了巨大的变化。我相信大家在使用过程中会与我一样深有体会。

退休后，我参与了云设计制造协同社群，在云端和一批年轻人享受Fusion 360的人性化设计，甚至超出我们思维的衍生设计（generative design）。对于其不足和新的需求，Fusion 360每两周一次的更新让我兴趣盎然，已经成为它的一个“佬”粉丝。

世间万物，变化永恒。

未来的设计不限于在产品开发机构，未来的制造也不限于在工厂，未来的创新更不限于专家学者，而是更加多元化、分散协同和跨学科，以及个体创客造客将会崛起。真正的差异化竞争优势不再限于价格，更多的是创新速度的比拼。在全球化和智能化的今天，掌握先进的技术手段比以往更加急迫！

然而，在国内图书市场上，我几乎没有看到有关Fusion 360的出版物，这影响了人们掌握先进生产力的速度。今天，我欣喜地看到即将出版的Fusion 360中文教程，也很高兴受邀给这本书写序。超级贝勒何（何超）的团队是有激情和使命感的年轻人，他们把自学的知识分享给大家，从他们自学的视角写这本书，而且还提供了视频教材，形式新颖，浅显易懂，大大降低了大家自学Fusion 360的门槛，是非常适合初学者的入门教程。

未来的智能制造将通过建立产品数字化模型完成产品全生命周期的数字化定义。产品数字化模型在产品打样或者制造之前，通过使用软件工具来虚拟设计、可视化、模拟仿真和优化，包含了制造、运营和维护等产品必要的信息数据，也包括了产品生命周期的数字化历史——即从它的概念设计之初，到工程设计、制造规划、生产加工、支持服务，直到产品报废的整个时期，为企业纵向集成提供了有力的支持。

产品数字化模型可以允许在整个横向价值链中，有效传达、捕捉并管理产品开发流程中的决定，包括实时（例如在在线设计评议期间）协作工具或非同步协作（例如围绕相关要求、版本控制、分析结果、审批、和工程变更指令的合作）。

Fusion 360软件字义本身就是融合的意思，正是满足未来制造趋势的一款产品。Fusion 360是Autodesk公司全球首个推出的基于云计算的新一代CAD/CAE/CAM工具集，集工业设计、结构设计、机械仿真以及 CAM 于一身，支持跨平台和通过云端进行协作、分享。Fusion 360 已经逐渐成为集 Autodesk 云计算及云服务精品于大成的一个云设计 SAAS 服务平台，融入了很多非常优秀的云服务。例如，它可以做前期的概念设计，精确的结构设计、仿真、二维出图、渲染、动画，到后期的 3D 打印和数控加工，同时兼备设计协同、数据分享、项目进度追踪，也可以线上线下、任何时间、任何地点、不间断地进行设计，极大地节约了成本，也带来了快速创新和竞争能力。毫不夸张地说，这是一款性能完整，符合现代设计需要，行业领先的一站式软件服务平台。

以往的设计制图软件大多继承了与 CAD 类似的功能，这些功能在过去的时间里使用是非常适合的，但是随着时间的推移，整个国际的行业技术发生了很大的变革，仅仅依靠原有的功能模块不能够满足现有设计人员的需要，而且随着广大用户的审美提升，他们对设计人员的要求也普遍变高，从某种程度上督促着整个设计行业的改变。Fusion 360 软件的出现刚好填补了这个行业现代化工具需求的不足。

Fusion 360 软件在使用中确实与行业中类似软件有很大区别。在实践中我们发现，大量的行业制图软件安装程序会越来越大，这都是因为软件公司为解决更多制图人员的特殊需求而无休止地在原有软件基础上添加了一大堆功能，而这些功能未必是大多数使用者的诉求，结果则是安装一个设计软件要占据大量的计算机存储空间，运行起来十分不便。Fusion 360 完全基于云端技术，只需要安装一个基本功能的软件包即可，存储和运行都可以在云端进行，不仅大大地节省了使用者的运行空间，而且为异地协同办公提供了可能。

当然这也提供了另外一种可能，即让用户参与到产品设计环节中来。因为 Fusion 360 软件可以在不同的终端进行使用，这样很多产品的门店销售人员就可以直接给客户进行展示，他们可以第一时间将修改意见标注在产品设计具体的位置，非常利于设计师进行快速产品优化设计，这将为我们服务的对象提供最好的体验，好的用户体验可以给我们带来更多的品牌价值和经济价值。

软件中强大的曲面生成实体功能，极大地简化了传统 CAD 制图中的流程，解放了我们的设计人员。就像贝勒团队在教程中通过案例展示的那样，设计一个水池时，用草图绘制到拉伸是一种方法，用 T-Spline 工具直接在曲面优化设计就是另一种思路，设计师不再拘泥于某一种死板的方法，这样可以让设计更有创造欲望，他们的灵感也更容易实现出来。

与欧美生产制造发达国家的人员交流，我发现很多国外年轻设计师和工程师就已经很熟练地使用 Fusion 360 软件创造各种产品了。在德国汉诺威工业博览会上，德国总理默克尔和一位当地著名残疾人运动员合影，那位运动员的右腿竟然是用 Fusion 360 软件结合人体工程学制造的一条假肢。那条假肢的设计充分运用了结构优化，完全贴合人体，同时，镂空的结构则极为轻便。不能不说，其将设计发挥到了极致。

在认真解读“供给侧改革”后，就不难发现真正要解放的不仅仅是技术，更多强调的是人们的思维，拆掉现存人们脑海中固有的围墙，才是真正的解放思想，有助于我们从制造大国向制造强国转变。正所谓“工欲善其事，必先利其器”，优秀的设计生产工具将会助力我国的制造业，实现中国制造 2025 的制造强国之梦。

哈尔滨电气集团有限公司前副总经理
苗立杰　博士

序二

作为 Fusion 360 国内早期用户，我非常荣幸能受邀为超级贝勒何的 Fusion 360 教程写序。

2013 年，我在北京工业设计促进中心 DRC 基地工作时，正好赶上 Fusion 360 进入中国，很幸运地结识了 Autodesk 公司负责这项工作的王苓女士。

融合——Fusion，代表未来。

初识 Fusion 360，我惊异于 Autodesk 的战略眼光！仔细了解，有三点让我笃定 Fusion 360 就是未来的趋势：一是基于云端和人工智能；二是从创意到制造全产业链的纵向覆盖和横向协同；三是统一 3D 打印数字标准的战略目标。在当时，这就是我心中梦幻工具的全部！

天下武功唯快不破。

无论什么商业模式，企业永远要做的一件事就是提高效率。2015 年底我开始创业，做制造服务，创办了国内首家产品制造实验室，希望能为消费类创新产品快速实现小批量制造做出一套好的商业模式来。首先想到的就是 Fusion 360，强大的功能，从创意概念到精确的结构设计、仿真、渲染、动画，再到后期的 3D 打印和数控加工，跨平台，任何时间、任何地点的设计协同、数据分享、项目进度追踪等。按年支付很少的费用就可以，非常适合初创企业。

很幸运，我们成为了 Fusion 360 国内早期用户。当时国内找不到 Fusion 360 相关中文书籍，学习软件靠的是自己摸索和 Autodesk 公司技术支持。现在的 Fusion 360 技术群，最早就是我们和 Autodesk 公司的六位工程师组成的，当时我被这样的技术支持感动得甚至无所适从。使用 Fusion 360 一年后，经过测算，我们的效率提升了 7 倍！对于企业，这就是竞争力！

创新路上 Fusion 懂你。

Fusion 360 是为创客而生的。因为使用它，我们知道了卡尔·巴斯——创客之王，Autodesk 公司前 CEO；知道了 9 号码头；知道了全球范围你的同类在哪里，他们都在用 Fusion 360 做着哪些改变世界、让生活更美好的事情！Fusion 360 更新迭代速度非常快，我们见证了这一过程：T-Spline 工具曲面优化、钣金工艺的增加、电路设计软件 EAGLE 的融入等。今天的 Fusion 360 无论软件功能还是用户体验，都较两年之前产生了巨大的变化。我尽力忍着不做“剧透”，还是大家亲身体验会更好！

2017 年，我们开始用锻炼出来的核心能力服务个人制造，是 Fusion 360 为我们揭开了一个时代的序幕——人人都是设计师和 Making anything（造任何东西）。非常想告诉 Fusion 360 未来的用户，你得到的绝不仅仅是一款软件！它不仅能提高工作效率，避免把时间浪费在重复劳动上，还会帮助你建立良好的工作习惯和流程，以及给你带来全球化的视野！

感谢超级贝勒何！感谢他和他的团队能把自己的学习经验梳理成书分享给大家。通过他们的讲解，学习使用 Fusion 360 会更加快速、便利。

请大家赶快开始你的 Fusion 360 发现之旅，释放你的创造吧！希望能早日在 Fusion 俱乐部相聚。

北京肆点零工业科技有限公司　创始人　CEO

黄燕刚

序三

非常荣幸接受贝勒何及其团队邀请为其新编写的教程《Autodesk Fusion 360 自学宝典》作序。

通览本书原稿后，我颇为感慨。这应该不仅仅是一本关于三维设计的教科书，因为其中的每一个章节和段落，无不充满了贝勒团队对现代工业设计与制造的解读，以及对未来社会中关于独立化、个性化“规模生产”所提出的构思与蓝图。我与贝勒何交谈后，感受到了他对以此引发的数字化制造革命所带来的一系列问题的思考，特别是生产制造业与商业模式的改变，未来职业的兴衰与对现代教育的忧虑。

众所周知，“生产力决定生产关系”，古往今来，生产工具的发展大大促进了人们的生活水平。现代的人类再也不需要赤脚狂奔在深山密林之中追逐猎物，再也不会头顶炎炎烈日躬耕于田野，生产工具的变革极大地缩短了生产时间，生产效率更是指数级增长。人类生产时间的减少势必带来大量的闲暇时光，让人类拥有更多的时间去思考和改进生产工具，周而复始，人类从农村走向城镇，从荒芜步入文明，而文明的要素之一就是学会生产工具和使用工具。

三维设计软件的出现是人类创造思想上一次翻天覆地的变化，设计师们不用再一手持笔，一手比着量规绘制草图。计算机制图学的推进解放了设计师们的双手，并且绘制出的图样精确到了小数点后数十数百位，让更多精妙的设计成为可能。快速成型技术的出现更是为设计师插上了想象的翅膀，快速跨越了虚拟与现实的巨大鸿沟，让人们关注的焦点回归到设计和生产的本身，而并非纠结于技术。

科技的革命推动了商业经济的变革，带动了现代社会人们的需求欲望。大数据、云计算、移动互联网等新兴技术的兴起，打破了人们的信息孤岛，使人们不仅可以极为便利地在互联网上查阅资料和寻找解决问题的思路，也可以通过数据的传输与计算，低成本快速地解决问题。由此，人们对信息技术的依赖也会越发强烈。

设想一下，未来某一时刻，身处福建的安妮在移动终端浏览家装信息，为其刚刚拿到钥匙的新家添置家具。森系十足与科技元素并行的设计方案是她青睐已久的方向，她在威客平台发布信息后立刻得到了回应，经她本人同意使用数据后，远在法国里昂的设计师，结合她长期网络浏览历史记录总结出的关键信息，及其消费能力给出方案，双方达成一致，支付完成几秒钟后生产订单下发，工程图的数据随即传至安妮所住的社区打印服务店，家具和家装所需的一切开始 3D 打印制作，一周之内，安妮的新家建成。

上面的故事听起来是不是很酷，这不是科幻故事，这样的事情将会发生在我们未来生活的每一天。“中国制造 2025”的大幕已经拉开，迅速而猛烈的科技风暴正在席卷而来，现在的人们只有迎着风浪，不断学习最先进的技术，才能在未来的大潮中生活得更好。在面向未来的过程中，我们需要像贝勒团队这样致力于为未来而教、为未知而学的教学团队，从而为现在的年轻人提供优质的教学方案。为此，向那些思想与实践相统一的人们致敬，为更多人开始实现自己的中国梦击掌喝彩。

北京太尔时代科技有限公司　总经理

郭戈

前　言

记得2016年8月的一天，在陕西教学培训的归京途中，我接到了来自机械工业出版社的电话，受邀完成一本关于Fusion 360的软件教程。兴奋之余，我感到了来自专业人士的认可，同时时代使命感油然而生——因为在当时国内并没有一本关于Fusion 360软件的教程，国外的参考书也寥寥无几，但是国外，特别是欧美等发达国家的大量师生、设计人员、3D打印公司，已经开始普及使用Fusion 360，并将其作为研发设计、生产制造领域一种高效便捷的技术手段。我们很遗憾但又很“幸运”，为什么这么好的软件在中国还没有教科书？

我们非常有幸，在最初接触Fusion 360之时，获得了Autodesk Fusion 360产品研发团队极大的技术支持，同时，我们也非常愿意将我们近两年自学使用的体会和技巧与广大读者分享，让大家与我们一起体验如何轻松驾驭Fusion 360。因此，在我们与出版社达成合作意向后，我与团队成员进行了长达一个多月的探讨与研究，就如何撰写本书达成了共识。

首先，本书的读者群体有明确的定位。这是一本针对初学者入门、创客群体的教程，适合于创意造型设计师、产品研发工程师、相关领域的学生和教师、3D打印服务外包等从业人员，以及有异地项目协同需求的人员使用。因此，内容一定要短小精悍，让尽可能多的知识点通过真实可靠的案例展现出来。适合的行业包括：日用消费品、家居制造、工业设计、创意设计、塑料包装、医疗器械、工程制造等。

其次，Fusion 360不是单纯的三维设计软件，它诞生在21世纪的云端，融合了机器学习、移动互联、社区协同、增材制造等先进技术，集成关联了从概念设计、数字仿真到加工制造等环节。本身的定位是智能制造的产品创新平台——“造任何东西！”（Making Anything！），属于智能制造的范畴。因此，我们要给读者提供先进的工具手段，提升读者在使用效率和市场环境中的竞争能力，就要更多地展示软件中各种功能模块之间的特点、区别及联系，特别是将移动互联网的元素加入其中。

最后，撰写本书时，我们团队融合了数字化的教学理念，精剪教学视频，通过书中二维码链接云端，使读者在学习过程中，既可以通过3min左右的视频了解所学知识，又能够规避设计类教程中，因作者与读者之间思路偏差而导致自学中半道遇阻，戛然而止的现象。

在近两年的实践过程中，无论教学，深入企业走访，还是在各个创客空间，我们越发感觉Fusion 360软件已不再局限于设计软件本身的特色，更多跨行业、跨专业、跨学科的知识与信息正通过网络的方式汇聚在Fusion 360这个平台，同时根据各行各业的特点，凭借设计、制造等领域的优势，逐渐形成关联设计上下游的生态链。现代甚至是未来的设计师、工程师、自由职业者，都可以方便地使用这一平台与世界各地的合伙人、项目团队、用户随时随地地进行快速、有效的协同互联，真真正正迎接个性化定制时代。

本书的撰写借鉴了我们团队教师的一线教学经验，通过不断试误与改进，摸索出部分较为适合初学者学习的案例。为了能让这些案例在读者心中留下深刻印象，我们特意赋予案例和案例之间的关系，通过创建小型场景的方式来强化使用者的学习技能。

在撰写过程中，感谢Autodesk中国研究院的李华老师，Autodesk Fusion 360中国教育研究中心主任、ACAA/Autodesk专家组宋培培，Autodesk Fusion 360首席软件测试工程师徐立雄，以及Autodesk Fusion 360 QA研发团队给予了我们极大的鼓励和技术指导。同时，非常感谢Autodesk

公司（中国）的王苓女士作为主审对我们的大力推荐并协助我们申请到了 Autodesk 引用相关商标和著作权信息等官方授权。也特别感谢为本书欣然作序的行业内顶级专家和行业领袖——苗立杰、黄燕刚、郭戈，以及在推荐语中给予我们肯定的乔岐、冯春慧、张文铸、陆志国、孙远波、王涵。

本书共计八章，分别对从设计到生产的每一个模块进行了较为详尽的解析。前七章着重强调软件的技能学习，最后一章试图通过综合案例探讨未来制造的工作模式。3D 打印与数字制造是我们特意加入本书的。首先，旨在用最简单的制造方式让读者了解从“看得见而摸不到”的三维虚拟到“看得见摸得着”的物体之间的现实转化过程，体现出 Fusion 360 与 3D 打印的强大连接。其次，以 3D 打印为代表的增材制造将是未来制造的核心手段之一。

由于本书更多的是从贝勒团队教师的视角撰写，且国内外的参考资料并不详尽，难免在编写过程中出现一些错误，我们真诚地希望广大读者若在学习过程中发现问题，可以与我们联系进行反馈指正。Fusion 360 是云端的应用服务软件，每两周进行一次小版本更新，每 6~8 周进行一次大版本升级。我们作为 Fusion 360 的使用者，跟上 Fusion 360 更新的步伐也算是与时代技术同步了。

贝勒团队

本书导读

为了更好地学习本书知识，请仔细阅读下面的内容。

【软件版本】

使用的软件版本为 Autodesk Fusion 360 v2.0.3253。

【计算机操作系统】

使用的操作系统为 64 位的 Windows 10，采用系统自带主题。

【视频以及二维码】

为使读者更好地学习和使用，在书中的相应位置放置了二维码，读者可通过扫码观看视频。在开始每一章的学习之前，建议首先观看视频教程，根据视频内容对应本书文字说明进行操作，更加容易上手。

全书共 8 个视频：

（1）第 2 章：洗漱台（P18）、洗漱池（P34）、节水龙头（P50）。

（2）第 3 章：三维渲染 - 创意灯泡（P73）。

（3）第 4 章：装配 & 动画 - 小轮组（P93）。

（4）第 6 章：工程图绘制 - 小轮组（P142）。

（5）第 7 章：3D 打印 - 卧室（P156）。

（6）第 8 章：综合案例 - 洗漱间（P165）。

【相关格式】

格　　式	含　　义
【草图】/【直线】	表示 Fusion 360 软件命令和选项。例如，【草图】/【直线】表示从下拉菜单【草图】中选择【直线】命令
小提示	要点提示及软件操作技巧，请读者重点查看
相关知识	相关知识点介绍
操作步骤 步骤 1 步骤 2 步骤 3	表示教程中模型设计过程的各个步骤

【视频及源文件下载】

读者可以从百度网盘下载本教程的配套视频及练习文件，具体方法是：微信扫描右侧的“机械工人之家”微信公众号，关注后输入“59913”即可获取下载地址。

机械工人之家

目　录

第 6 章 计算机辅助制造模块

第 7 章 3D 打印与数字制造

第 8 章 综合案例制作

第1章

Fusion 360 软件介绍与云端协作

学习目标

1. 了解 Fusion 360 软件功能。
2. 学会安装软件以及熟悉软件界面。
3. 能运用云端协作功能与设计团队、用户交互，协同办公。

1.1 Fusion 360 软件简介

Fusion 360 软件是一款集三维设计、三维渲染、仿真制造以及用户与项目小组成员进行云端协同办公于一体，连接设计和制造的平台。无论身处在哪个行业的用户都可以通过 Fusion 360 强大的模块功能随时搭建团队，建立内部小组之间，以及内部小组与外部团队之间的协同互联办公，同时也可以通过个人计算机和任何一种移动终端直接面对客户进行交流与互动，运用现代化的网络资源，低成本、高效地提升用户体验。Fusion 360 加载界面如图 1-1 所示。

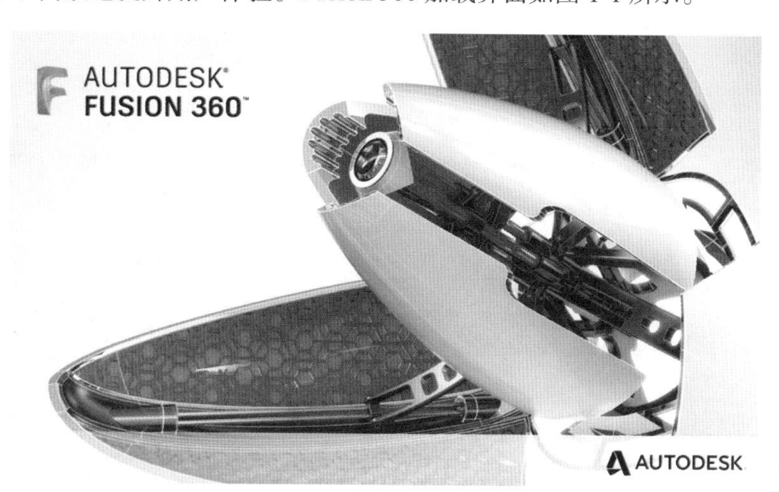

图 1-1 加载界面

Fusion 360 除了具备工程设计类软件的功能之外，还特别增加了以下内容：

1）云端协同工作模块，包括云存储、云计算、云协同等功能，通过添加工作小组的形式分别进行内部小组优化设计使用，以及直面用户进行实时产品反馈。

2）三维建模中增加自由造型（T-Spline）模块，可以使工业三维模型设计得更加随意，优美而强大的曲面设计功能使得看似枯燥严谨的零件设计充满艺术造型美感。

3）软件更加考虑真实使用场景及使用对象，无论三维渲染模块还是仿真、装配模块都添加了真实材料库，使用者可以非常方便地将其更新下载到本地磁盘中进行使用。

4）软件还与 3D 打印数字制造进行了有效对接，项目小组成员可以将三维模型以 3D 打印通用格式导出，也可以直接启动三维切片软件，从而驱动 3D 打印机快速进行成型制造。

Fusion 360 软件每 2 周进行一次小版本更新，6~8 周进行一次大版本升级，使用户体验到最真实的使用环境，打通概念设计到最终成型制造环节的所有流程，方便全球用户设计与展示。

1.2　软件安装方法

首先要登录 Autodesk 官方网站（https://www.autodesk.com.cn）进行软件下载（见图 1-2），并通过电子邮件进行注册，然后进行安装。

图 1-2　官方网站界面

安装方式：在 Autodesk 官网中单击【菜单】/【下载】/【免费学生版软件】，在其中找到 Fusion 360，按照提示进行下载，如图 1-3 所示。

图 1-3　下载界面

小提示

在安装过程中计算机需要网络支持，即在线下载以及解压安装，如图 1-4 所示。

Fusion 360 软件目前支持 64 位操作系统的计算机使用，同时支持 Windows 系统与 Mac OS 系统，计算机配置要求详见表 1-1。

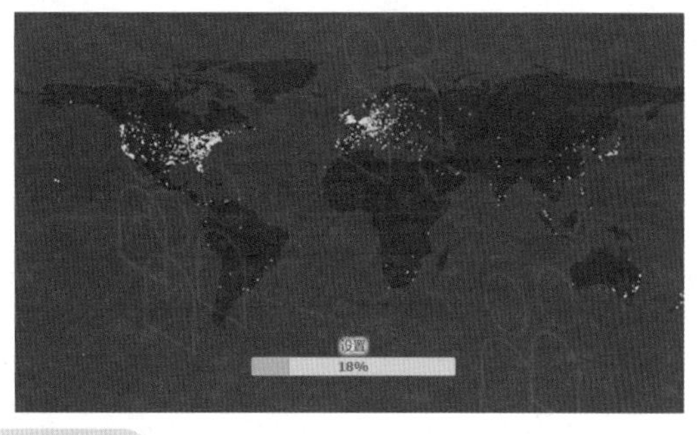

图 1-4 联网下载

表 1-1 Fusion 360 系统要求

操作系统	Apple® macOS ™ High Sierra v10.13、Apple® macOS ™ Sierra v10.12、Mac OS X v10.11.x (El Capitan)，注意：不支持 Mac OS X v10.10.x (Yosemite) Microsoft® Windows 7 SP1、Windows 8.1 或 Windows 10（仅限 64 位）
CPU 类型	64 位处理器（不支持 32 位）
内存	3GB RAM（建议使用 4 GB RAM 或更大）
显卡	512MB GDDR RAM 或更大的显存，Intel GMA X3100 显卡除外
磁盘空间	大约 2.5GB
指针设备	Microsoft 鼠标兼容的指针设备、Apple Mouse、Magic Mouse、MacBook Pro Trackpad
Internet	DSL Internet 连接或更快速的连接

小提示

安装完成后，首次打开软件需要登录账户（申请下载软件界面，同样需要电子邮件地址作为账户），如图 1-5a 所示。登录分为两步，输入电子邮件地址后，进入欢迎界面，输入密码，单击【登录】即可，如图 1-5b 所示。注册账号时，由用户设定密码。

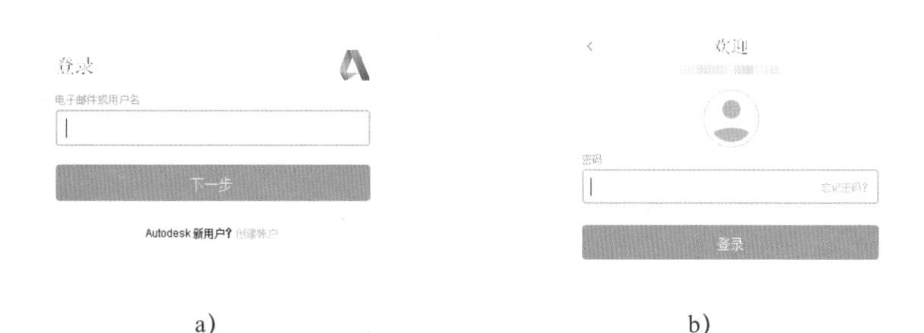

a) b)

图 1-5 账户设置

注：图 1-5a 中的“帐户”应为“账户”。

1.3 软件的基本操作和设置

1.3.1 软件界面说明

安装完成后，登录账号进入软件主界面（软件账号在1.4节详细介绍）。在登录软件时，Fusion 360会检测网络状况，之后进入相应界面，如图1-6所示。

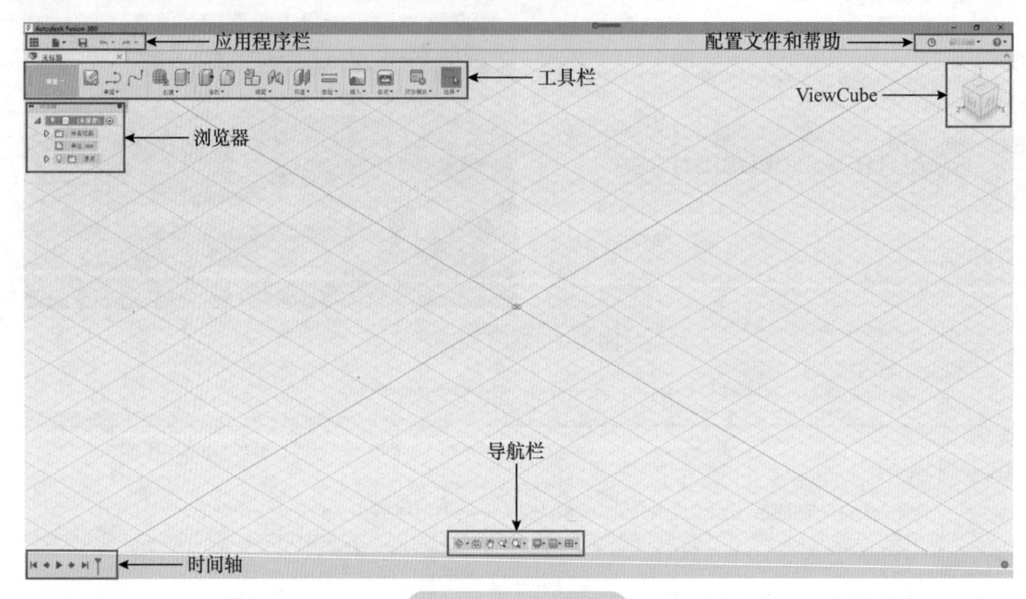

图1-6 界面介绍

1. 应用程序栏

（1）数据面板：用于数据管理、人员在线协作等。

（2）文件：包括新建设计、保存、导入/导出模型和3D打印等基础工具。

（3）保存：保存一个无标题设计或将设计更改另存为一个新版本。

（4）撤销/重做：撤销/重做操作步骤。

2. 工具栏　包含每个工作空间的切换，以及各个工作空间特有的工具栏（在后面章节进行详细介绍）。

3. 配置文件和帮助　显示账户及软件配置。

4. ViewCube　使用ViewCube可动态观察设计或从标准视图位置查看设计。按住鼠标左键并拖动ViewCube，以动态观察设计。单击ViewCube的一个角点可旋转至等轴测视图。单击ViewCube的各个“正”面以转到前正交视图。单击以返回到初始界面。

5. 浏览器　列出设计对象。使用浏览器可更改和控制对象的可见性，随着设计零件的增加，可以将浏览器作为大纲进行文件管理。在Fusion 360浏览器中，单击模型名称可以选择模型，单击【实体】旁边的可隐藏三维模型，再次单击可显示所选三维模型，如图1-7所示。

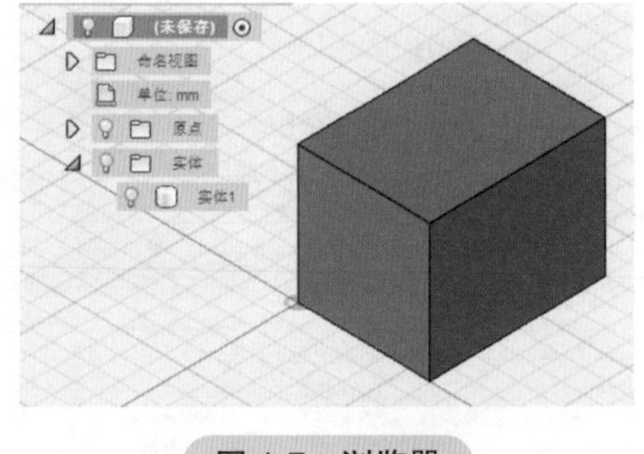

图1-7 浏览器

6. 导航栏　包含用于缩放、平移和动态观察设计的命令。【显示设置】可控制界面的外观及设计在画布中的显示方式。单击【视口】，在下拉菜单中选择【多视图】，模型会以图 1-8 所示形式显示。单击【动态观察】，可拖动模型进行动态观察。单击【平移】，可在画布中拖动模型进行平移。单击【缩放】，滚动鼠标中键，可进行放大和缩小操作。

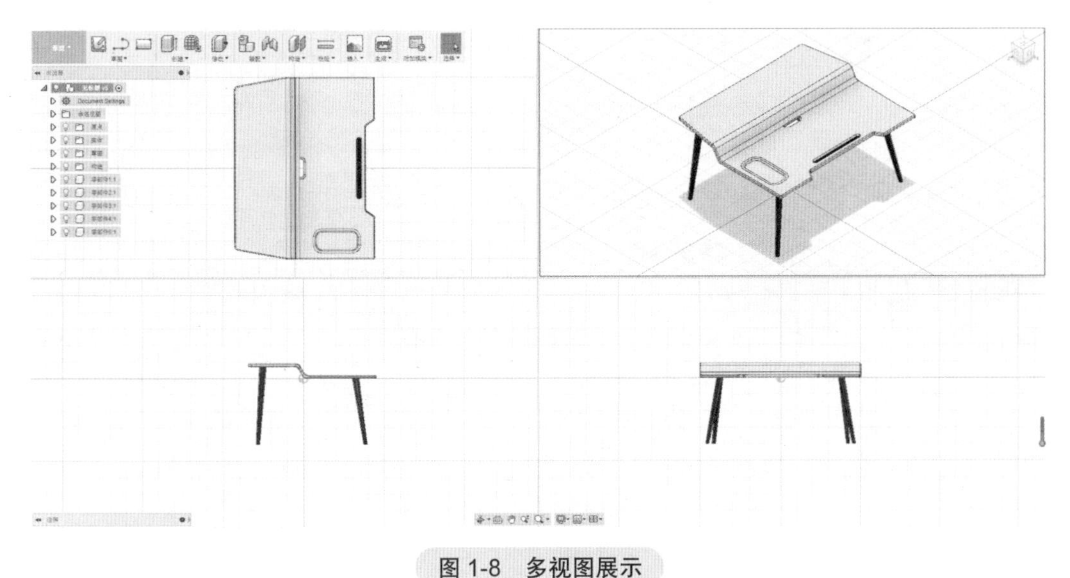

图 1-8 多视图展示

7. 时间轴 可以列出设计执行的操作。在时间轴的操作上可单击右键进行更改，拖动指针可更改操作计算顺序。

> **小提示**
>
> Fusion 360 的另外一大特色是时间轴，可以通过时间轴来记录画图历史，方便后续制作时进行查阅与修改。当需要修改上一步或者几步的操作时，修改历史记录会对后续步骤产生相应的影响。

更新 Fusion 360 时软件会处于脱机模式，并且显示脱机时间。当检测到计算机未连接到网络时，会自动切换为脱机模式 (项目小组成员可以手动进入脱机模式)。处于脱机模式时，无法执行某些文件的操作，例如上传，无法创建新文件夹、分支、合并分支。但是，在脱机模式下仍可继续设计，及在本地磁盘中保存文件。在数据面板中，未缓存的设计将显示为灰色，而缓存的设计处于激活状态，随时供人员访问。另外，无法打开未缓存的项目。在数据面板中可以查看缩略图。一些未缓存的项目可能具有可用的缩略图，而其他项目没有。

1.3.2 默认设置与选择项

单击右上角的账号名称选择【首选项】，弹出【首选项】属性管理器，如图 1-9 所示。

（1）API：用于编写脚本和编制程序的首选项。

（2）设计：用于控制一般设计行为的首选项，如设计历史、默认工作空间等。

（3）渲染：设置进入渲染工作空间的默认状态。

（4）CAM：用于配置 CAM 工作空间。选中【启用云存储库】复选框可在【数据面板】主页中访问云存储库。

（5）工程图：设置新建工程图的默认值。

（6）仿真：用于仿真工作空间中载荷的基本参数设定。

（7）材料：设置默认的物理材料和外观。

（8）网格：三维模型显示面片组成效果设定。

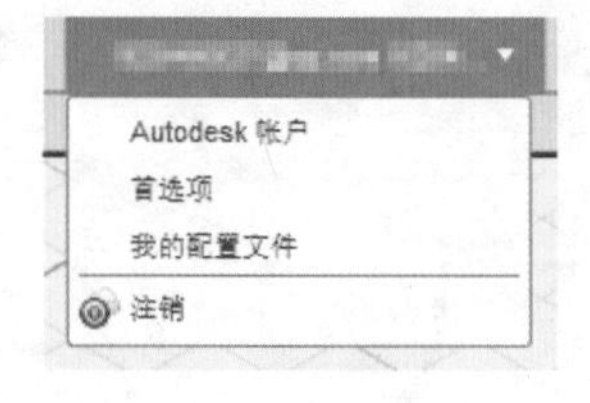

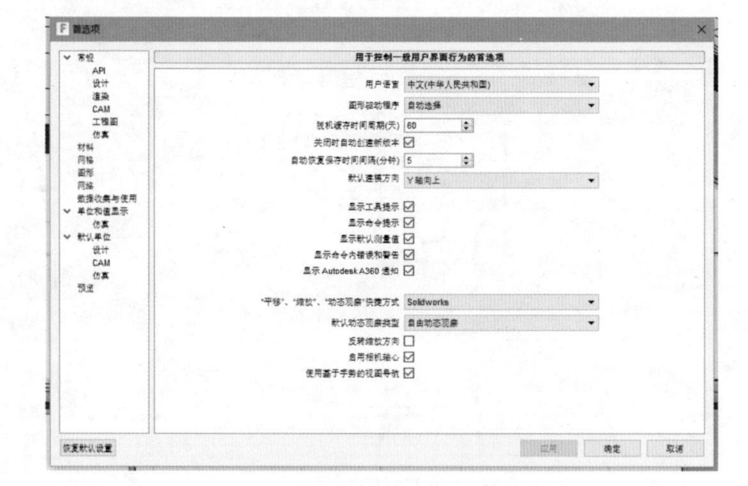

a）下拉菜单　　b）【首选项】属性管理器

图 1-9　首选项

注：图 1-9a 中的“帐户”应为“账户”。

（9）图形：使用此部分中的设置可微调图形显示，从而提供更好的性能或显示效果。

（10）网络：显示网格代理的设定。

（11）数据收集与使用：根据用户需求进行数据收集与使用。

（12）单位和值显示：控制单位的显示方式和数值的显示方式与精度。

（13）默认单位：设置设计、CAM 和仿真工作空间的默认单位。

（14）预览：用于试用预览功能的首选项。

在【快速入门】属性管理器中，可进行默认单位的设置，还可以选择熟悉的控件来操作模型，如 CAD 新手、SolidWorks、Inventor、Alias 等对应的平移、缩放、动态观察操作的快捷方式，如图 1-10 所示。

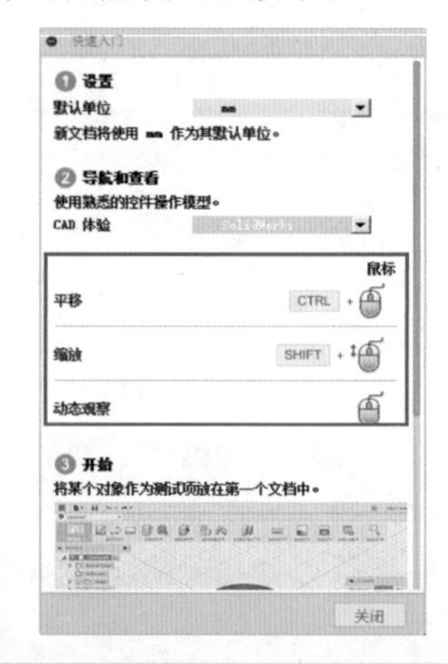

图 1-10　【快速入门】属性管理器

其他鼠标操作方式如图 1-11 所示。

图 1-11　鼠标操作方式

> **小提示**
>
> 在选取默认操作方式时，建议用户尝试每一种操作方式，选取较为习惯的鼠标操作会让用户建模周期大大缩短。

所有受支持的文件(*.igs;*.iges;*.sat;*.smt;*.stp;*.step;*.f3d)
Fusion 文档 (*.f3d)
IGES 文件(*.igs *.iges)
SAT 文件(*.sat)
SMT 文件(*.smt)
STEP 文件(*.stp *.step)

图 1-12 导入导出格式

在 Fusion 360 软件中，导入与导出模型时，默认保存格式为 f3d，如图 1-12 所示。

1.4 云端协作

Fusion 360 软件可以使设计团队一起进行协作式产品开发。通过共享和查看设计、管理版本和重复使用设计来管理设计流程，与自己的团队、客户及合作伙伴进行协作。通过分布式设计功能，可以将一个设计插入到多个设计中，并维护所有设计之间的关联性。

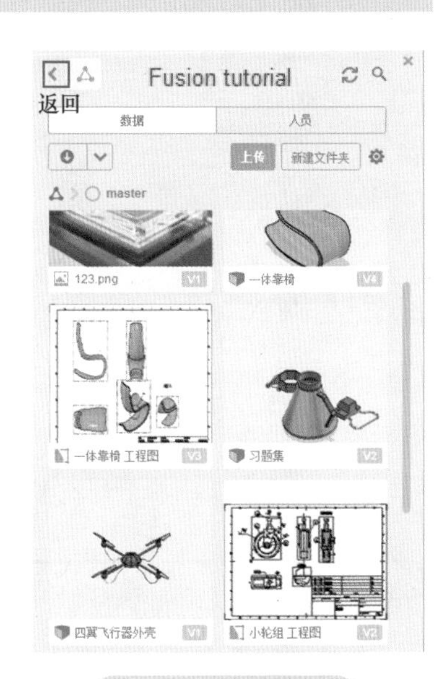

图 1-13 数据面板

1.4.1 数据面板

数据面板有助于跟踪版本、注释和任务，并在云中保存和检索数据。如图 1-13 所示，数据面板提供了处理文档、保存文档、上传文件以及与其他人员协作进行设计的新方式。默认情况下，数据面板不会显示，单击【显示数据面板】可将其打开。

（1）刷新：刷新数据面板中的数据。如果更改了设计中的任何数据，可使用，以便在 Fusion 360 中反映所做的更改。

（2）搜索：搜索所需的文档。

（3）数据 数据：激活后，会显示文件夹和文档列表。

（4）人员 人员：显示参与项目的人员列表，激活后，可通过邮件邀请他人参与项目。

（5）上传 上传：将选定文件上传到激活项目。

（6）新建文件夹 新建文件夹：单击以创建新文件夹。

（7）设置：设置项目在数据面板中的排序方式以及显示形式，包括栅格形式和列表形式。

在数据面板中，单击，可以看到账号列表及样例，如图 1-14 所示。在【样例】列表中，可以使用 Fusion 官方资源，包括一些经典案例，进行初步学习与练习。图 1-15 所示为 CAM 工作空间的部分经典案例。

在【人员】列表中，首位是项目负责人账号。

添加成员：输入电子邮件地址，单击【邀请】即可，如图 1-16 所示，受邀参与项目的人员会显示在【人员】列表中。项目负责人（项目的最初创建人）会标记有绿色的图标和“负责人”头衔。受邀成员也可邀请他人参与项目，但他们必须获得负责人的批准才能邀请他人。从事同一项目的成员组可以使用注释面板共享提要。

从项目中删除成员：仅负责人可以从项目中删除成员。将鼠标悬停在图标上，当图标变为【移除】时，单击该图标即可。

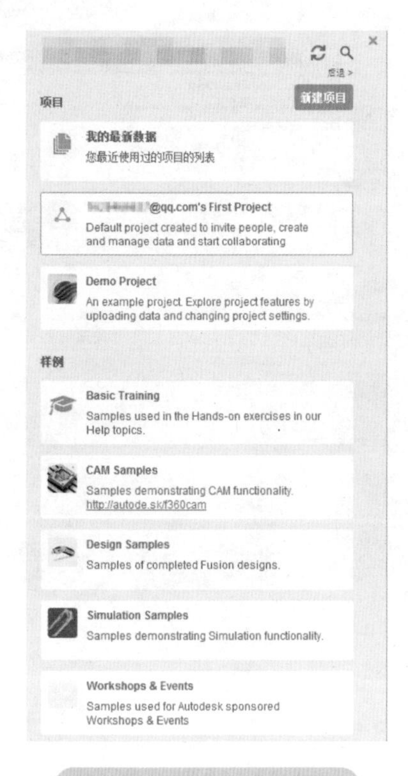

图 1-14　账号列表及样例

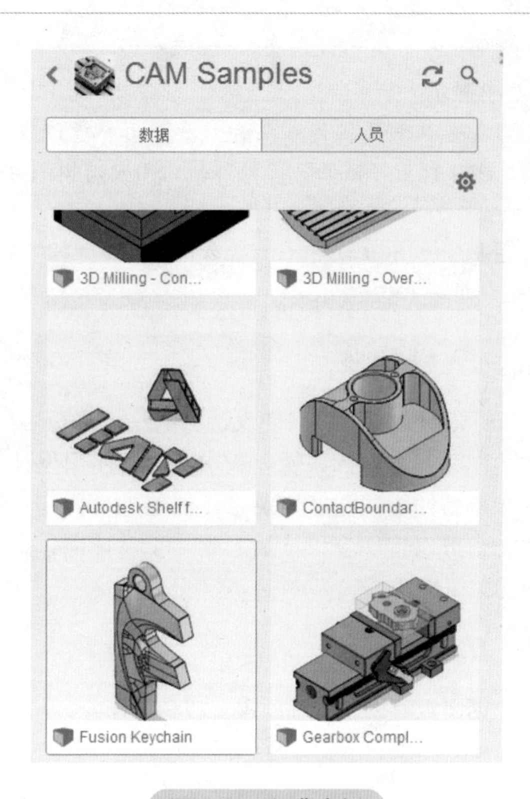

图 1-15　经典案例

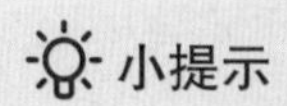
小提示

在数据面板界面，可基于指定的过滤条件，过滤所显示项目的列表。在向位于数据面板底部的“过滤器”文本框中输入第一个字符后，过滤便已经开始。

图 1-16　人员列表

1.4.2　Fusion 360 账号以及操作

在使用 Fusion 360 时，需要通过账号来实现云端的操作。在最初申请下载软件时，同样需要输入电子邮件地址作为注册账号，如图 1-17 所示。

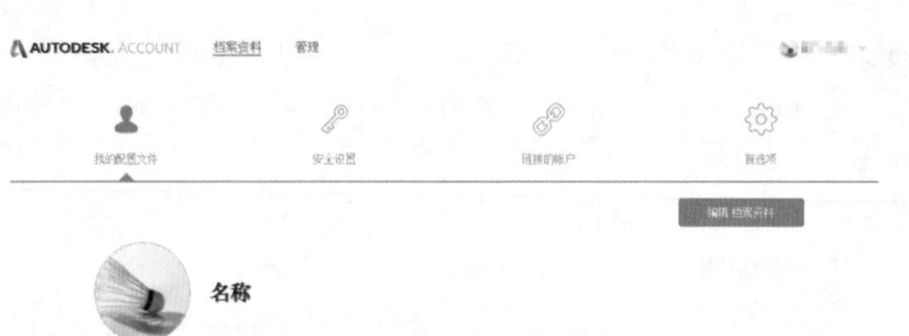

图 1-17　网页登录

注：图中的“帐户”应为“账户”。

小提示

当软件运行时，账号会处于登录状态，记录保存实时操作过程，并将数据上传到云端，整合在数据面板中以便查看。

项目小组成员可以共享设计，并将其提供给所有人下载（无 Autodesk ID 的人员亦可）。可使用公共 Web 链接共享设计，如图 1-18 所示。

图 1-18　共享设计

在数据面板中，选择要共享的文档缩略图，单击右键选择【共享公共链接】，如图 1-19 所示。在【共享公共链接】对话框中，选择【使用此公共链接与任何人共享最新版本】和【允许下载项目】，单击【复制】以复制该公共链接，如图 1-20 所示。【隐私设置】中，可选择在共享公共链接时是否开启允许下载，以及设置访问时的密码。

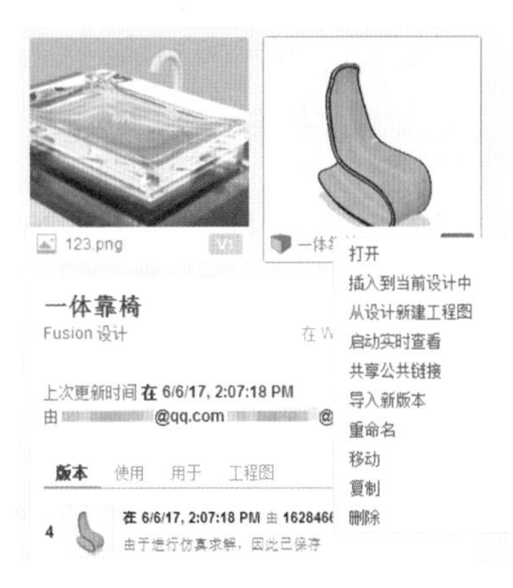

图 1-19　共享公共链接

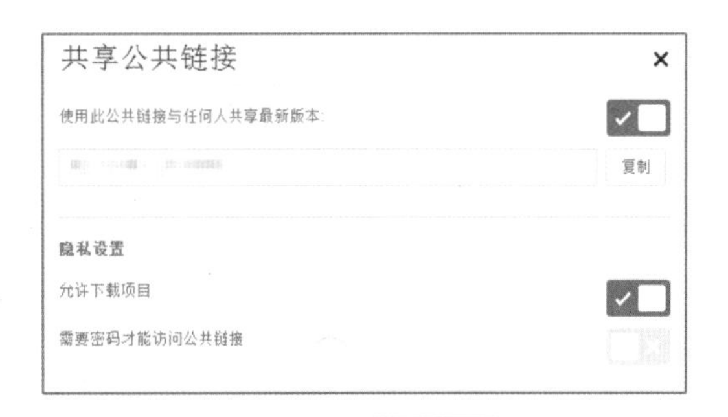

图 1-20　生成链接

课堂练习

1. 安装软件及注册。
2. 根据学习内容进行软件相关设置。
3. 创建云端项目并共享。

第 2 章 实体造型设计

学习目标

1. 掌握模型的建模思路。
2. 学习实体、造型编辑工具。
3. 使用实体命令和自由造型 T-Spline 命令绘制立体模型。

本章我们先对绘制模型的常用工具进行讲解，再通过具体案例展开教学。

Fusion 360 软件默认状态下为模型工作空间，如图 2-1 所示。在这个模块中，我们将主要使用实体建模、自由曲面造型建模以及面片建模三种建模思路进行三维虚拟模型设计。

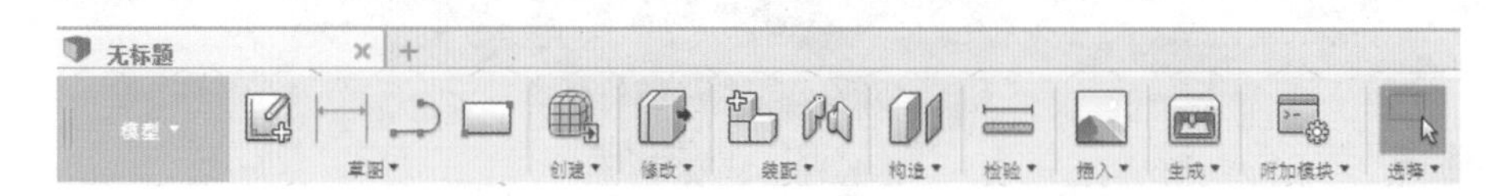

图 2-1　工具条

2.1　实体建模——洗漱台

2.1.1　草图工具

1. 创建草图　在选定的平面或平整面上创建草图。使用【草图】/【创建草图】命令选择平面，单击进入草图平面，开始绘制草图，如图 2-2 所示。

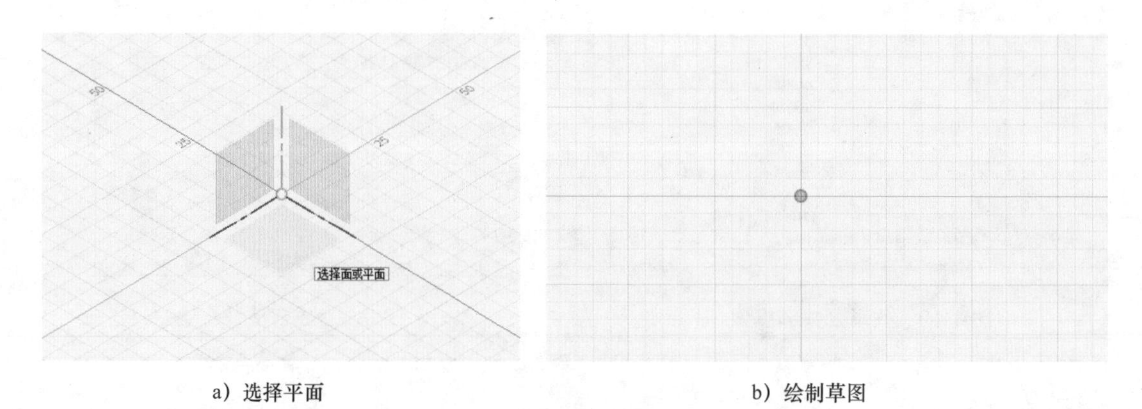

a）选择平面　　b）绘制草图

图 2-2　创建草图

2. 直线命令　选择起点和终点，以定义一条线段。单击并拖动线段的端点以定义圆弧；单击第一个点为起始点，移动鼠标确定长度，再次单击完成直线绘制；在直线绘制完成时，按住鼠标左键并拖动以实现圆弧绘制，如图 2-3 所示。

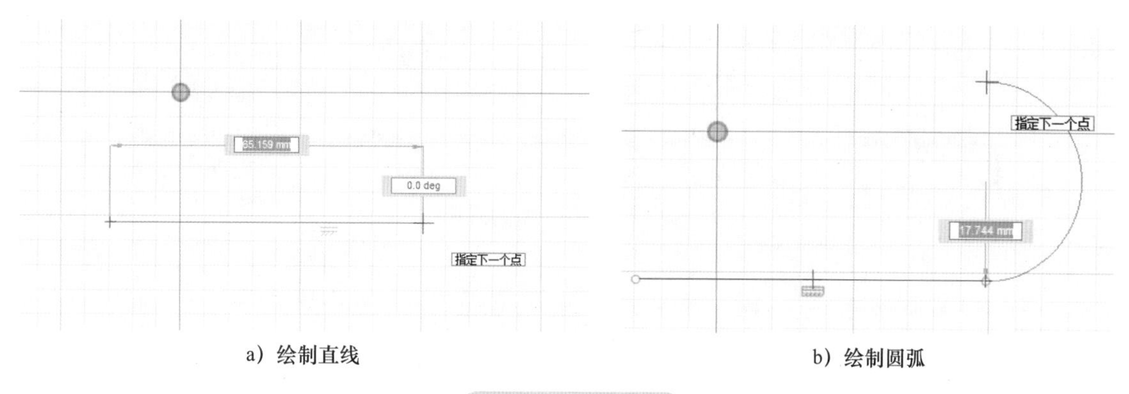

a）绘制直线　　　　b）绘制圆弧

图 2-3　直线命令

> **小提示**
>
> 绘制直线时，绘制完成一段直线后指令仍在继续，按〈Esc〉键可结束此指令。在绘制直线以及圆弧时，可以输入尺寸修改参数，按〈Enter〉键确认。

3. 矩形命令

（1）两点矩形：使用对角的两个点创建矩形。单击鼠标为起点，再次单击为终点，如图 2-4 所示。

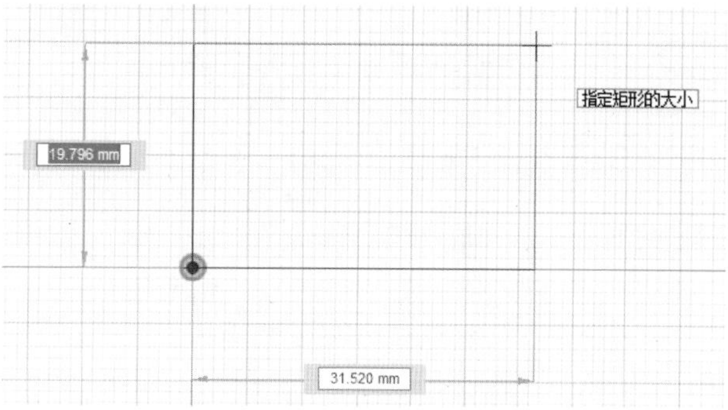

（2）三点矩形：使用三个点创建矩形以定义宽度、方向和高度。绘制矩形时，单击鼠标绘制第一个点，再次单击确定第二点，之后选择第三个点为高度尺寸，完成绘制，如图 2-5 所示。

图 2-4　两点矩形

> **小提示**
>
> 三点矩形方便创建斜矩形，而两点矩形以及下文介绍的中心矩形所创建的均为水平矩形。

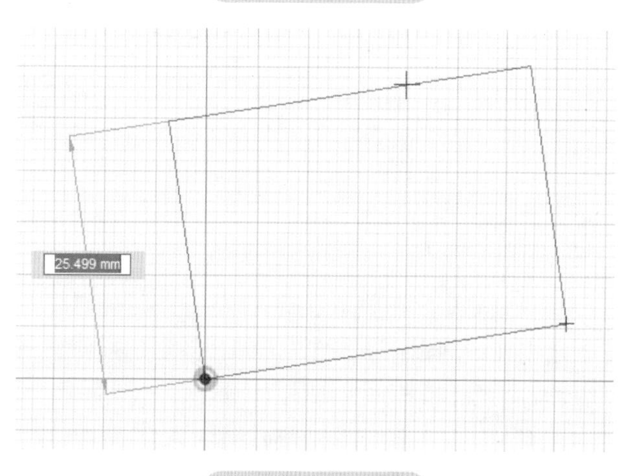

图 2-5　三点矩形

（3）中心矩形：使用两个点分别定义中心和一个拐角以创建矩形。单击确认矩形中心点，选择第二个点完成绘制，如图 2-6 所示。

4. 圆命令　通过参数绘制草图圆。圆类型及说明见表 2-1。

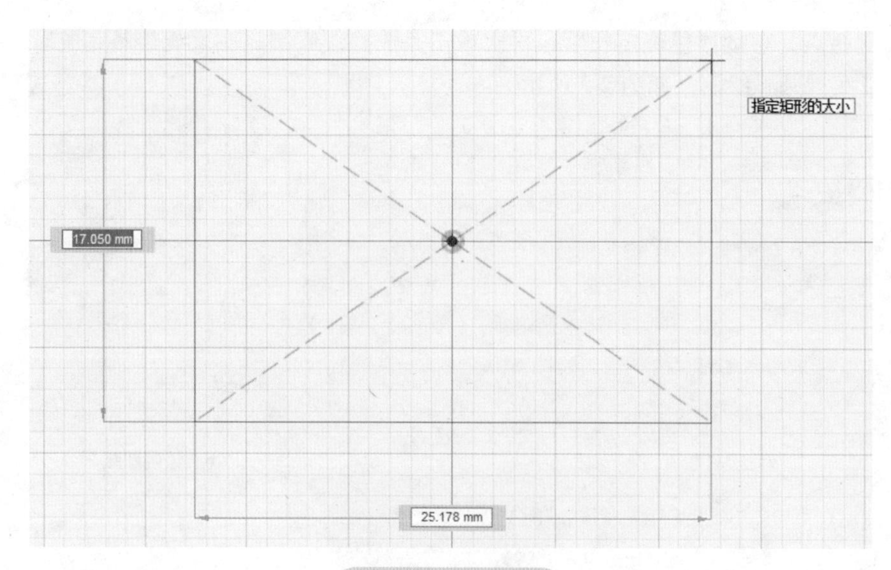

图 2-6　中心矩形

表 2-1　圆类型及说明

名称	图标	定义	说明
中心直径圆		使用圆心和直径创建一个圆	单击确定圆心，输入直径完成绘制
两点圆		创建由两个点定义的圆	单击确定直径上的第一个点，输入直径完成绘制
三点圆		通过三个点创建圆	单击确定三个在圆上的点，绘制圆
两切线圆		创建与两条草图线相切的圆	选择两条直线，然后指定圆的半径
三切线圆		创建与三条草图线相切的圆	选择的三条直线与圆相切

5. 圆弧命令　通过参数绘制草图圆弧。圆弧类型及说明见表 2-2。

表 2-2　圆弧类型及说明

名称	图标	定义	说明
三点圆弧		使用三个点创建圆弧	单击选择圆上三点来绘制圆弧
圆心圆弧		使用三个点或两个点和一个角度创建圆弧	单击选择中心点，然后单击选择起点，最后单击选择终点或指定角度值绘制圆弧
相切圆弧		创建相切的圆弧	选择相切的点，创建圆弧

2.1.2　草图修改工具

1. 圆角命令　在两条直线或圆弧的交点处放置指定半径的圆弧。单击【草图】/【圆角】，如图 2-7 所示，选择需要圆角的“直线 1”与“直线 2”，输入值“1”，按〈Enter〉键确认。

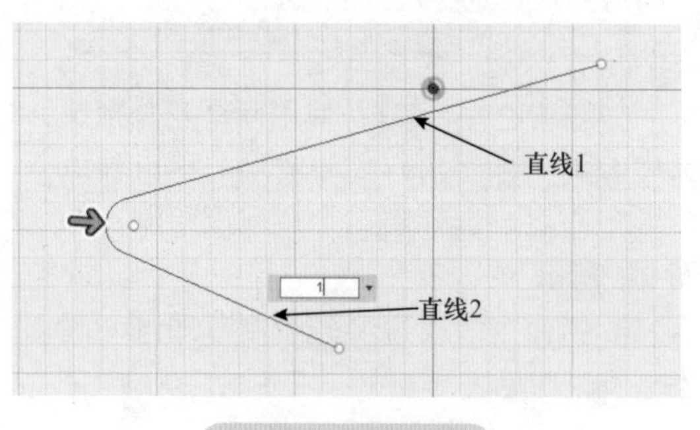

图 2-7　圆角命令

2. 修剪命令　将草图曲线修剪到最近的相交曲线或边界几何图元。单击【草图】/【修剪】，如图 2-8 所示，选择需要修剪的“直线 3”，单击该直线可将其修剪。

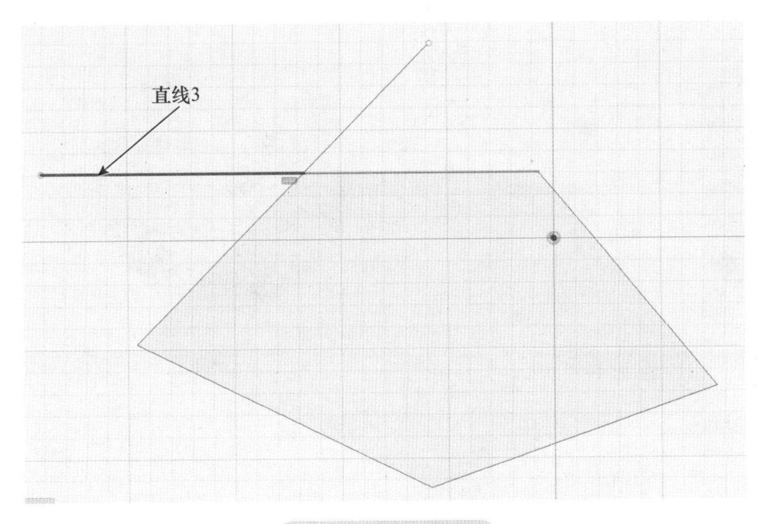

图 2-8 修剪命令

3. 断开命令 将曲线实体断开成两个或者更多部分，前提是必须有至少两条直线相交。单击【草图】/【断开】，如图 2-9 所示，选择需要断开的“直线 4”，软件会智能显示断开点，单击该点将其断开。

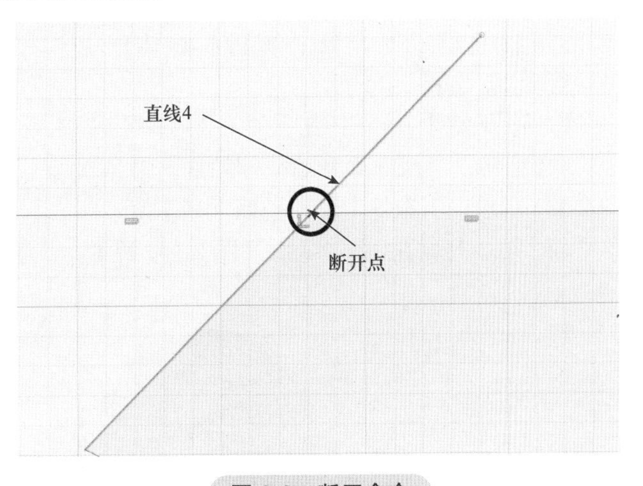

图 2-9 断开命令

2.1.3 实体创建工具

1. 长方体 创建实心长方体。单击【创建】/【长方体】，如图 2-10 所示，选择绘制平面，创建长方体。

2. 圆柱体 创建实心圆柱体。单击【创建】/【圆柱体】，如图 2-11 所示，选择绘制平面，创建圆柱体。

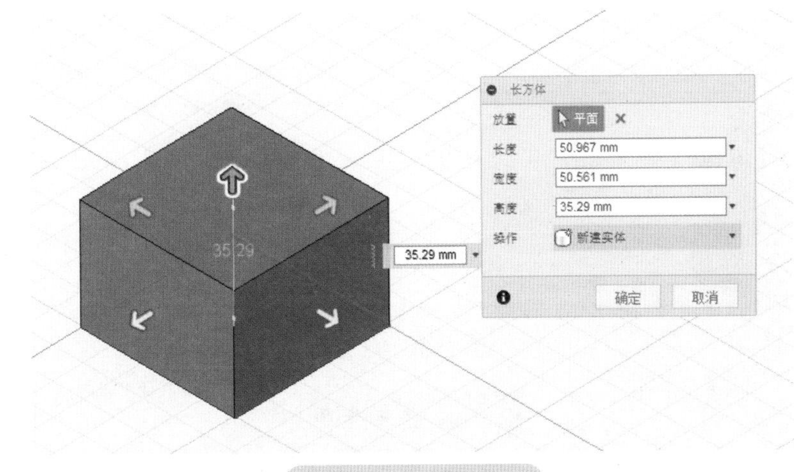

图 2-10 创建长方体

3. 球体　创建实心球体。单击【创建】/【球体】，如图 2-12 所示，选择绘制平面，创建球体。

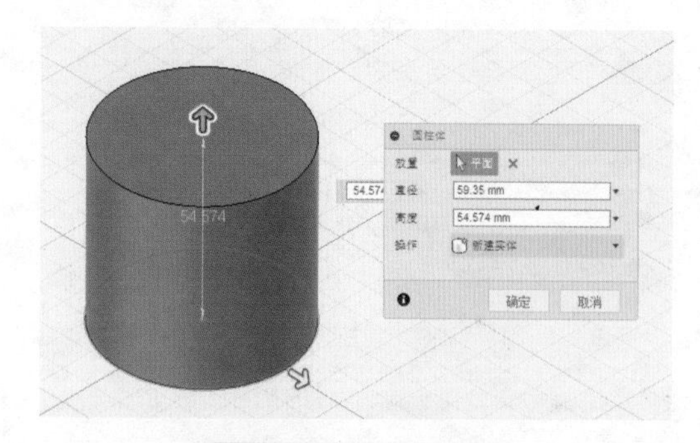

图 2-11　创建圆柱体

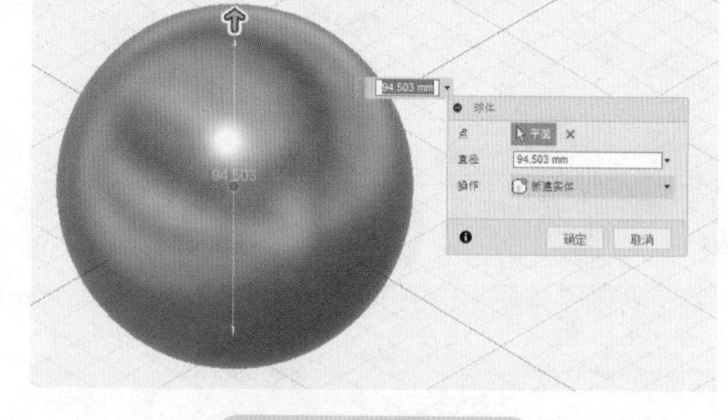

图 2-12　创建球体

2.1.4　实体编辑工具

1. 拉伸命令　为闭合的草图轮廓或平整面添加深度。

（1）选择要拉伸的草图轮廓或平整面，单击【创建】/【拉伸】，弹出【拉伸】属性管理器，如图 2-13 所示。

图 2-13　拉伸命令

（2）【开始】选项中有三类，当选择【从对象】时，可从曲面开始拉伸轮廓，如图 2-14a 所示；当选择【轮廓平面】和【偏移平面】时，其设置如图 2-14b 和图 2-14c 所示。

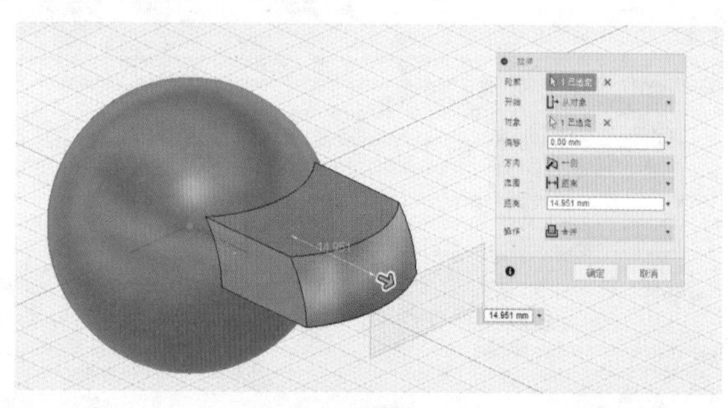

a）从对象

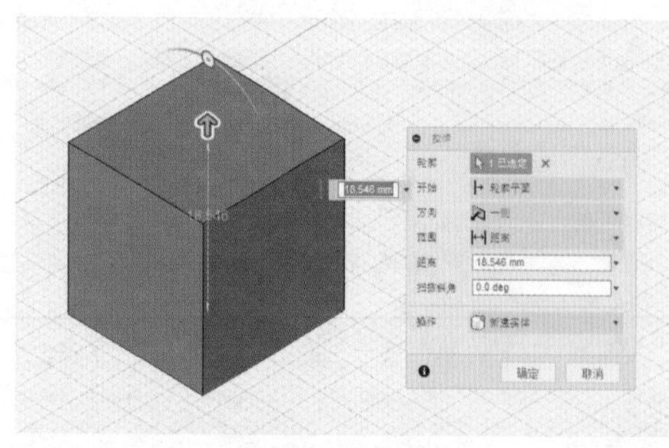

b）轮廓平面

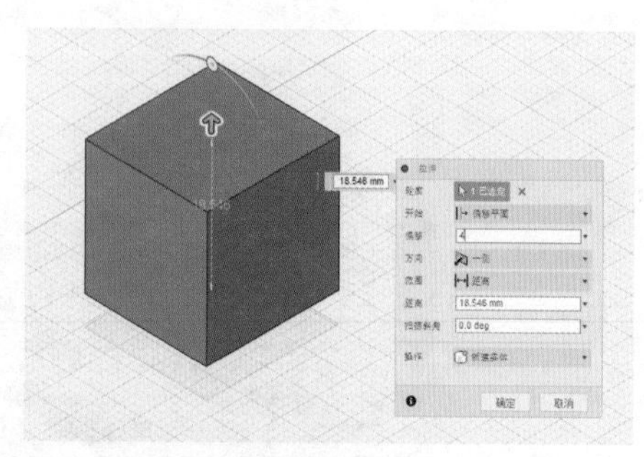

c）偏移平面

图 2-14　开始选项

（3）【方向】选项有【两侧】、【对称】和【一侧】三类，如图 2-15 所示。

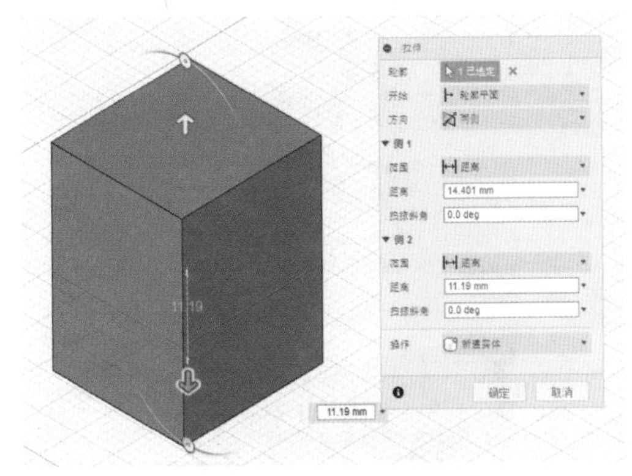

a)【两侧】分别定义两边长度

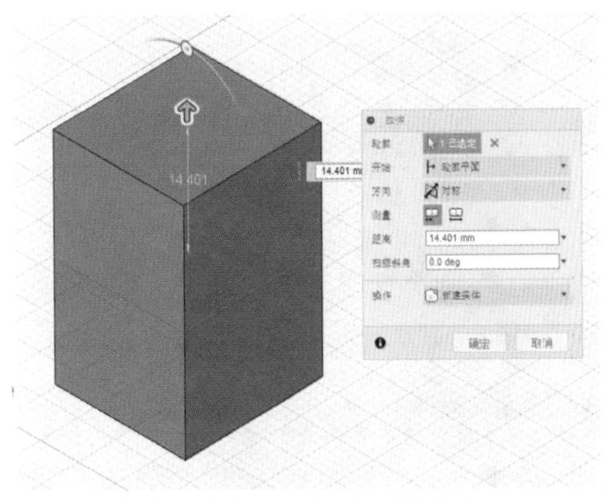

b)【对称】同时定义两边长度

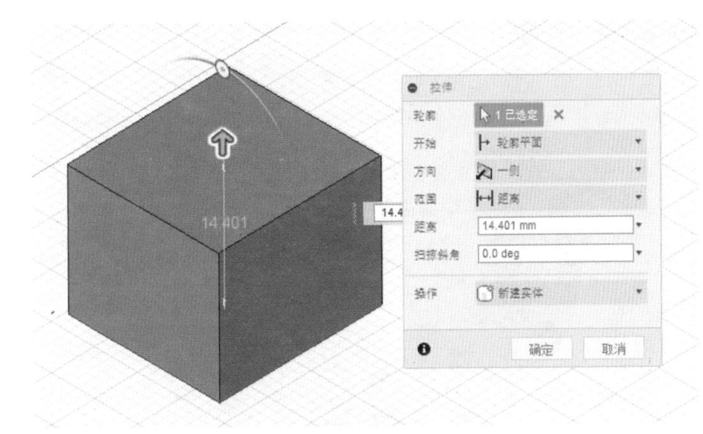

c)【一侧】只定义一边长度

图 2-15 拉伸方向

（4）【范围】为【距离】时，输入数值；为【目标对象】时，【对象】选择草图轮廓作为终止位置；为【全部】时，前提需要有其他模型，默认直至延伸到其他模型面。

2. 旋转命令 绕选定轴旋转草图轮廓或平整面。

（1）选择要旋转的草图轮廓或平整面，单击【创建】/【旋转】，弹出【旋转】属性管理器，如图 2-16 所示，【轴】选择“线段 1”。

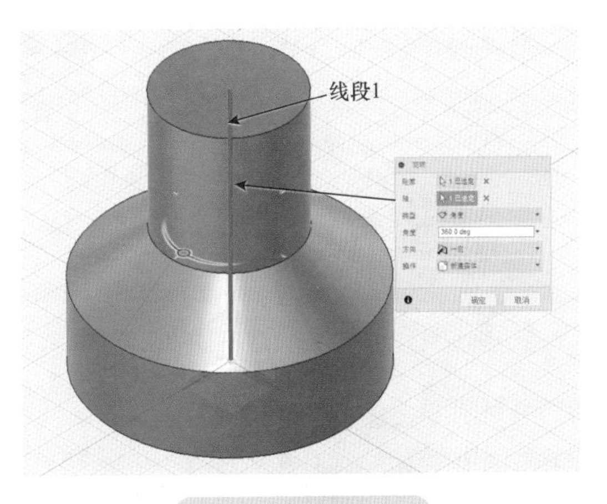

图 2-16 旋转命令

（2）【类型】选项共分为【角度】、【完全】、【到】三类：选择【角度】时，在【角度】中填写需要值，如图 2-17a 所示；选择【完全】时，即将所选草图旋转 360°，如图 2-17b 所示；选择【到】时，需提前选择指定面，草图旋转终止于指定面。

3. 扫掠命令 沿选定路径扫掠草图轮廓或平整面。选择要扫掠的草图轮廓或平整面，单击【创建】/【扫掠】，弹出【扫掠】属性管理器，如图 2-18 所示。【路径】选择“路径”，【距离】选项为比例设定，【方向】分为【垂直】与【平行】，如图 2-19 所示。

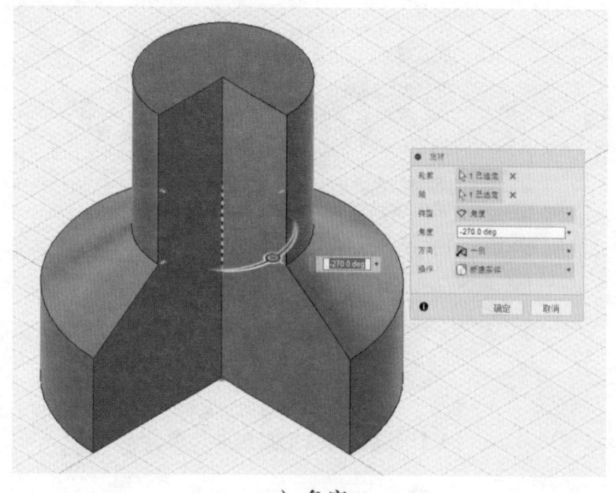

a）角度

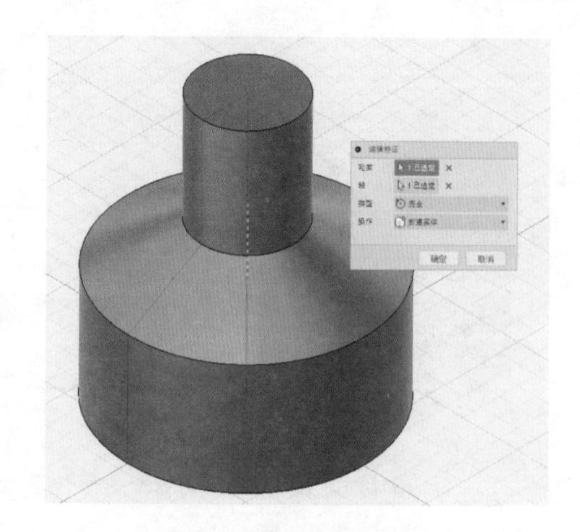

b）完全

图 2-17　旋转类型

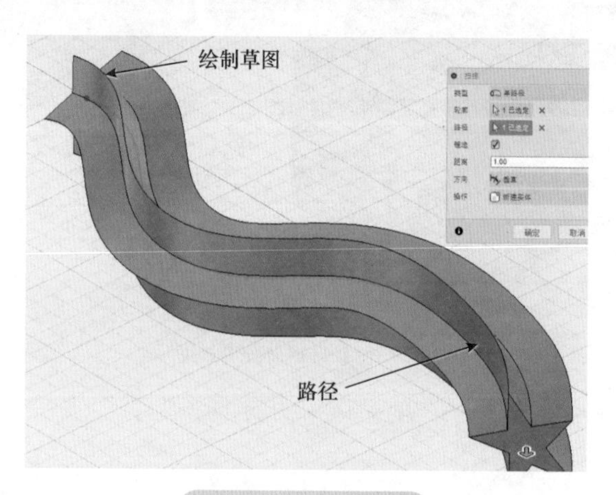

图 2-18　扫掠命令

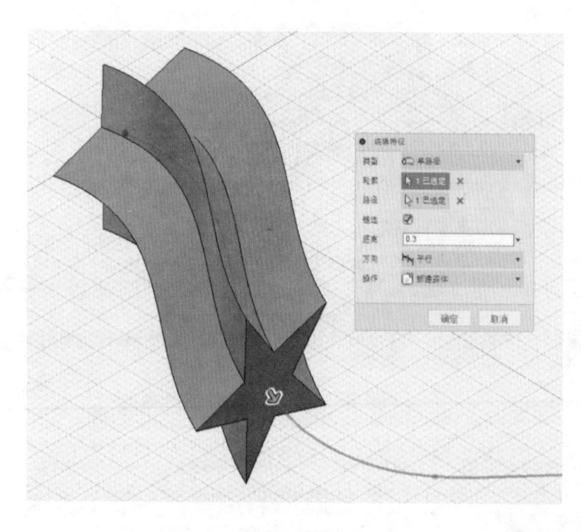

a）平行

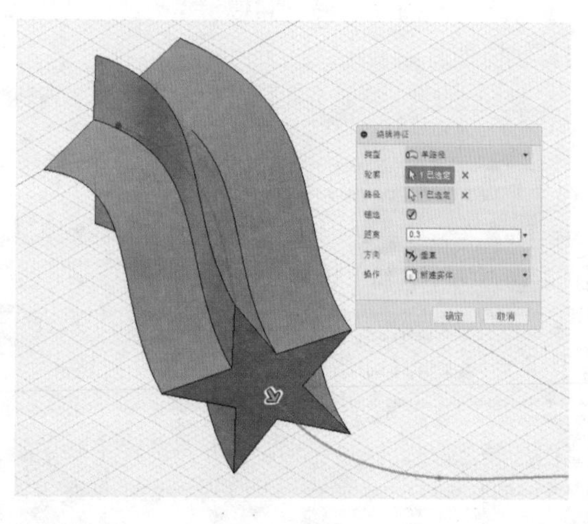

b）垂直

图 2-19　扫掠方向

2.1.5 实体修改工具

1. 圆角命令　为一个或者多个边添加圆角。单击【修改】/【圆角】，弹出【圆角】属性管理器。【边】选择要创建圆角的边，【半径】输入值，【拐角类型】选项分为【球面连接】与【过渡】两类，如图 2-20 所示。

a）球面连接　　b）过渡

图 2-20　拐角类型

2. 倒角命令　对一个或者多个边应用倒角。单击【修改】/【倒角】，弹出【倒角】属性管理器。【边】选择要创建倒角的边，【距离】输入值，【倒角类型】选项分为【等距离】、【两个距离】与【距离和角度】三类，如图 2-21 所示。

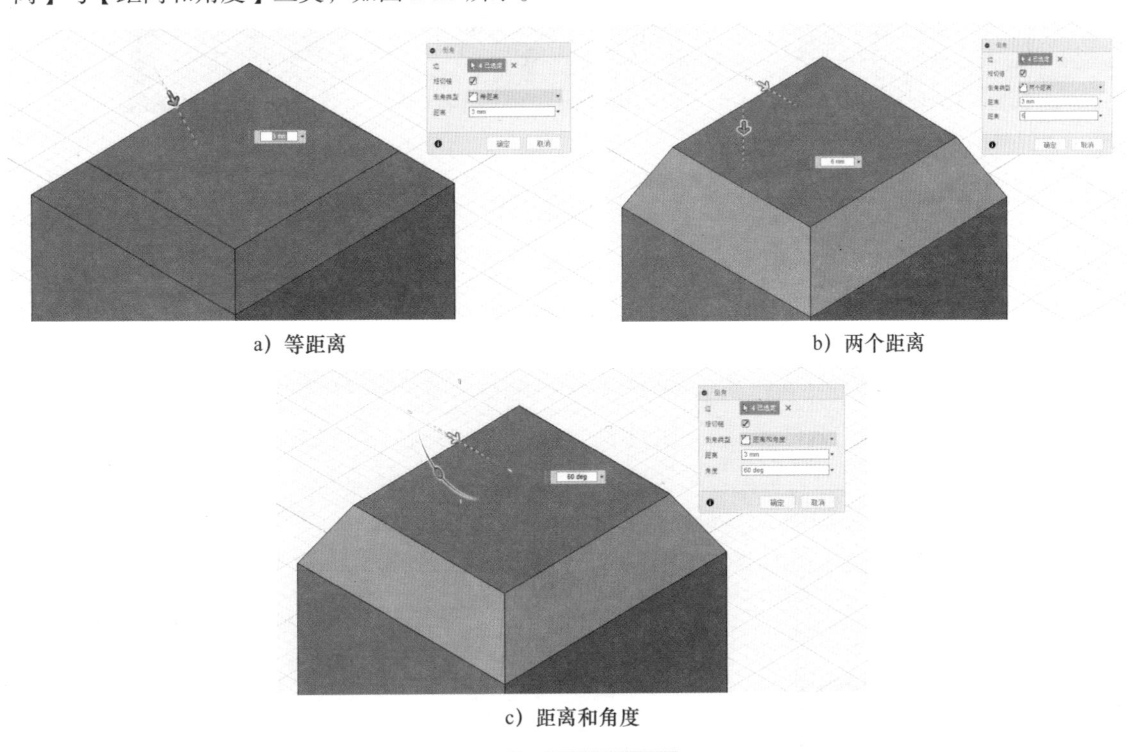

a）等距离　　b）两个距离

c）距离和角度

图 2-21　倒角类型

3. 抽壳命令　从零件内部移除材料，从而创建一个具有指定厚度的空腔。单击【修改】/【抽壳】，弹出【抽壳】属性管理器，如图 2-22 所示。【面/实体】选择需要开放的面，【内测厚度】输入值，【方向】选项分为【内侧】、【外侧】与【双侧】三类，如图 2-23 所示。

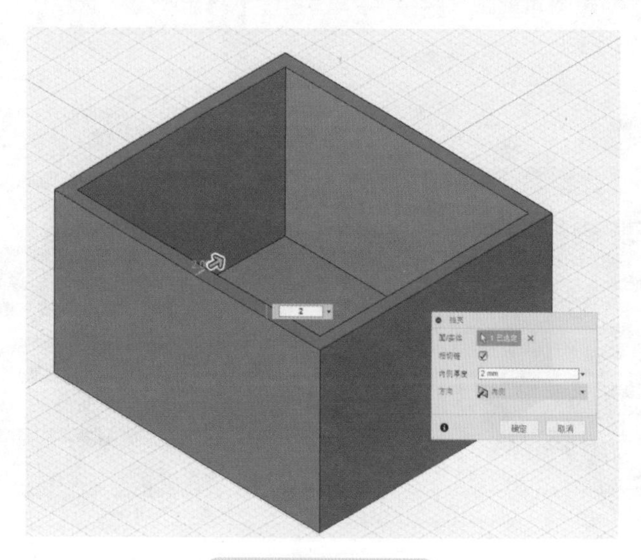

图 2-22　抽壳命令

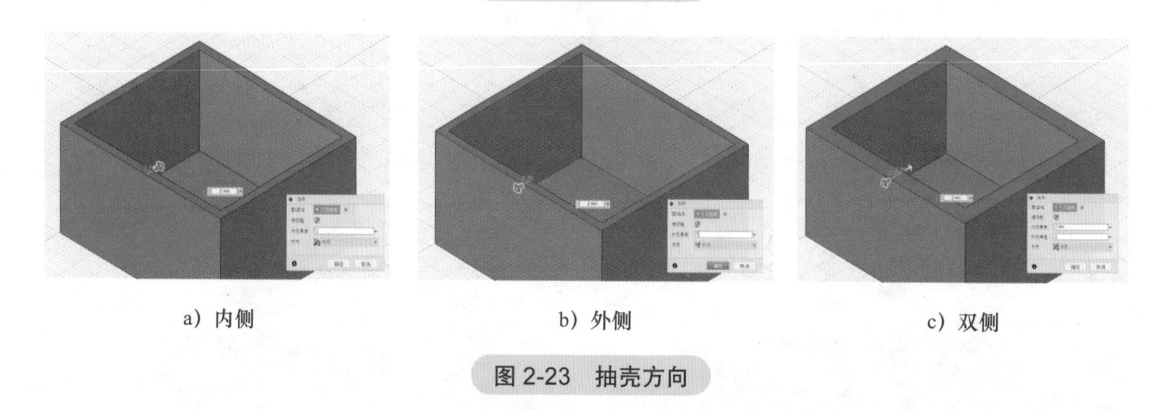

a）内侧　　b）外侧　　c）双侧

图 2-23　抽壳方向

2.1.6　建模过程

本节绘制的模型为洗漱间中的物品，场景为洗漱台。在建模过程中使用了基础的指令和基本的建模思维，从而方便设计师在熟悉界面的同时，练习基础指令的使用。通过绘制洗漱台模型，分析其结构框架，拆分出板件和门板。把手部分提供两种方式，文中制作方式为隐藏式设计，即利用斜切角对门板侧面裁剪，形成把手结构，整体设计简约清晰；而在视频制作中，添加了扫掠指令的运用，设计师可根据需要进行学习。

在制作过程中，设计师在构思整体模型时，可以先手绘草图，再对比软件进行三维建模，两者结合使用更为方便快捷。

步骤 1　选择草图平面

首先选择 *XY* 平面绘制草图，如图 2-24 所示。

步骤 2　绘制草图 1

单击【草图】/【矩形】/【中心矩形】，绘制矩形。单击【草图】/【草图尺寸】，标注矩形的长为“88.00”，宽为“40.00”。再次绘制矩形，约束其与外边矩形的差值为“2.00”，如图 2-25 所示。

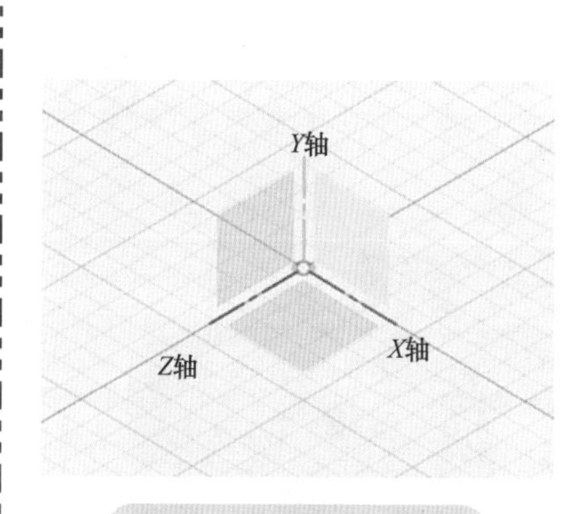

图 2-24　选择 XY 平面

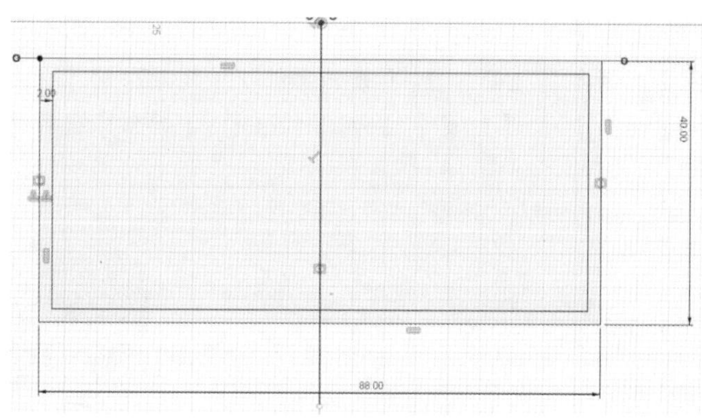

图 2-25　绘制草图 1

小提示

在约束距离时，通常会使用【草图尺寸】命令。【草图尺寸】命令在【草图】命令栏中。使用尺寸可控制草图对象的大小与位置。键盘上的快捷键为〈D〉键，在绘制草图中，通常会用到此命令。

步骤 3　拉伸草图 1

单击【终止草图】，退出草图绘制界面。选择草图 1 并单击【创建】/【拉伸】，弹出【拉伸】属性管理器。【开始】选择【轮廓平面】，【方向】选择【对称】，【测量】选择【半长】，【距离】设为“26mm”，单击【确定】，如图 2-26 所示。

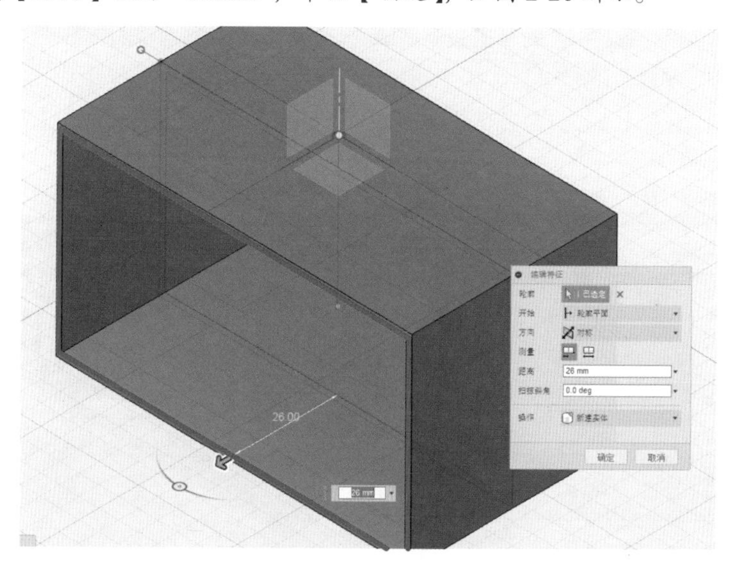

图 2-26　拉伸草图 1

步骤 4　绘制草图 2

选择草图 1 拉伸后的前面平面，单击【草图】/【直线】绘制草图 2，如图 2-27 所示。单击【草图】/【草图尺寸】进行尺寸标注。

步骤 5　拉伸草图 2

单击【终止草图】，退出草图绘制界面。选择草图 2 并单击【创建】/【拉伸】，弹出【拉伸】属性管理器。【开始】选择【轮廓平面】，【方向】选择【一侧】，【范围】选择【距离】，【距离】设为“–52mm”，【操作】选择【合并】，单击【确定】，如图 2-28 所示。

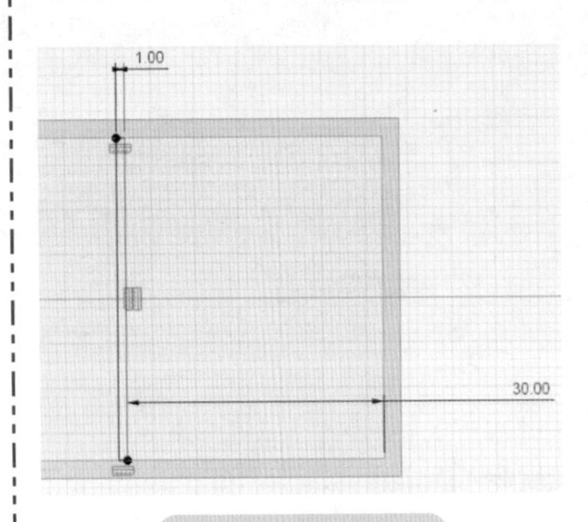

图 2-27　绘制草图 2

图 2-28　拉伸草图 2

步骤 6　绘制草图 3

选择草图 1 拉伸后的后竖直平面，单击【草图】/【矩形】/【两点矩形】绘制草图 3，与外边矩形大小相同，如图 2-29 所示。

步骤 7　拉伸草图 3

单击【终止草图】，退出草图绘制界面。选择草图 3 并单击【创建】/【拉伸】，弹出【拉伸】属性管理器。【开始】选择【轮廓平面】，【方向】选择【一侧】，【范围】选择【距离】，【距离】设为“–2mm”，【操作】选择【合并】，单击【确定】，如图 2-30 所示。

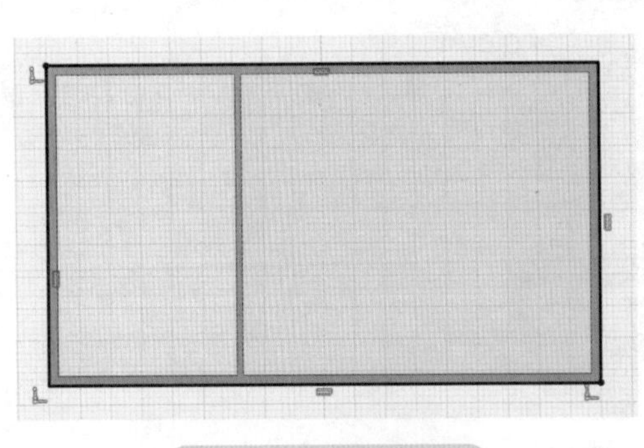

图 2-29　绘制草图 3

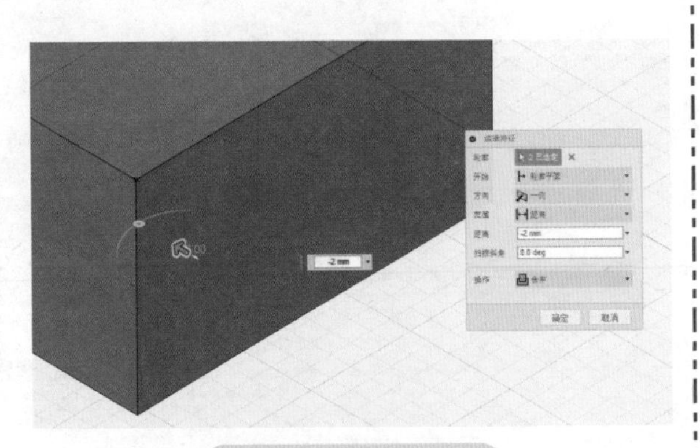

图 2-30　拉伸草图 3

步骤 8　绘制草图 4

选择模型前竖直平面，单击【草图】/【矩形】/【两点矩形】绘制草图 4，如图 2-31 所示，单击【草图】/【草图尺寸】进行尺寸标注。

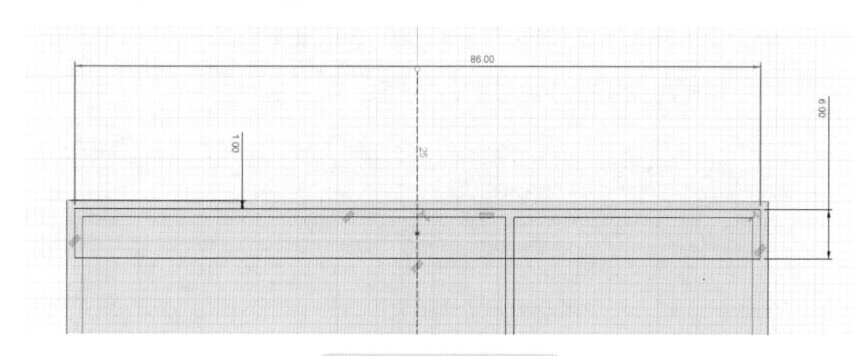

图 2-31　绘制草图 4

步骤 9　拉伸草图 4

单击【终止草图】，退出草图绘制界面。选择草图 4 并单击【创建】/【拉伸】，弹出【拉伸】属性管理器。【开始】选择【轮廓平面】，【方向】选择【一侧】，【范围】选择【距离】，【距离】设为“1.5mm”，【操作】选择【新建实体】，单击【确定】，如图 2-32 所示。

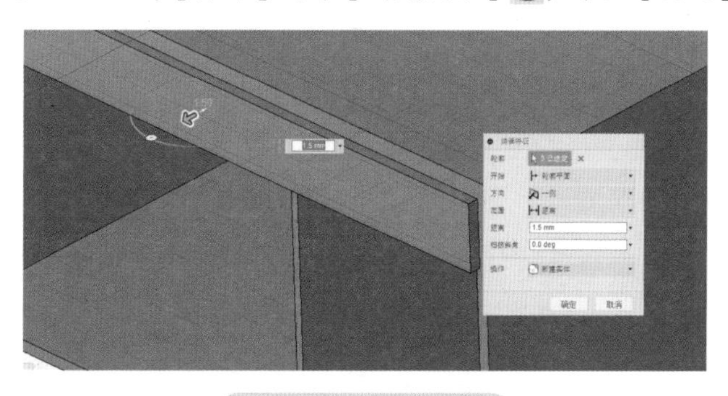

图 2-32　拉伸草图 4

步骤 10　修改圆角

单击【修改】/【圆角】，弹出【圆角】属性管理器。【边】选择“边 1”，共计 2 个，【类型】选择【等半径】，【半径】设为 0.75mm，单击【确定】，如图 2-33 所示。

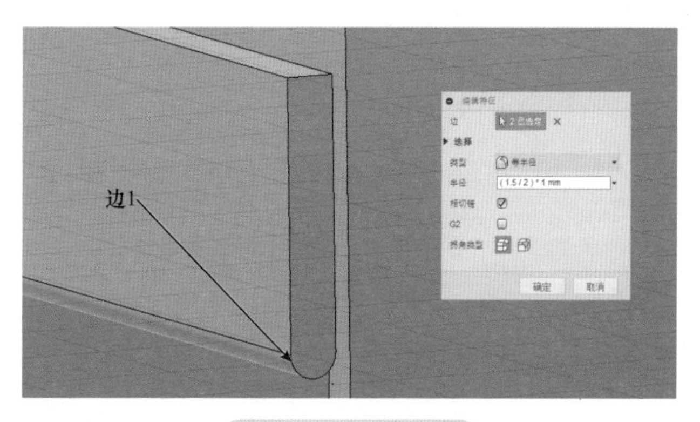

图 2-33　修改圆角

步骤 11　修改圆角

单击【修改】/【圆角】，弹出【圆角】属性管理器。【边】选择“边 2”，共计 2 个，【类型】选择【等半径】，【半径】设为“0.5mm”，单击【确定】，如图 2-34 所示。

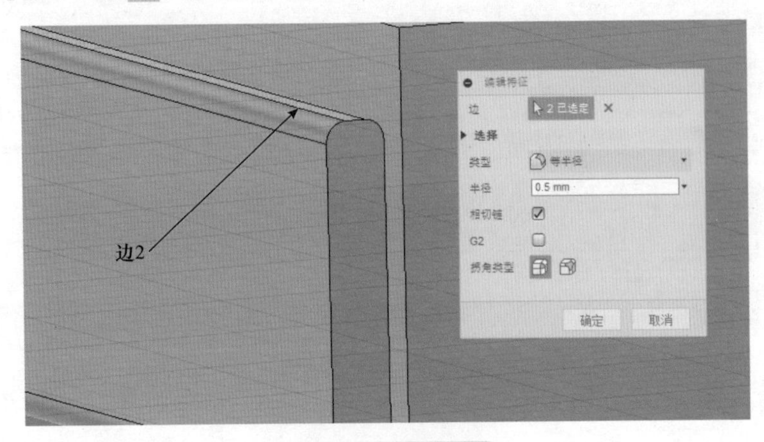

图 2-34　修改圆角

步骤 12　绘制草图 5

选择模型前竖直平面，单击【草图】/【直线】绘制草图 5，如图 2-35 所示，单击【草图】/【草图尺寸】命令进行尺寸标注。

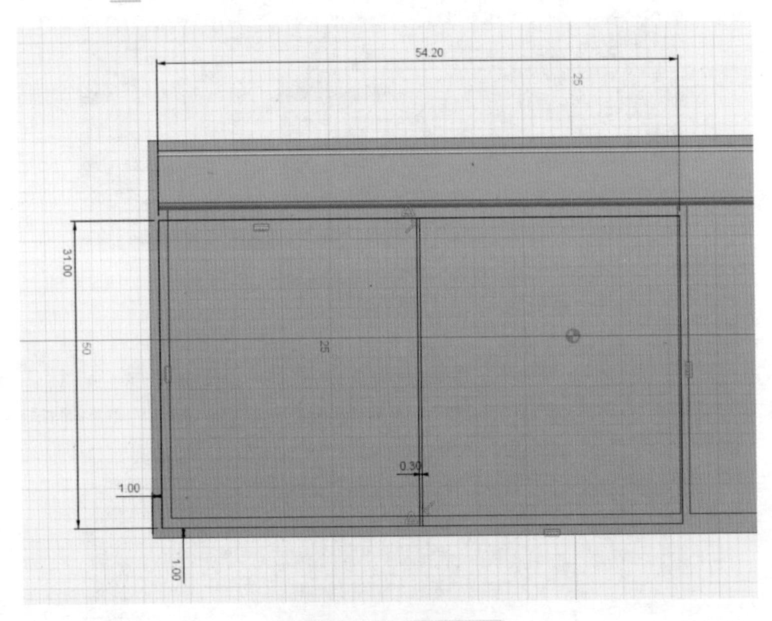

图 2-35　绘制草图 5

步骤 13　拉伸草图 5

单击【终止草图】，退出草图绘制界面。选择草图 5 并单击【创建】/【拉伸】，弹出【拉伸】属性管理器。【开始】选择【轮廓平面】，【方向】选择【一侧】，【范围】选择【距离】，【距离】设为“1.5mm”，【操作】选择【新建实体】，单击【确定】，如图 2-36 所示。

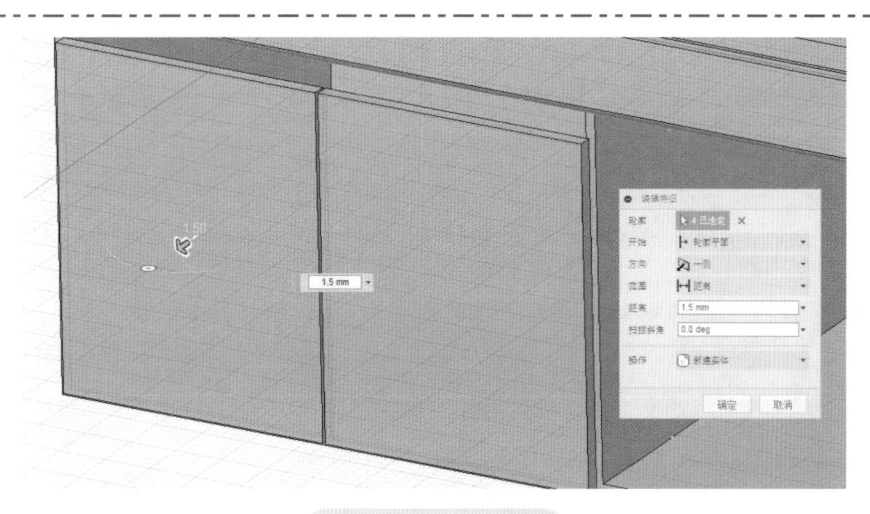

图 2-36 拉伸草图 5

步骤 14 绘制草图 6

选择“侧面 1”平面，单击【草图】/【直线】 绘制草图 6，如图 2-37 所示，单击【草图】/【草图尺寸】 命令进行尺寸标注。

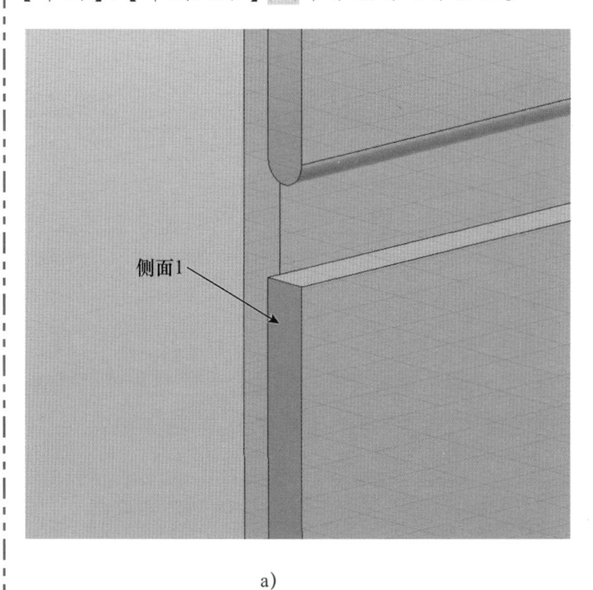

a)

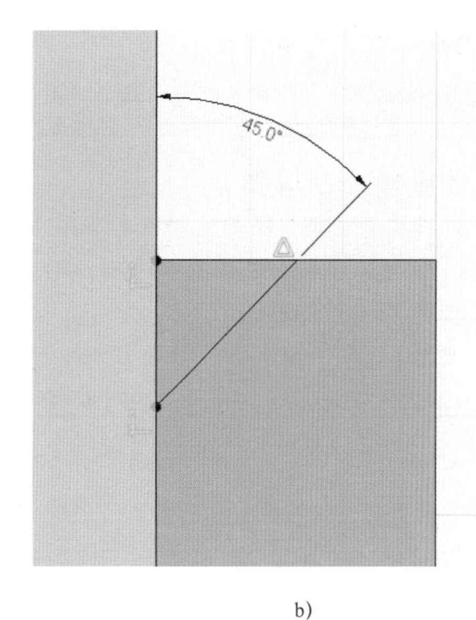

b)

图 2-37 绘制草图 6

小提示

在绘制完成步骤 14 后，上抽屉与下抽屉之间是有间隙的，如图 2-37 所示，此处需要再次插入一个简单草图，填补空隙区域，参考值由设计师自定义。

步骤 15 拉伸草图 6

单击【终止草图】 ，退出草图绘制界面。选择草图 6 并单击【创建】/【拉伸】 ，弹出

【拉伸】属性管理器。【开始】选择【轮廓平面】，【方向】选择【一侧】，【范围】选择【距离】，【距离】设为“-60mm”，【操作】选项为【剪切】，单击【确定】，如图 2-38 所示。

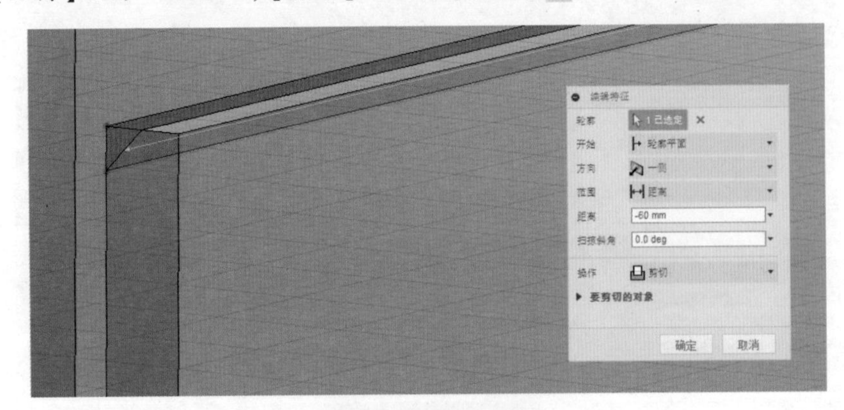

图 2-38　拉伸草图 6

小提示

在【拉伸】命令中，【操作】选项分为【剪切】、【合并】、【相交】、【新建实体】、【新建零部件】五类。【剪切】指做减法，【合并】指做加法，【相交】指做交集，【新建实体】指创建另一个模型，【新建零部件】指创建另一个零部件。

步骤 16　绘制草图 7

选择模型前竖直平面，单击【草图】/【直线】绘制草图 7，如图 2-39 所示，单击【草图】/【草图尺寸】进行尺寸标注。

步骤 17　拉伸草图 7

单击【终止草图】，退出草图绘制界面。选择草图 7 并单击【创建】/【拉伸】，弹出【拉伸】属性管理器。【开始】选择【轮廓平面】，【方向】选择【一侧】，【范围】选择【距离】，【距离】设为“1.5mm”，【操作】选择【新建实体】，单击【确定】，如图 2-40 所示。

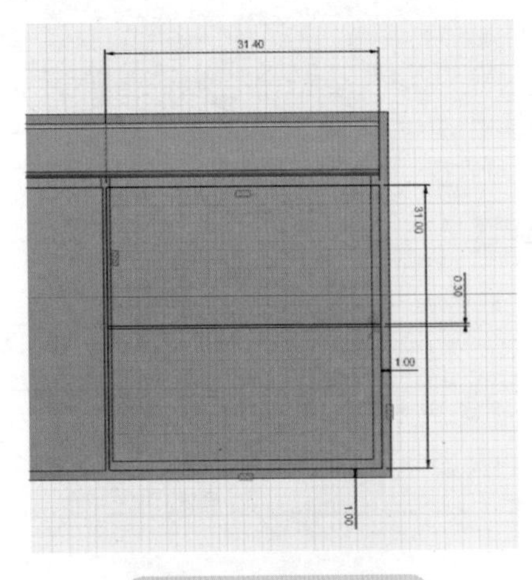

图 2-39　绘制草图 7

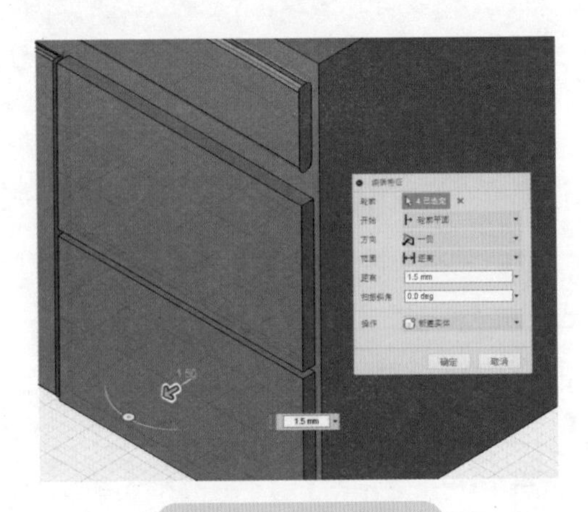

图 2-40　拉伸草图 7

步骤 18　绘制草图 8

选择“侧面 2”平面，单击【草图】/【直线】绘制草图 8，如图 2-41 所示，单击【草图】/【草图尺寸】进行尺寸标注。

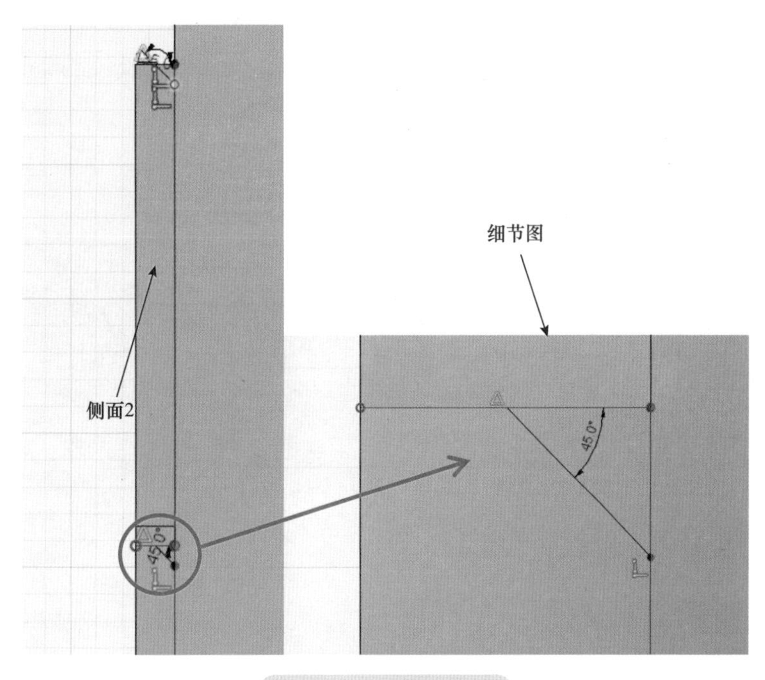

图 2-41　绘制草图 8

步骤 19　拉伸草图 8

单击【终止草图】，退出草图绘制界面。选择草图 8 并单击【创建】/【拉伸】，弹出【拉伸】属性管理器。【开始】选择【轮廓平面】，【方向】选择【一侧】，【范围】选择【距离】，【距离】设为“–31.40mm”，【操作】选择【剪切】，单击【确定】，如图 2-42 所示。

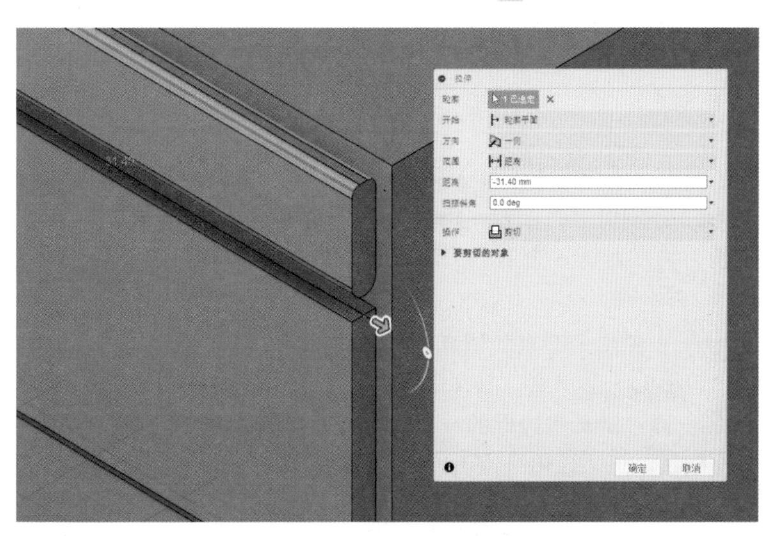

图 2-42　拉伸草图 8

步骤 20　修改圆角

单击【修改】/【圆角】，弹出【圆角】属性管理器。【边】选择“边 3”，共计 4 个，【类型】选择【等半径】，【半径】设为“0.4mm”，单击【确定】，如图 2-43 所示。

步骤 21　检查模型

在建模过程中，应时刻观察模型的各个角度和细节，避免出现错误。模型整体的比例和样式是需要设计师来把握的，洗漱台的整体展示如图 2-44 所示。

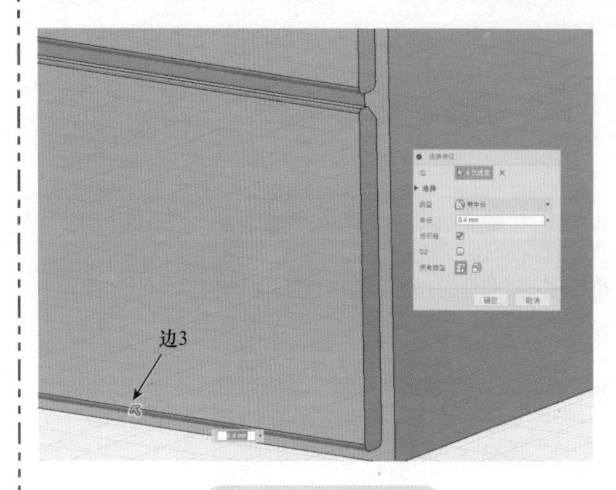

图 2-43　修改圆角

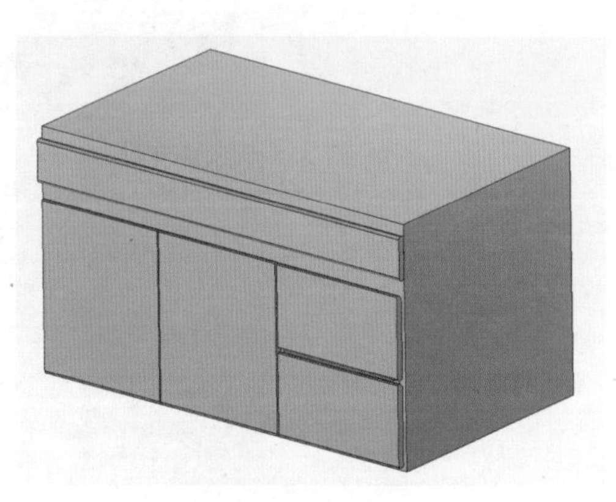

图 2-44　检查模型

小提示

在视频学习中，最后给出了使用扫掠指令制作把手的操作，可以根据难易程度选择学习。

2.2　自由曲面造型建模——洗漱池

2.2.1　草图工具

1. 多边形命令　绘制正多边图形，分为 3 类。

（1）外切多边形：使用中心点和一条边的中点创建多边形。单击创建第一个点为多边形中心，指定侧面数的值，再次确认多边形一边的中点，或者指定距离，完成外切多边形绘制，如图 2-45 所示。

（2）内接多边形：使用中心点和顶点创建多边形。单击创建第一个点为多边形中心，指定边数值，再次确认多边形的一个顶点，或者指定距离，完成内接多边形绘制，如图 2-46 所示。

（3）边多边形：通过定义多边形的一条边和位置创建多边形。单击创建第一个点作为多边形一边的起点，再次确认一点（该边终点），从而完成边多边形绘制，如图 2-47 所示。

2. 椭圆命令　创建由中心点、长轴和椭圆上的一点定义的椭圆。单击创建椭圆的圆心位置，选择椭圆长轴长度，之后单击确定椭圆上的一点，完成椭圆绘制，如图 2-48 所示。

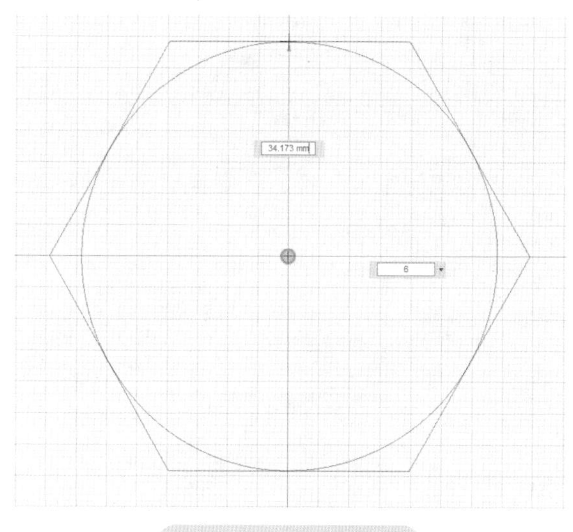

图 2-45　外切多边形

图 2-46　内接多边形

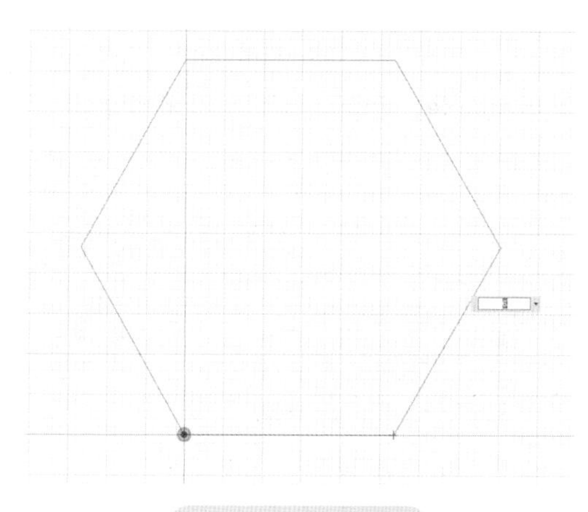

图 2-47　边多边形

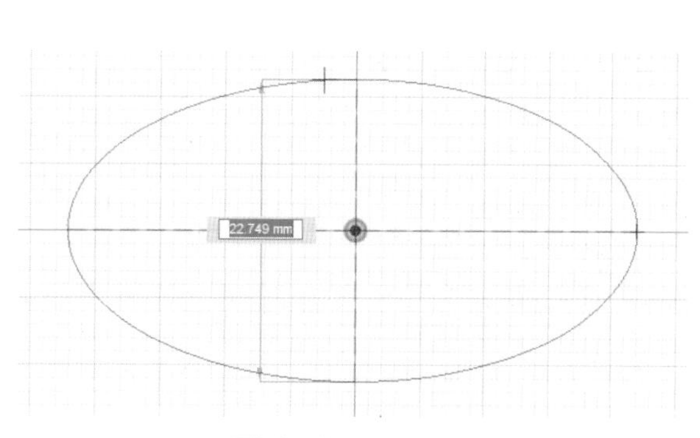

图 2-48　椭圆命令

3. 样条曲线命令　创建穿过选定点的样条曲线。单击创建起点，然后每次单击会创建一个点来控制曲线。如图 2-49 所示，在曲线上的线段是曲线上每一个点的操纵杆，拖动该线段或线段两端的圆点可以改变这一点。

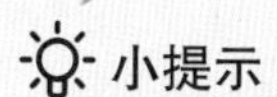
小提示

在绘制样条曲线时，常用操纵杆来调节曲线的曲率。起初绘制可以先大致描出想要的型，然后再通过控制点调节可以更为方便。

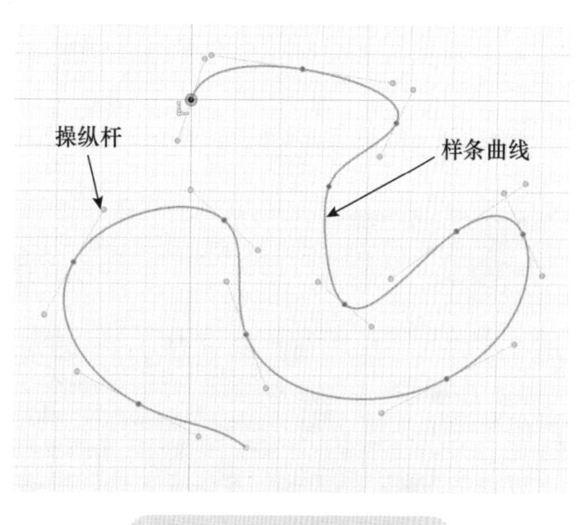

图 2-49　样条曲线命令

2.2.2　草图修改工具

1. 偏移命令　在距原始曲线的指定距离处复制选定的草图曲线。单击【草图】/【偏移】，弹出【偏移】属性管理器。【草图曲线】选择需偏移的曲线，【偏移位置】输入值，如图 2-50 所示。

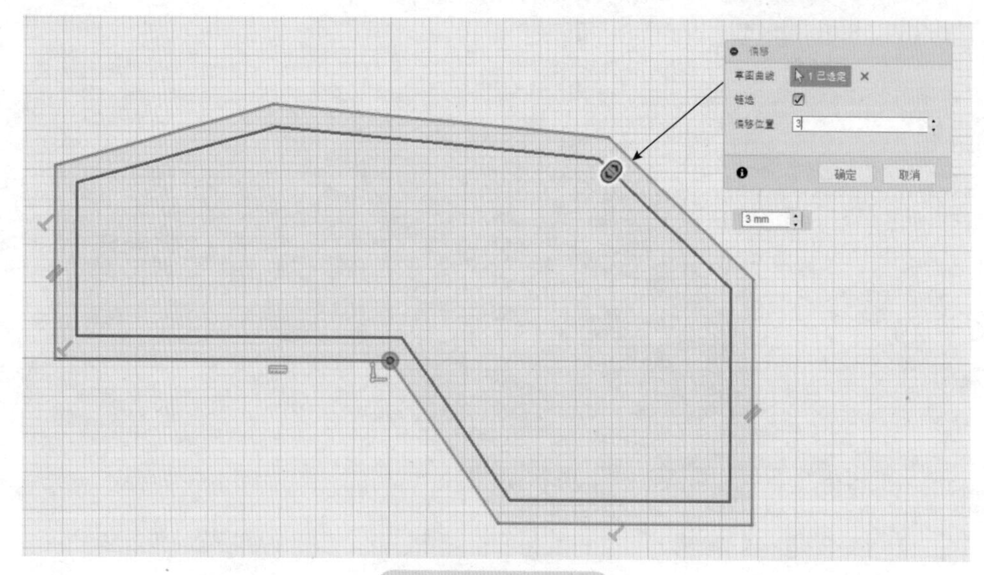

图 2-50　偏移命令

2. 镜像命令　以选定的草图线为对称线，镜像选定的草图对象。单击【草图】/【镜像】，弹出【镜像】属性管理器。【对象】选择需镜像的草图对象，【镜像线】选择中心线，如图 2-51 所示。

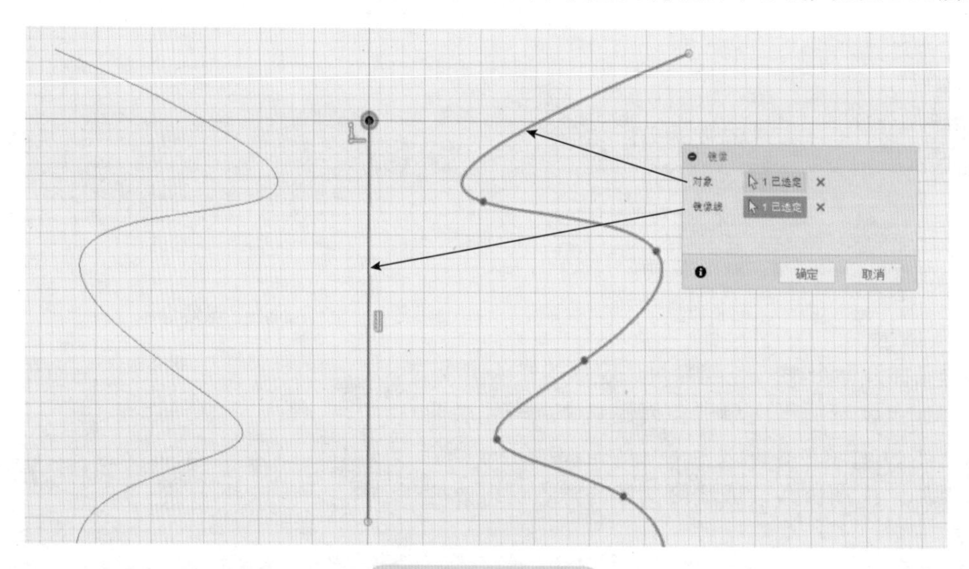

图 2-51　镜像命令

小提示

镜像命令在绘制草图时尤为重要，由于镜像的草图具有关联性，在修改草图的一边时，另一边会关联移动，因此，可以减少绘制周期，从而加快建模速度。

3. 草图缩放　缩放草图几何图元。单击【草图】/【草图缩放】，弹出【草图缩放】属性管理器。【实体】选择需缩放草图，【点】选择中心点，【比例系数】输入数值，如图 2-52 所示。

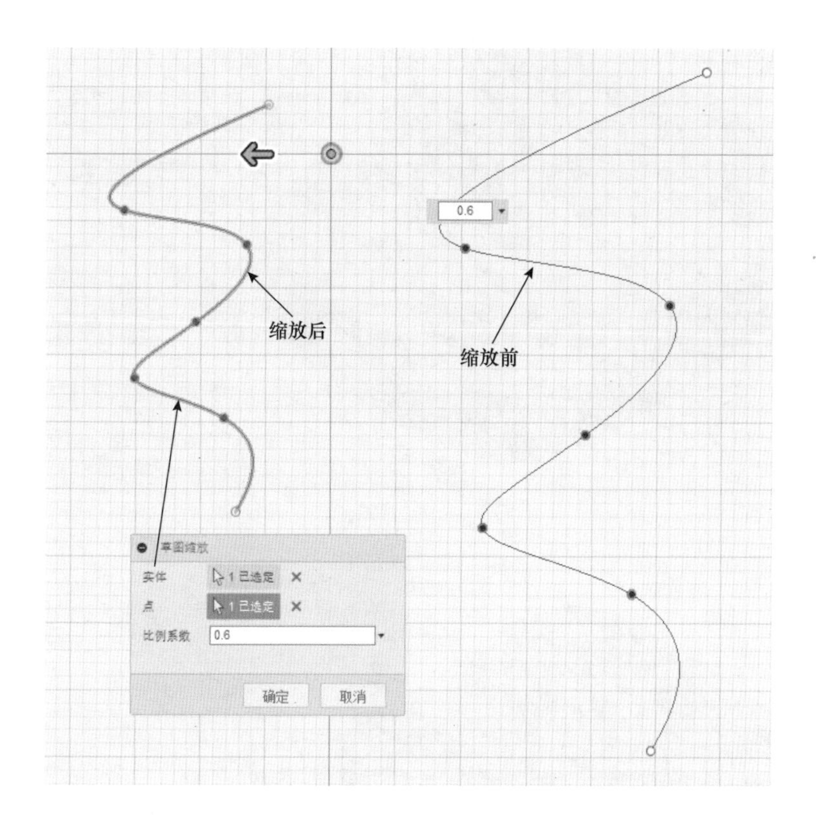

图 2-52 草图缩放

2.2.3 造型创建工具

1. 创建造型 插入造型操作到时间轴中并进入造型工作空间。当形状比精确尺寸更重要时，可使用【创建造型】命令。单击【创建造型】，进入造型工作空间，工具栏会有所不同，添加了部分造型设计命令。这个建模模块就是通常所说的 T-Spline 模块，如图 2-53 所示。

图 2-53 创建造型

2. 长方体 创建 T-Spline 框。单击【创建】/【长方体】，弹出【长方体】属性管理器。选择平面，然后绘制矩形，输入参数，每个方向上的面数都可以修改，如图 2-54 所示。

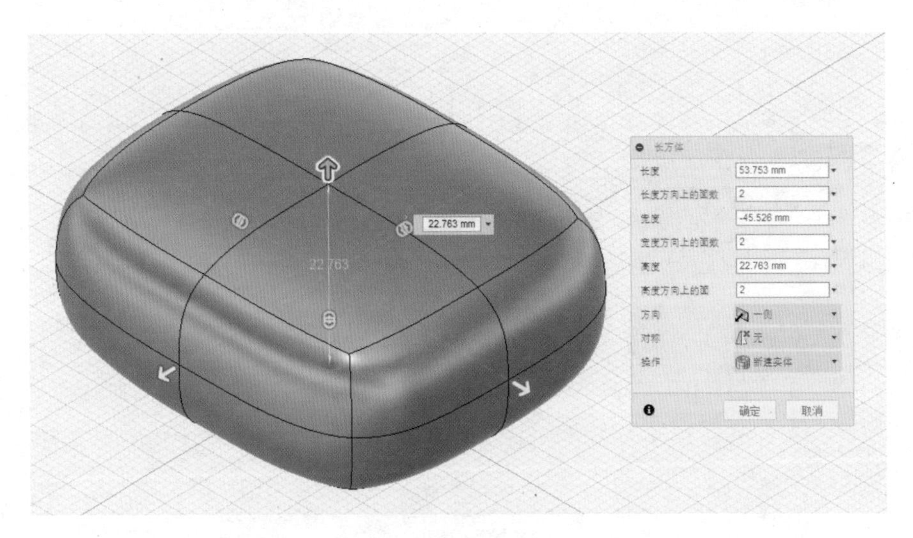

a）创建长方体

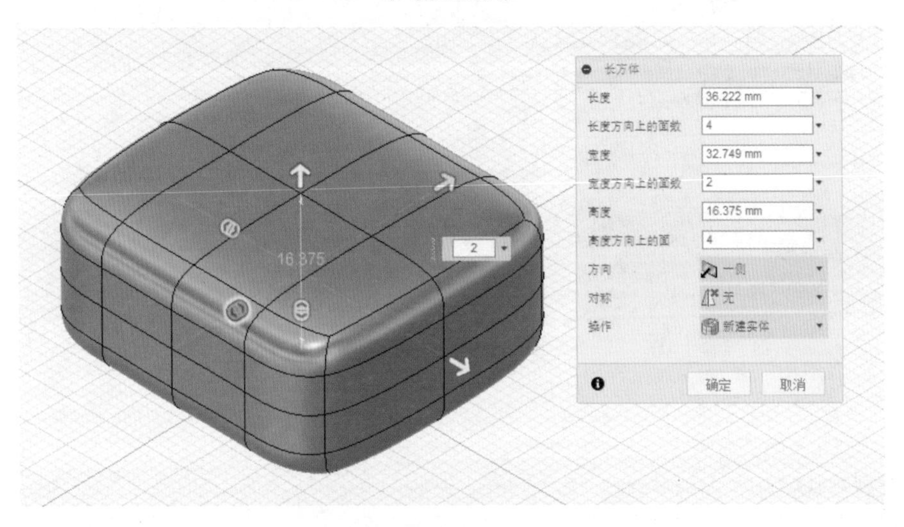

b）修改参数

图 2-54　长方体

> **小提示**
>
> 在创建 T-Spline 模型时，方向上的面数可以控制模型规格。面数越多，模型越规则，分的面越细，体现的细节也就越多，同样编辑时也就越复杂。

3. 球体　创建 T-Spline 球体。单击【创建】/【球体】，弹出【球体】属性管理器。选择平面，然后选择中心点，输入参数，每个方向上的面数都可以修改，如图 2-55 所示。

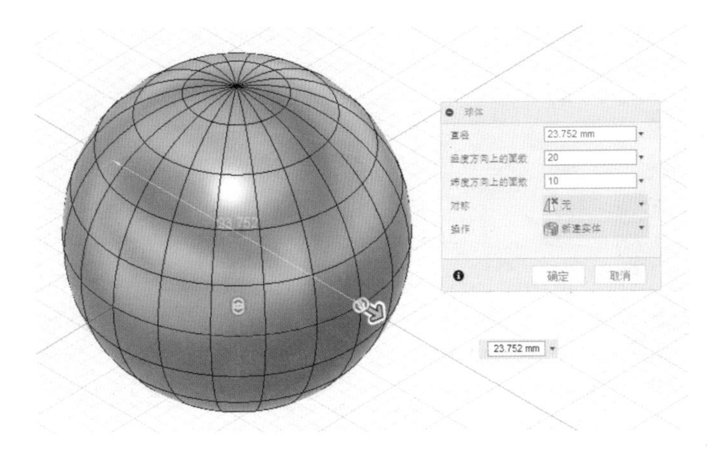

图 2-55　球体

小提示

在创建球体模型中，【对称】选项共有三类，分为【镜像】、【环形】、【无】。使用这个特殊选项后，模型会以特定的边或者面加以对称，以方便编辑，如图 2-56 所示。

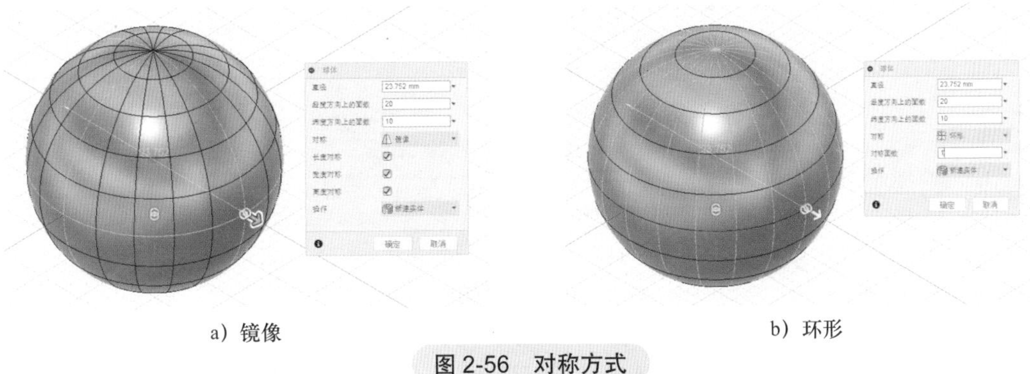

a）镜像　　b）环形

图 2-56　对称方式

4. 圆柱体　创建 T-Spline 圆柱体。单击【创建】/【圆柱体】，弹出【圆柱体】属性管理器。选择平面，然后绘制圆，输入参数，每个方向上的面数都可以修改，如图 2-57 所示。在【对称】选项中同样有三类，与球体相同。

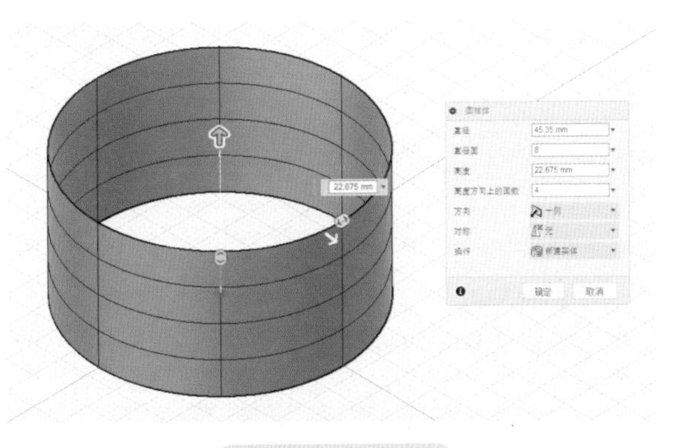

图 2-57　圆柱体

2.2.4　造型编辑工具

1. 拉伸命令　通过沿矢量添加面，创建或修改 T-Spline 实体。单击【创建】/【拉伸】，弹出【拉伸】属性管理器。这里介绍两类造型工作空间的拉伸方式：第一类为拉伸草图工具，即把平面草图拉伸为 T-Spline 面；第二种为拉伸实体面工具，即把 T-Spline 实体的某一面作为拉伸对象，如图 2-58 所示。

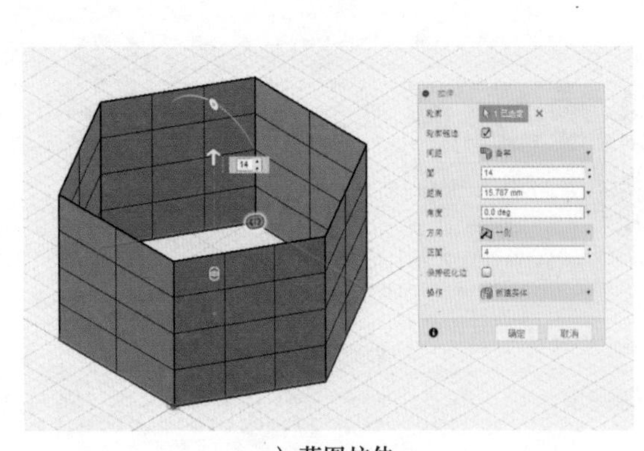

a）草图拉伸

b）实体拉伸

图 2-58　拉伸命令

2. 旋转命令　通过围绕选定轴旋转边或草图创建 T-Spline 实体。单击【创建】/【旋转】，弹出【旋转】属性管理器。参数与球体类似，如图 2-59 所示。

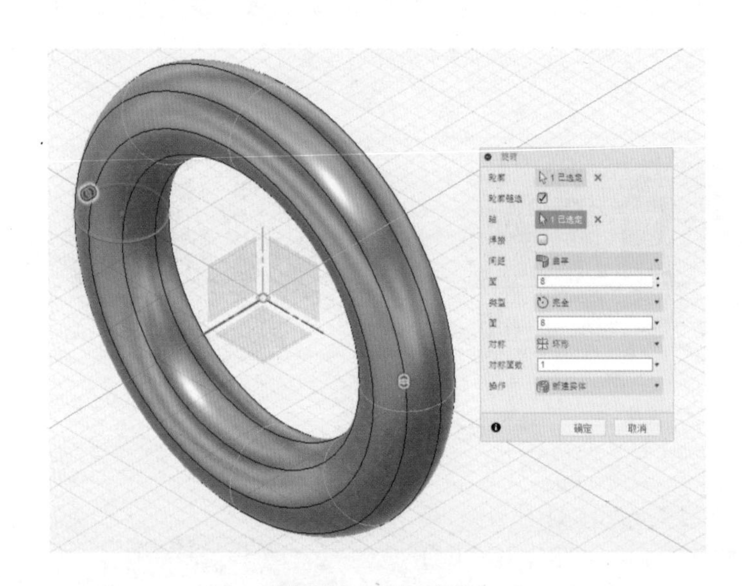

图 2-59　旋转命令

2.2.5　造型修改工具

1. 编辑形状　使用变换、缩放和旋转来操纵面、边和顶点。单击【修改】/【编辑形状】，弹出【编辑形状】属性管理器。图 2-60 所示分别为平移、旋转和缩放展示。

2. 插入边　在原始边的指定位置处插入边。单击【修改】/【插入边】，弹出【插入边】属性管理器。【T-Spline 边】选项中选取原始边，【插入位置】输入数值，如图 2-61 所示。

3. 插入点　通过选择两个点来插入边。单击【修改】/【插入点】，弹出【插入点】属性管理器。【插入点】选项中选择顶点或边，如图 2-62 所示。

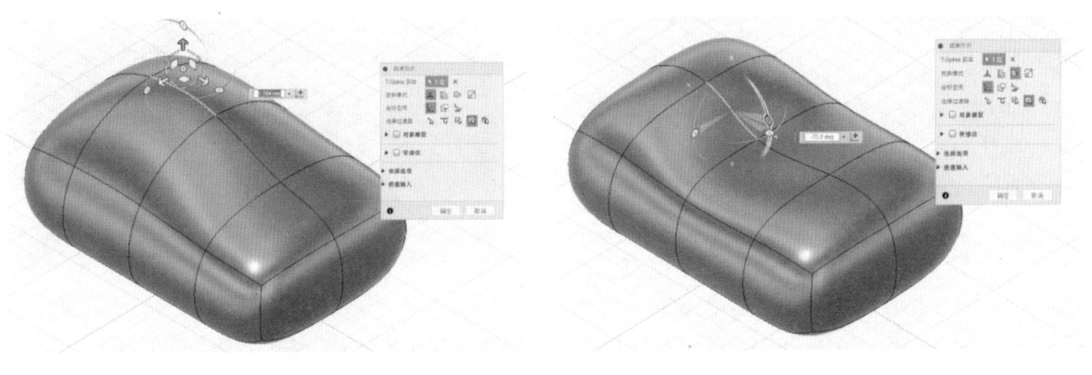

a）平移展示　　　　b）旋转展示

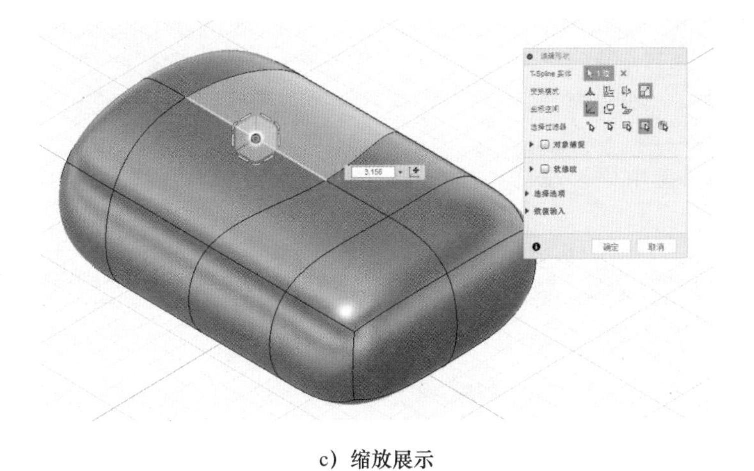

c）缩放展示

图 2-60　变换模式

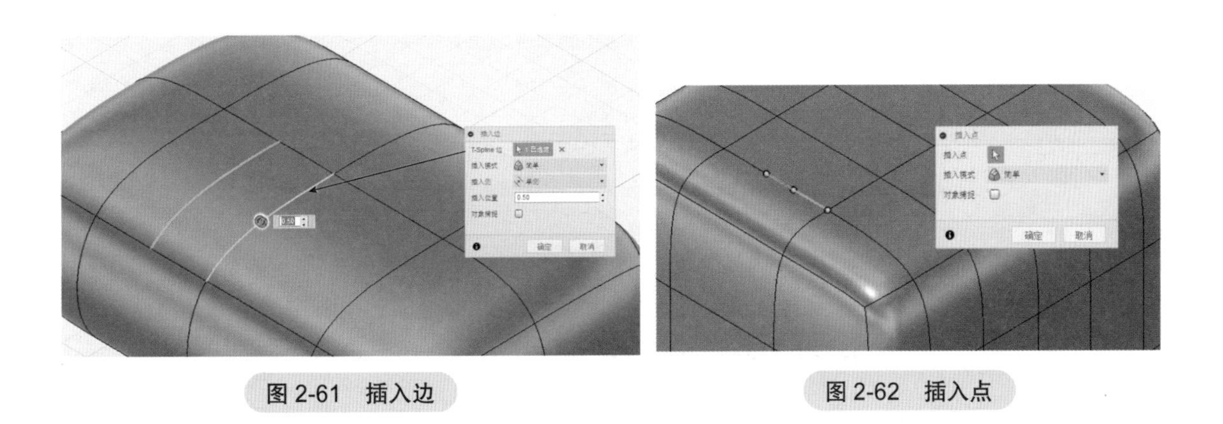

图 2-61　插入边　　　　图 2-62　插入点

4. 细分　将一个或者多个面划分为面的子集。单击【修改】/【细分】，弹出【细分】属性管理器。【T-Spline 面】选项中选取需要细分的面，【插入模型】选择【简单】，如图 2-63 所示。

小提示

面细分后，数量会增多，同时使编辑过程中的难度加大，但为使特征更加明显，建议细分所需的局部。

图 2-63　细分

5. 焊接顶点　合并两个或者多个顶点。单击【修改】/【焊接顶点】，弹出【焊接顶点】属性管理器。【T-Spline 顶点】选项中选取需要焊接的点，焊接效果如图 2-64 所示。焊接模式说明见表 2-3。

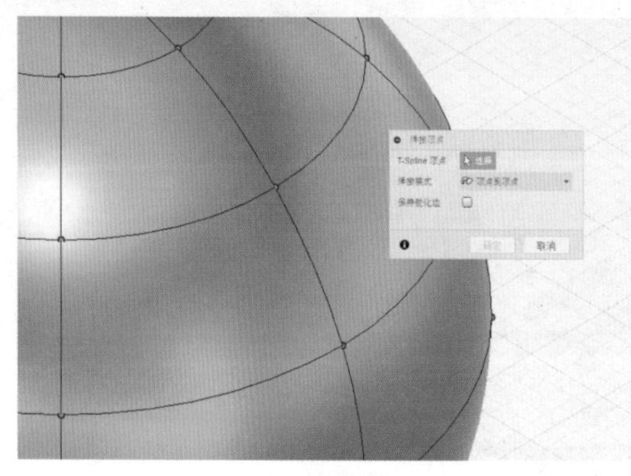

a）焊接前

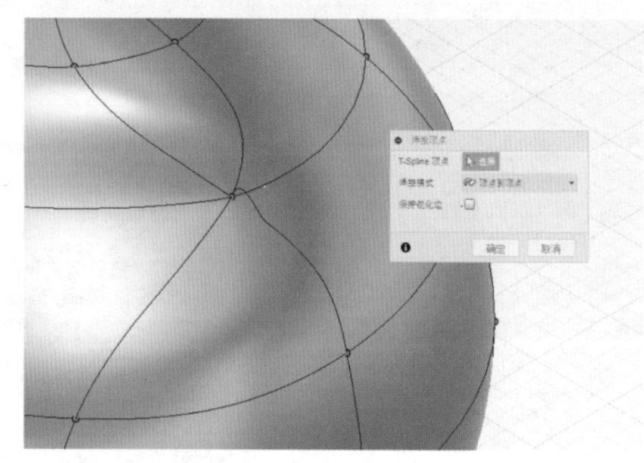

b）焊接后

图 2-64　焊接顶点

表 2-3　焊接模式说明

模式	图标	说明
顶点到顶点		焊接后终点为第二个顶点
顶点到中点		焊接后终点为两顶点中间
焊接至公差		以公差大小确定焊接顶点

2.2.6　建模过程

本节绘制模型为洗漱池，模型涉及曲面造型，故选择造型工作空间。曲面造型设计不同于参数化建模，该模块会使设计师更容易塑造想要的曲面，更为快捷地表达设计师的思维和想法。

对于造型模块，更多的是绘制曲面和复杂面，其优势在于可以更快地实现 T-Spline 模型的建立。对于标准零件模型来说，造型模块更加无参数化一些，可以让设计师发散思维，做一些有创意的模型。

本章中的模型为简单家具模型，需要设计师以生活中的家具为例，寻找相关资料，构思模型。对于洗漱池造型，务必是曲面，那就要在造型工作空间来建模，在完成曲面部分后，也可以利用旋转、拉伸、圆角等命令处理模型，这样制作出来的模型才能完整和新颖。

扫码观看视频

步骤 1　创建实体 1

选择【创建造型】，进入造型工作空间。单击【创建】/【长方体】，选择 *XZ* 平面，输入参数，长、宽、高分别设为“50”“35”“5”，其他参数设置如图 2-65 所示。

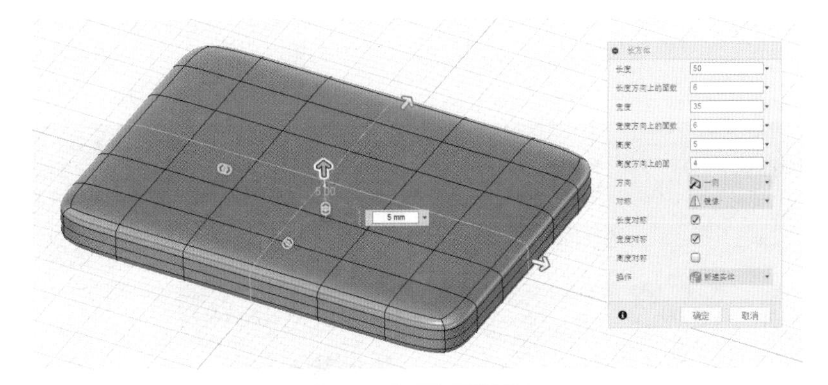

图 2-65　创建实体 1

步骤 2　锐化

单击【修改】/【锐化】，单击选择锐化边，锐化图 2-66a 所示四条棱边及图 2-66b 所示四条底面边线。

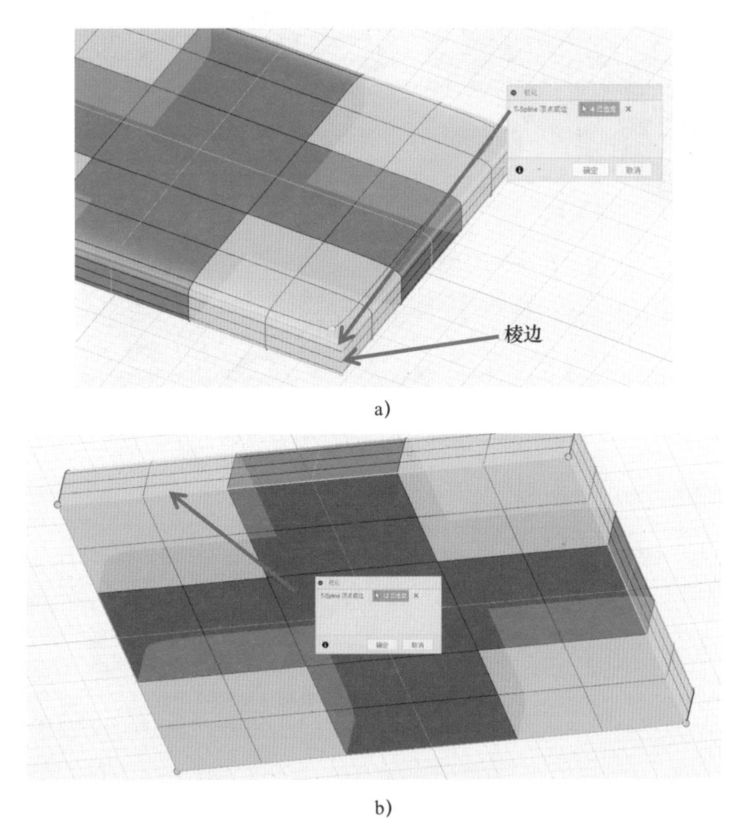

a)

b)

图 2-66　锐化

步骤 3　焊接顶点

单击【修改】/【焊接顶点】，弹出【焊接顶点】属性管理器。【T-Spline 顶点】选项中选取需要焊接的点，如图 2-67a 所示。选中图 2-67b 所示边角面，单击鼠标右键，选择【删除】。之后选择图 2-67c 所示边线，单击【修改】/【补孔】，填补删除部分，【填充孔模式】选择【填充星形】。最后锐化图 2-67e 所示边线。

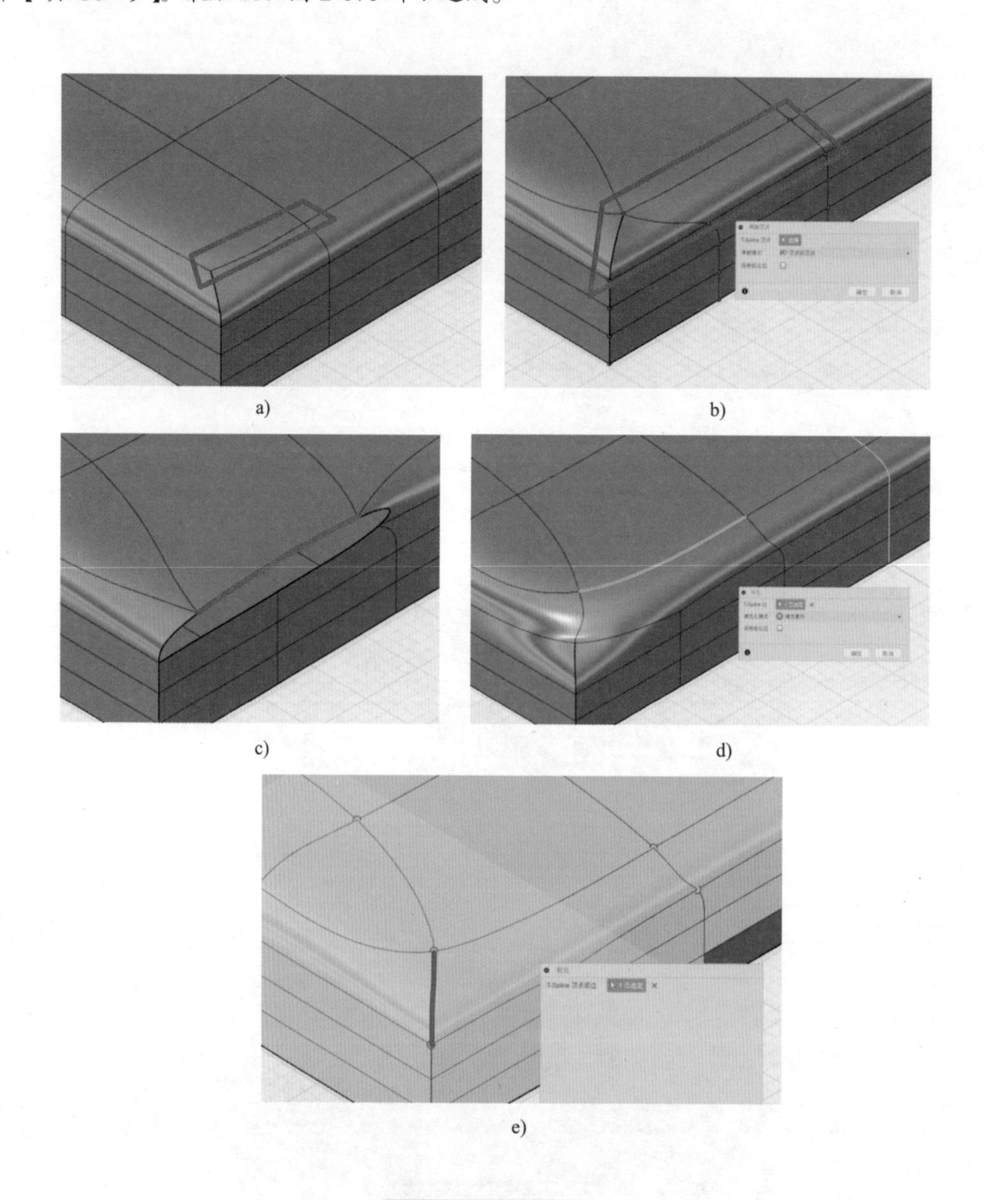

图 2-67　焊接顶点

步骤 4　编辑形状

单击【修改】/【编辑形状】，弹出【编辑形状】属性管理器。【T-Spline 实体】选项中选取“中心面”，拖动鼠标，向下拉伸“–1”完成绘制，如图 2-68 所示。

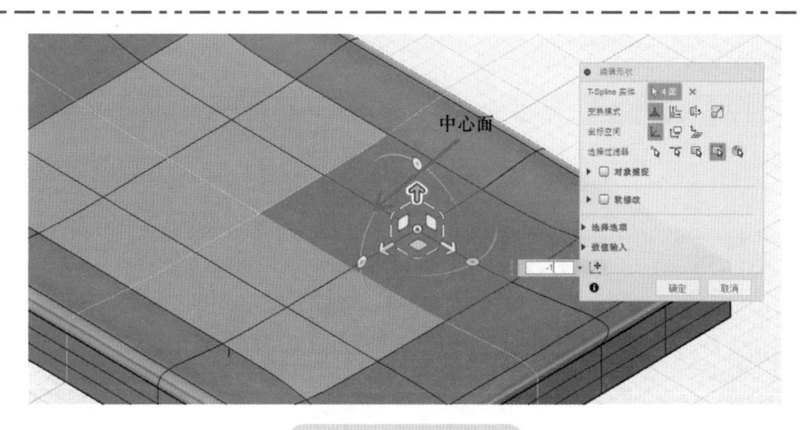

图 2-68 编辑形状

步骤 5 编辑形状

单击【修改】/【编辑形状】，弹出【编辑形状】属性管理器。【T-Spline 实体】选项中选取“中心面”，拖动鼠标，向下拉伸“–1”，完成绘制，如图 2-69 所示。

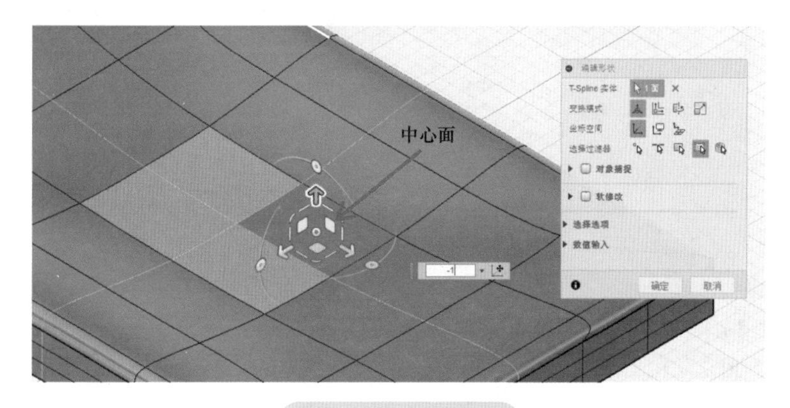

图 2-69 编辑形状

步骤 6 创建实体 2

单击【创建】/【长方体】，选择 *XZ* 平面，输入参数，长、宽、高分别设为“46”“30”“–4”，如图 2-70 所示。

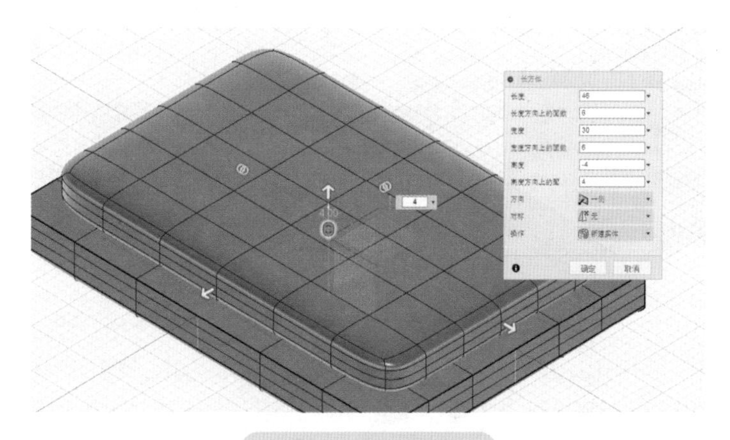

图 2-70 创建实体 2

步骤 7　锐化

单击【修改】/【锐化】，单击选择实体 2 中需要锐化的边，锐化四条棱边和上下两面的边线，如图 2-71 所示。

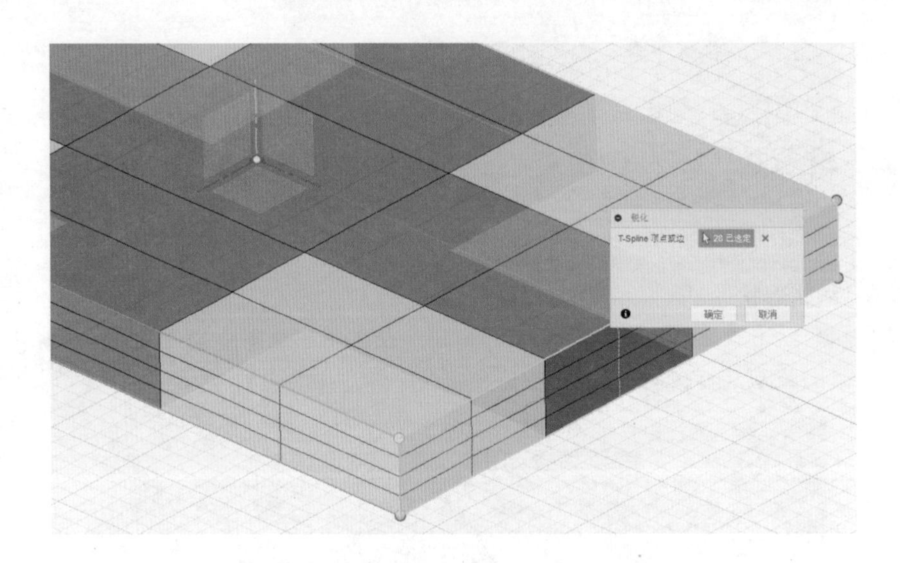

图 2-71　锐化

步骤 8　拉伸

单击【创建】/【拉伸】，弹出【拉伸】属性管理器。【轮廓】选择“中心面”，【距离】输入值“-2”，如图 2-72 所示。

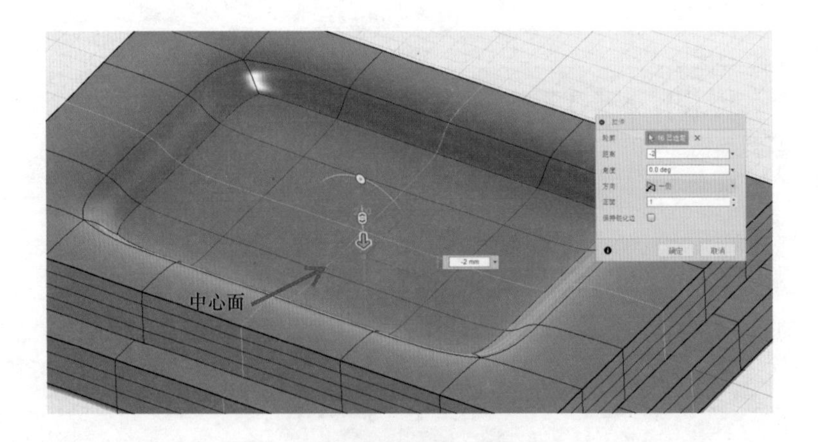

图 2-72　拉伸

步骤 9　细分

单击【修改】/【细分】，弹出【细分】属性管理器。【T-Spline 面】选择“中心面”，【插入模型】选择【简单】，如图 2-73 所示。

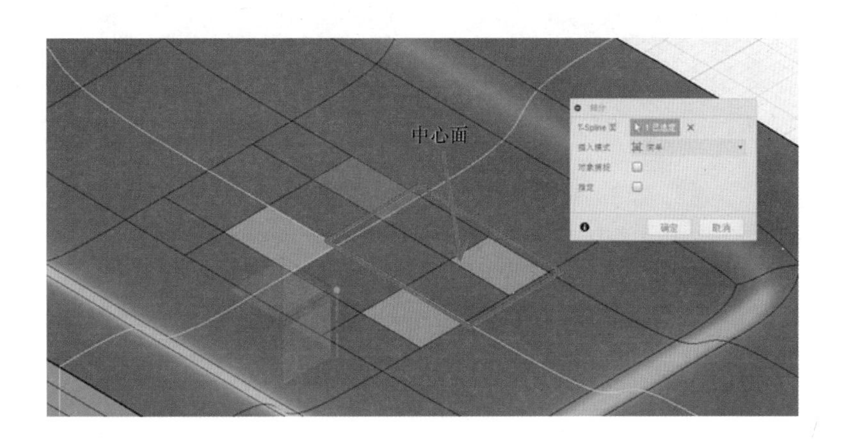

图 2-73 细分

步骤 10 编辑形状 1

单击【修改】/【编辑形状】，弹出【编辑形状】属性管理器。【T-Spline 实体】选项选择点，图中红色圆圈部分为需要调整的点，调整各点，使之成为一个圆形，如图 2-74 所示。

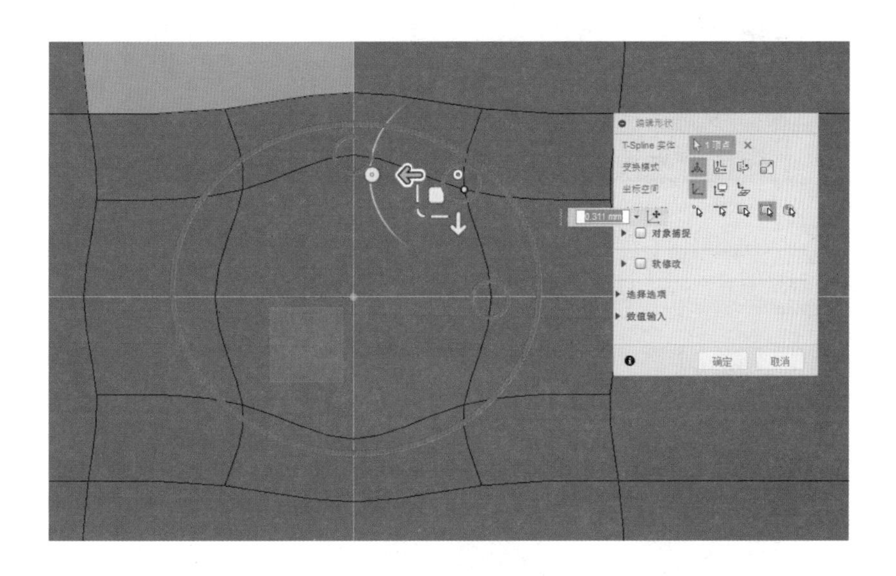

图 2-74 编辑形状 1

步骤 11 编辑形状 2

单击【修改】/【编辑形状】，弹出【编辑形状】属性管理器。【T-Spline 实体】选项选择“中心面”，此时按住〈Alt〉键，再次缩放“中心面”，如图 2-75 所示。

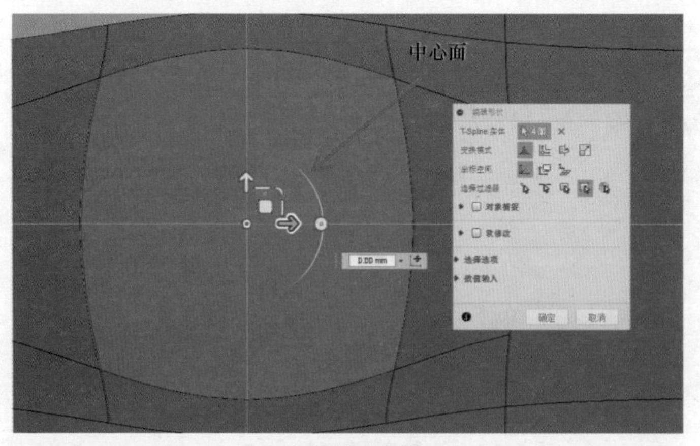

a）选择“中心面”

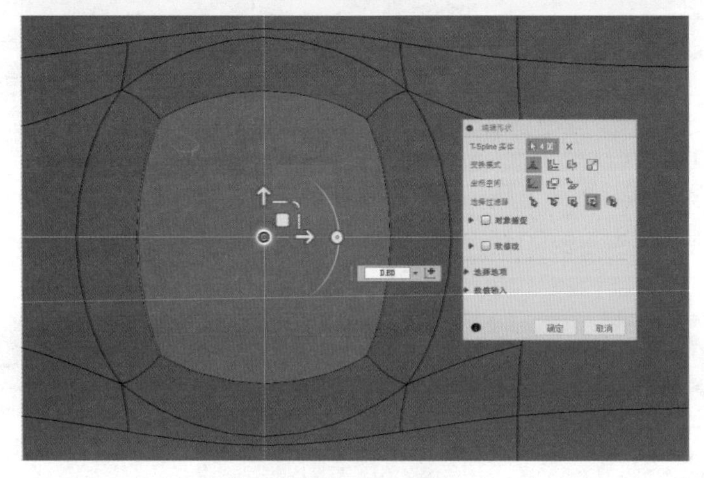

b）缩放“中心面”

图 2-75　编辑形状 2

步骤 12　拉伸

单击【创建】/【拉伸】，弹出【拉伸】属性管理器。【轮廓】选择“中心面”，【距离】输入值“–1”，完成模型绘制，如图 2-76 所示。最后单击【完成造型】。

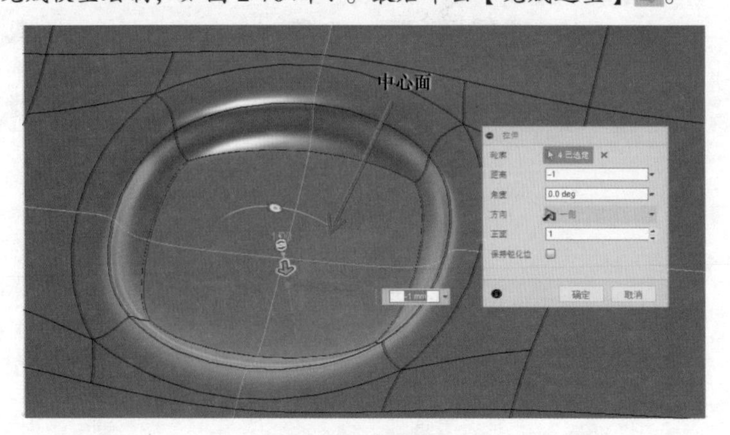

图 2-76　拉伸

步骤 13 修改圆角 1

单击【修改】/【圆角】，弹出【圆角】属性管理器。【边】选择实体 1 的四条棱边与底面边线，【类型】选择【等半径】，【半径】设为“0.2”，单击【确定】，如图 2-77 所示。

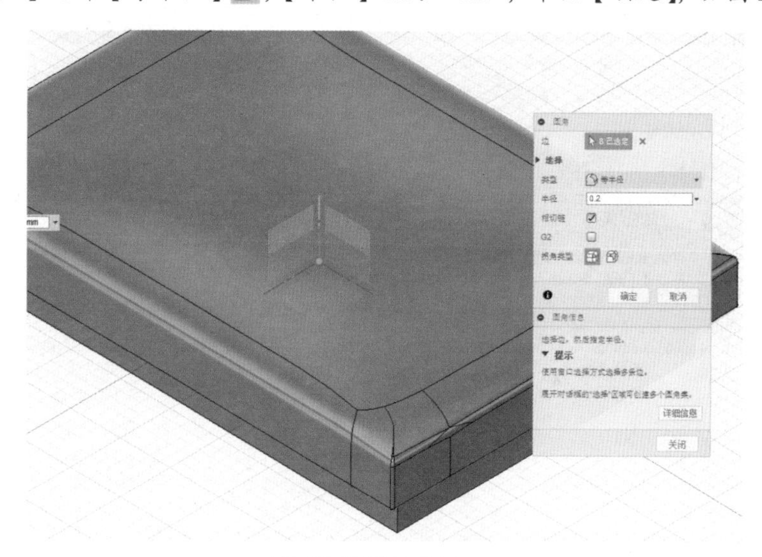

图 2-77 修改圆角 1

步骤 14 修改圆角 2

单击【修改】/【圆角】，弹出【圆角】属性管理器。【边】选择实体 2 的四条棱边，【类型】选择【等半径】，【半径】设为“1”，单击【确定】，如图 2-78 所示。

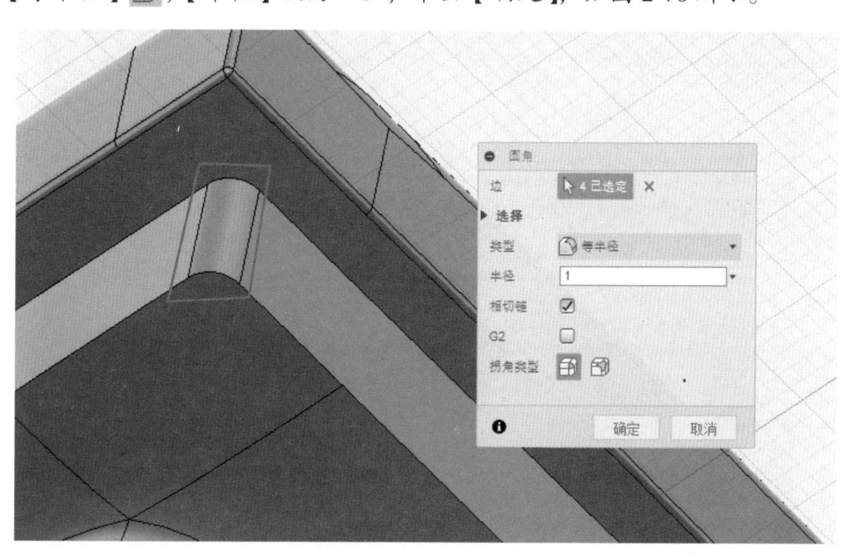

图 2-78 修改圆角 2

步骤 15 绘制矩形

进入 *XY* 平面，单击【草图】/【矩形】/【中心矩形】绘制矩形，单击【草图】/【草图尺寸】，标注矩形的宽为“1.50”，长为“12.00”，如图 2-79 所示。

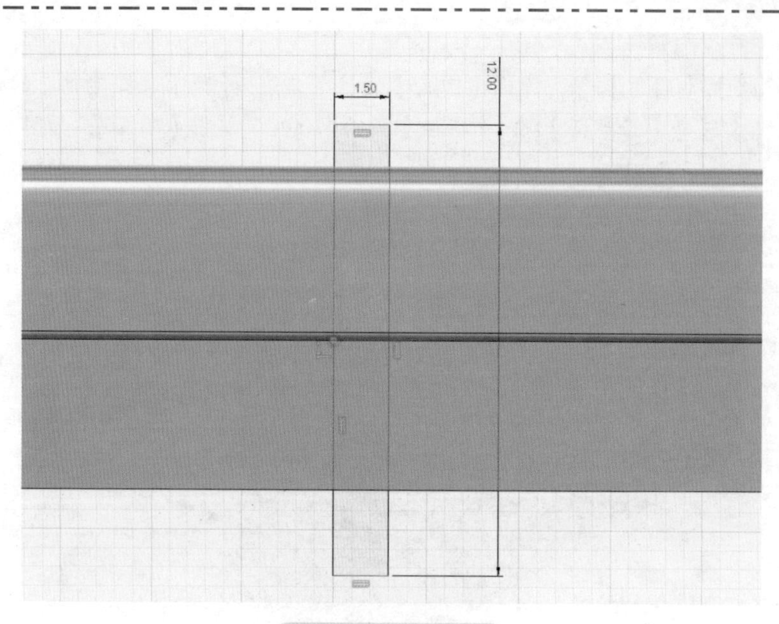

图 2-79　绘制矩形

步骤 16　旋转草图

单击【终止草图】，退出草图绘制界面。选择草图并单击【创建】/【旋转】，弹出【旋转】属性管理器。【轮廓】选择草图，【轴】选择图 2-80 所示“边线”，【类型】选择【角度】，【角度】设为“360.0deg”，【方向】选择【一侧】，【操作】选择【剪切】，单击【确定】。

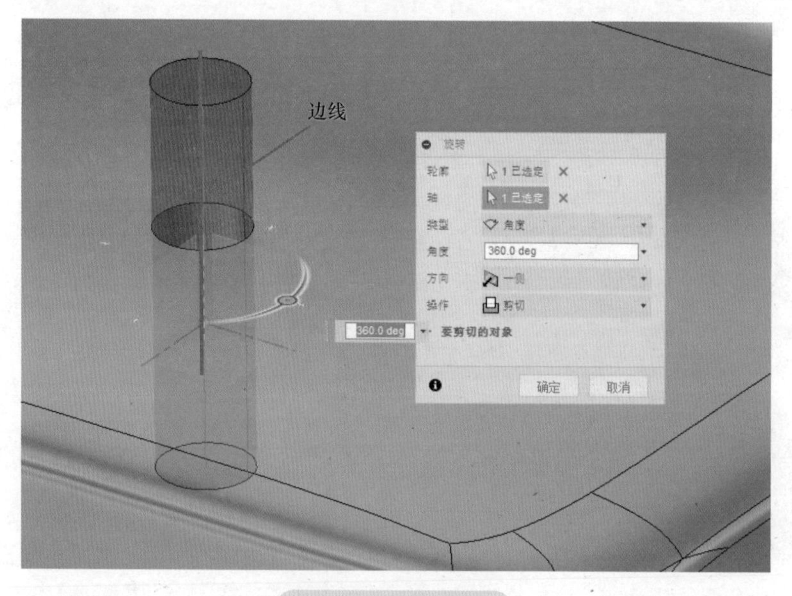

图 2-80　旋转草图

步骤 17　检查模型

在建模过程中，应时刻观察模型的各个角度和细节，避免出现错误。模型整体的比例和样式是需要设计师把握的，洗漱池整体展示如图 2-81 所示。

图 2-81 检查模型

2.3 面片建模——节水龙头

对于模型，需要掌握的是其中的建模思路。在建模前，可以把一些模型归类，总结它们的异同。对于节水龙头模型，因为外形有棱角部分，且在空间中不便于在模型工作空间建模，所以使用面片工作空间建模的方式，以面片来搭建模型外形，最后缝合面片，实现最终实体。面片建模方法主要是在空间中，通过连接空间直线某端点来实现不同的构件面，从而实现不同的模型面。

在绘制模型初期，设计师要注意从实际出发，在生活中寻找设计的基础，比如比例的设定和具体尺寸的测量。在查阅资料的同时也要切实地规划模型的大致外形和基本参数，然后在设计过程中加入设计师的创新想法和思维逻辑。

2.3.1 面片创建工具

1. 拉伸命令　为草图轮廓或平整面添加深度。单击【创建】/【拉伸】，如图 2-82 所示。

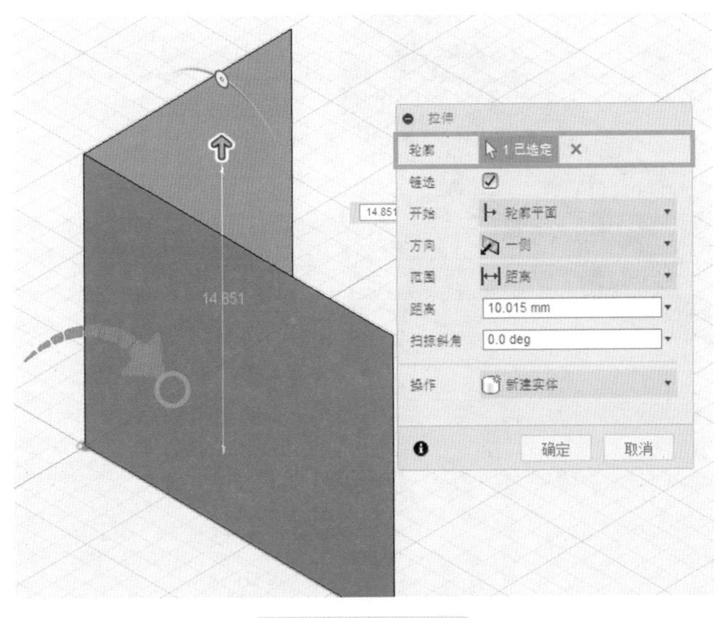

图 2-82 拉伸命令

小提示

面片拉伸不同于实体拉伸，实体拉伸只能是封闭草图或者平整面，而面片拉伸可以是不封闭草图或者样条曲线。

2. 旋转命令　绕选定轴旋转草图轮廓或平整面。单击【创建】/【旋转】，如图 2-83 所示。

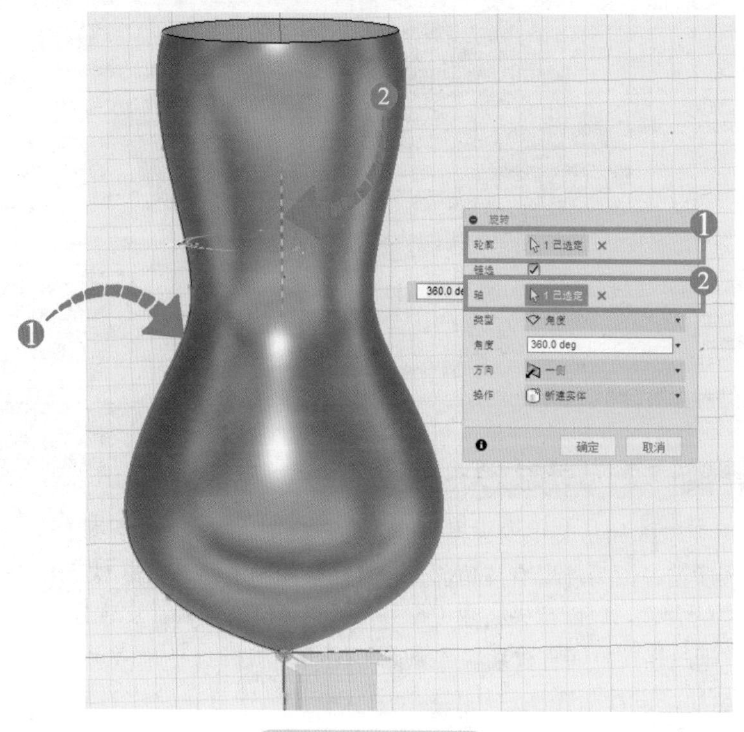

图 2-83　旋转命令

3. 扫掠命令　沿选定的路径扫掠草图轮廓或平整面。单击【创建】/【扫掠】，如图 2-84 所示。

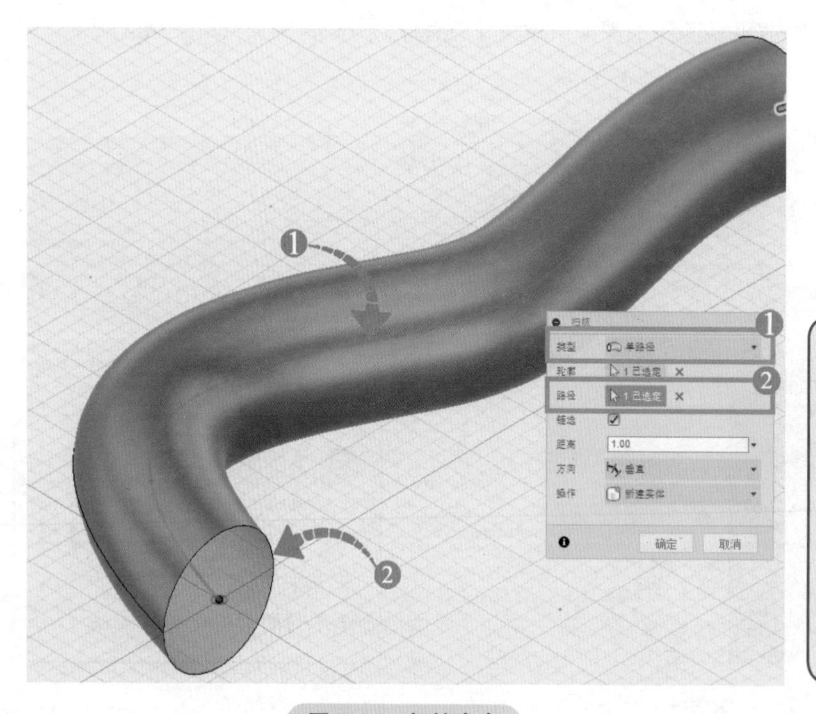

图 2-84　扫掠命令

小提示

扫掠命令涉及两个草图，并且作为轮廓的草图要与路径在相切的平面上。在绘制路径时要考虑曲率的大小，以免扫掠出错，如图 2-85 所示。

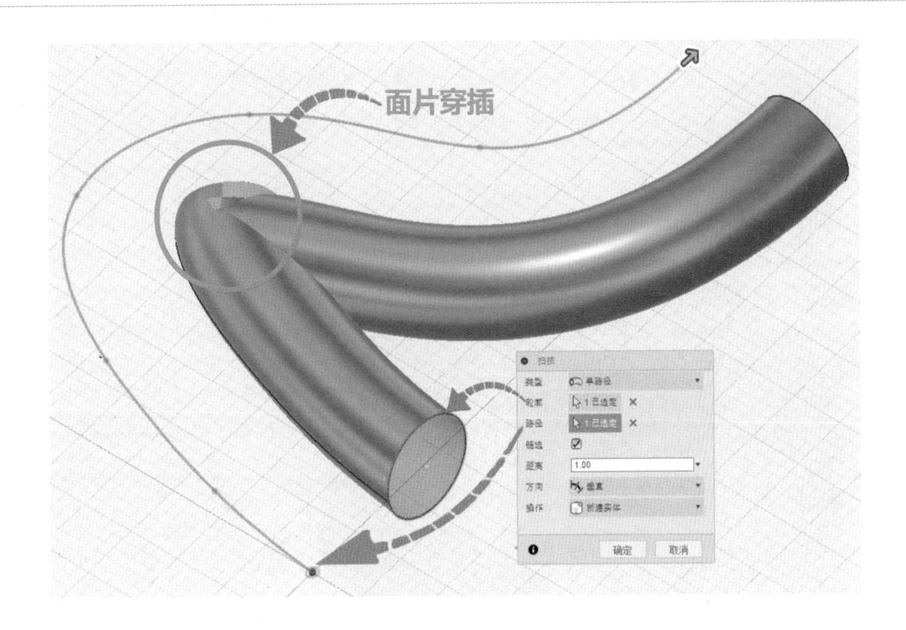

图 2-85 错误演示

4. 放样命令　在两个或更多草图轮廓或平整面之间创建过渡形状。单击【创建】/【放样】，如图 2-86 所示。

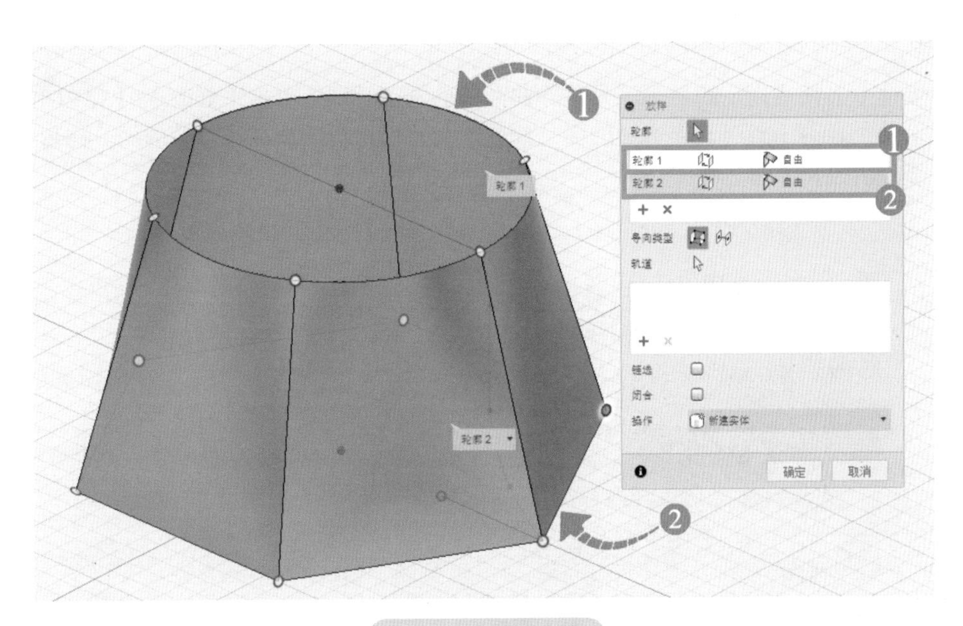

图 2-86 放样命令

小提示

放样命令中的轮廓可以选择多个，在每个轮廓后有【自由】、【方向】两种模式，而在【出射角度】选项中，更改参数会使得放样模型整体曲率发生变化，如图 2-87 所示，可根据模型需求调整。

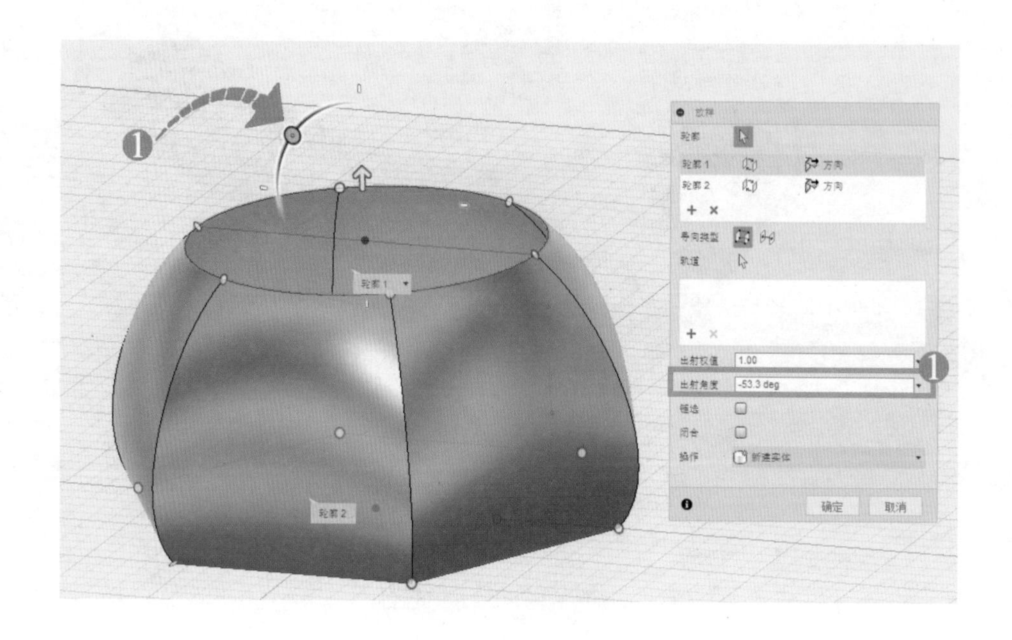

图 2-87　出射角度

2.3.2　面片修改工具

1. 修剪命令　使用指定的切割工具移除曲面体的选定区域。单击【修改】/【修剪】，如图 2-88 所示。使用修剪工具时，先选择的面是修剪工具，后选择的面是被修剪的面。修剪完成之后，被修剪面部分消失，如图 2-89 所示。

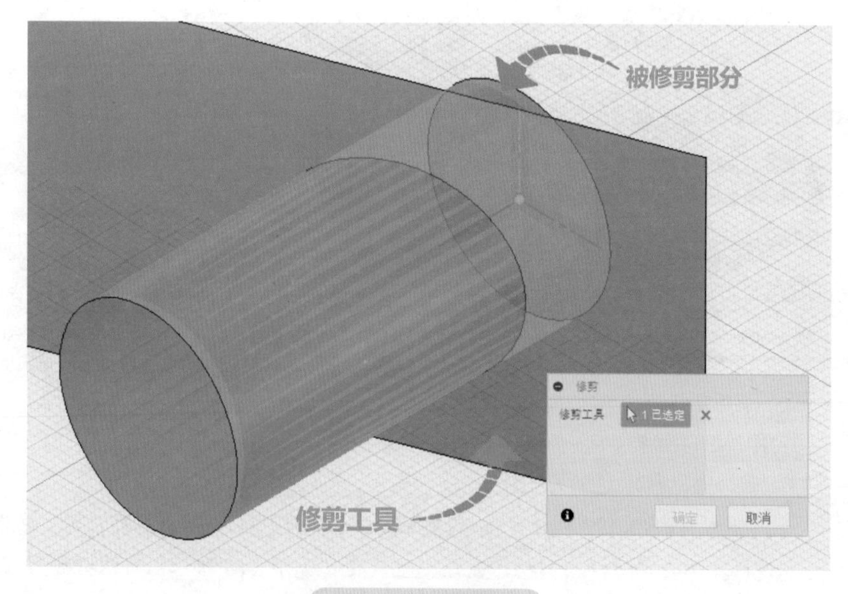

图 2-88　修剪命令

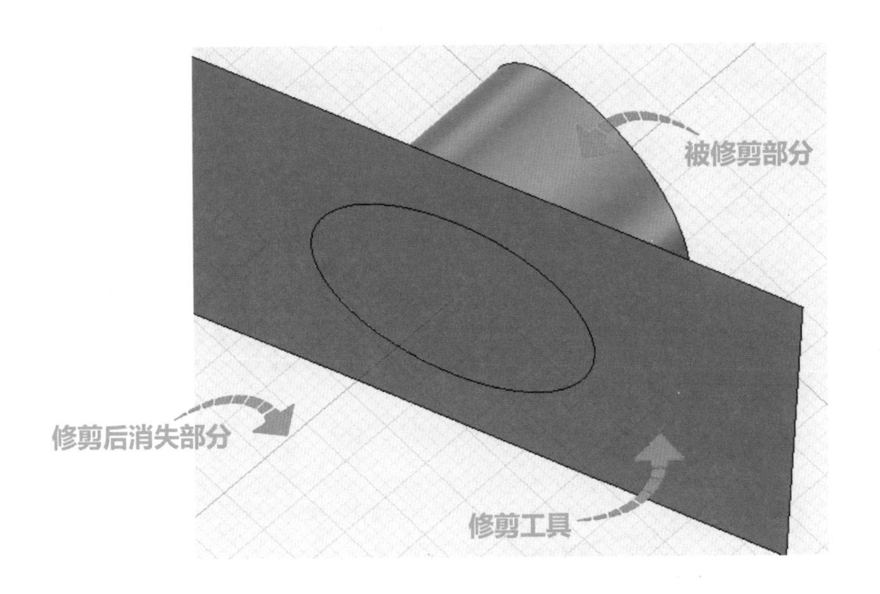

图 2-89 修剪命令演示

2. 延伸命令 通过将曲面延伸指定距离来放大曲面。单击【修改】/【延伸】，如图 2-90 所示，选择需要延伸的边，在【距离】中输入数值。延伸功能类型及说明见表 2-4。

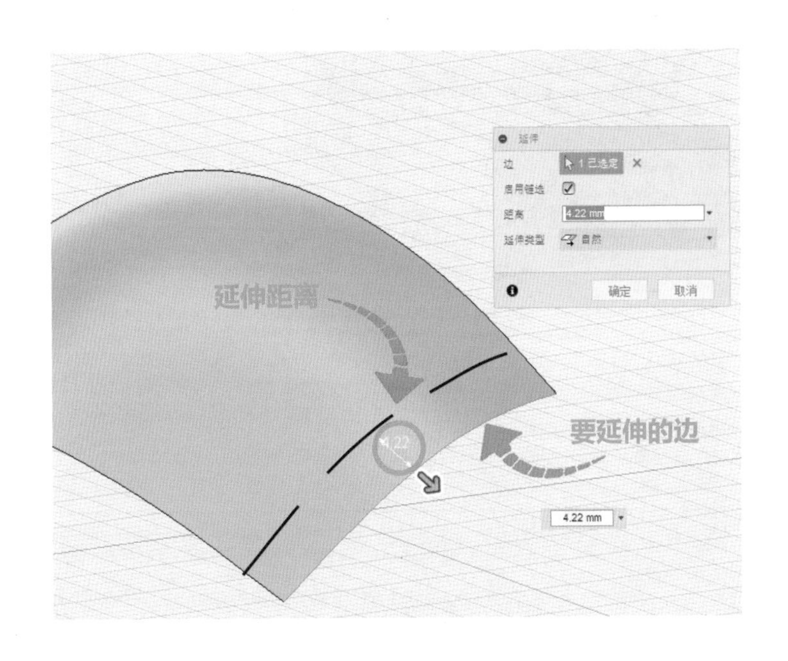

图 2-90 延伸命令

表 2-4　延伸功能类型及说明

名称	图标	说明
自然		以曲面边线曲率为方向延展
垂直		以垂直于边线为方向延展
相切		延展方向与曲面边线相切

3. 缝合命令　合并曲面以形成单个曲面体或实体。单击【修改】/【缝合】，图中①边线为缝合边，②边线为边界线，如图 2-91 所示。

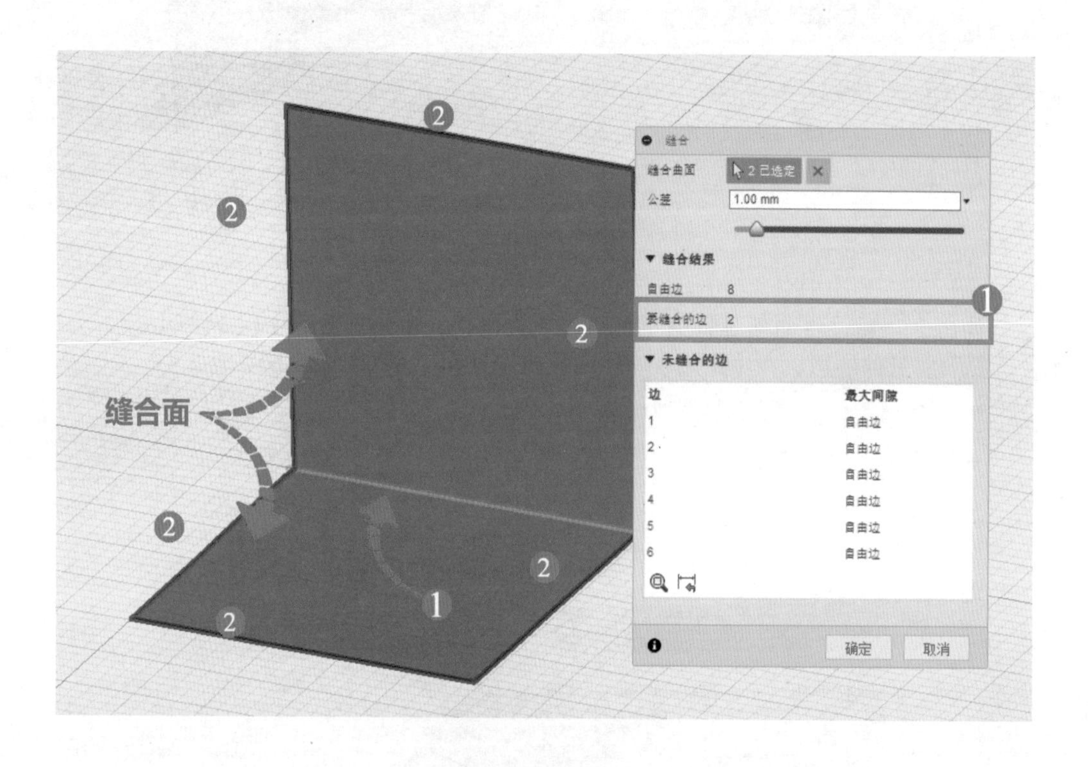

图 2-91　缝合命令

小提示

在使用缝合命令时，设定公差值很重要。图 2-91 中公差值为 1mm，指小于 1mm 的间隙在缝合过程中会被填补。构建的面越精准，公差值越小。在较大公差值下，面片缝合后的变形也就越大。

4. 法向反向命令　翻转选定曲面体的法向方向。单击【修改】/【法向反向】，如图 2-92 所示。

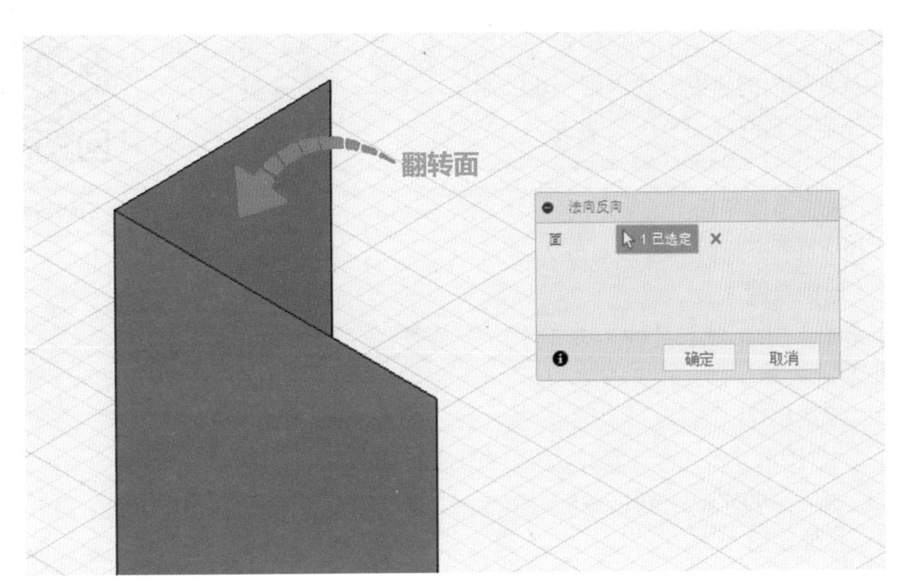

a）选择面

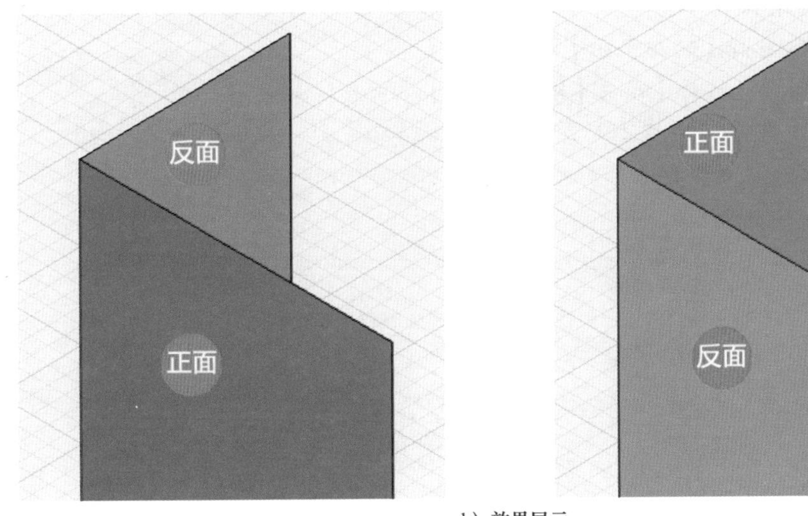

b）效果展示

图 2-92 法向反向命令

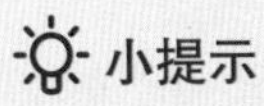
小提示

在面片模块中，面片的正反面非常重要，需要统一法线方向。

2.3.3 建模过程

在建模初期，要根据模型的外形特点分层次建模。节水龙头模型的建模为由下而上、从外到内的建模方式。第一步绘制主体部分，第二步制作节水龙头把手，第三步绘制内部细节以及结构。

步骤 1　选择草图平面

首先选择 *XZ* 平面绘制草图，如图 2-93 所示。

步骤 2　绘制草图 1

单击【草图】/【矩形】/【中心矩形】，绘制矩形，如图 2-94 所示。

步骤 3　标注尺寸

单击【草图】/【草图尺寸】，标注矩形的长为“150.00”，宽为“40.00”，如图 2-95 所示。

步骤 4　拉伸草图 1

单击【终止草图】，退出草图绘制界面。选择草图 1 并单击【创建】/【拉伸】，弹出【拉伸】属性管理器。【开始】选择【轮廓平面】，【方向】选择【一侧】，【范围】选择【距离】，【距离】设为“3mm”，单击【确定】，如图 2-96 所示。

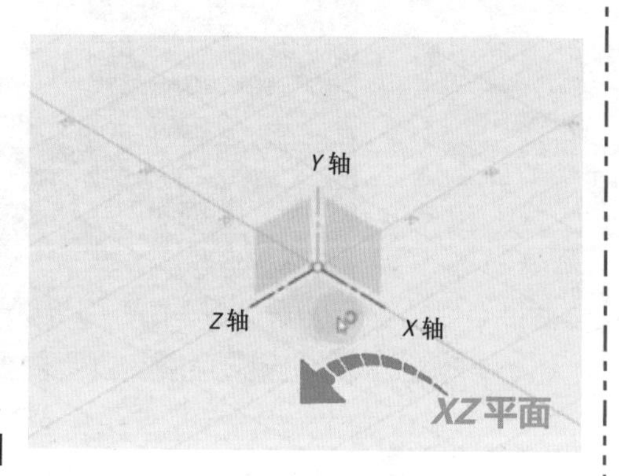

图 2-93　选择 *XZ* 平面

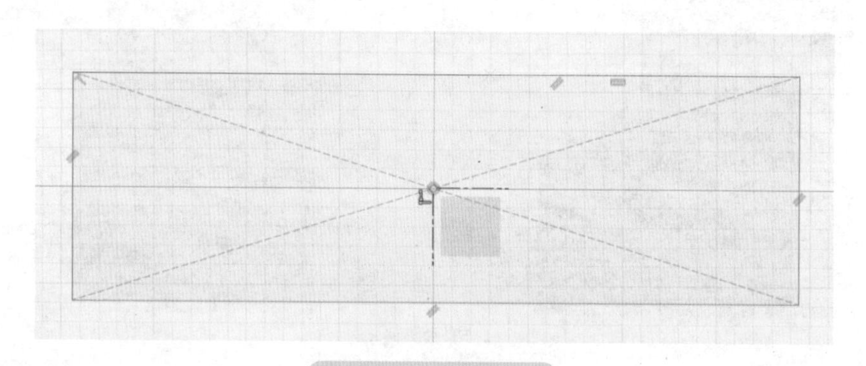

图 2-94　绘制草图 1

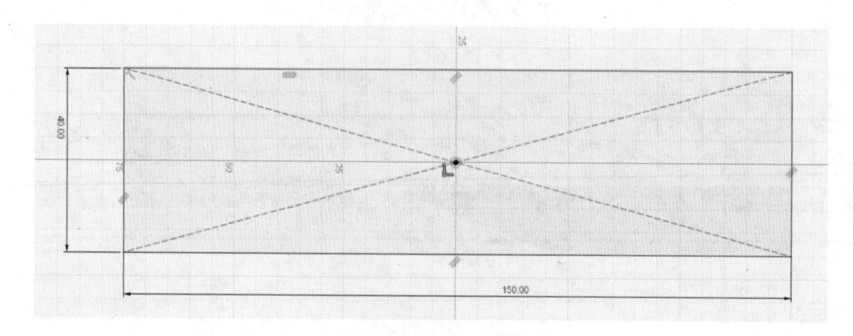

图 2-95　标注尺寸

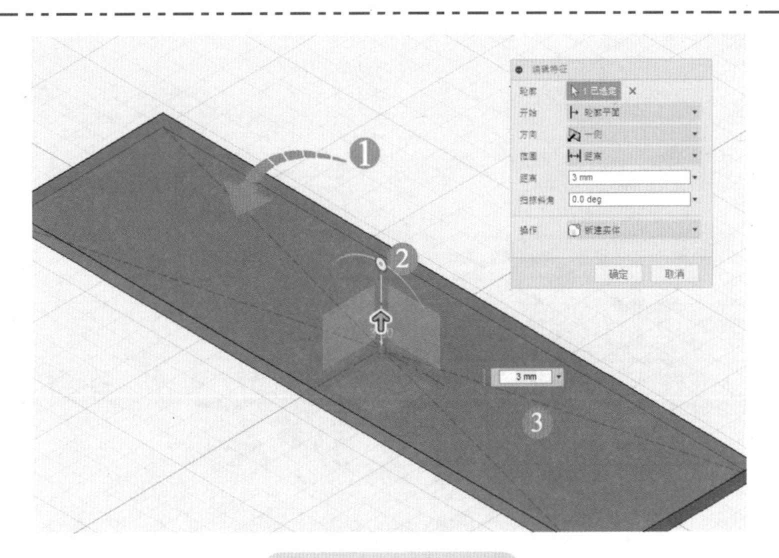

图 2-96 拉伸草图 1

步骤 5 绘制草图 2

选择 *YZ* 平面，单击【草图】/【直线】，绘制草图 2，如图 2-97 所示，单击【草图】/【草图尺寸】进行尺寸标注。

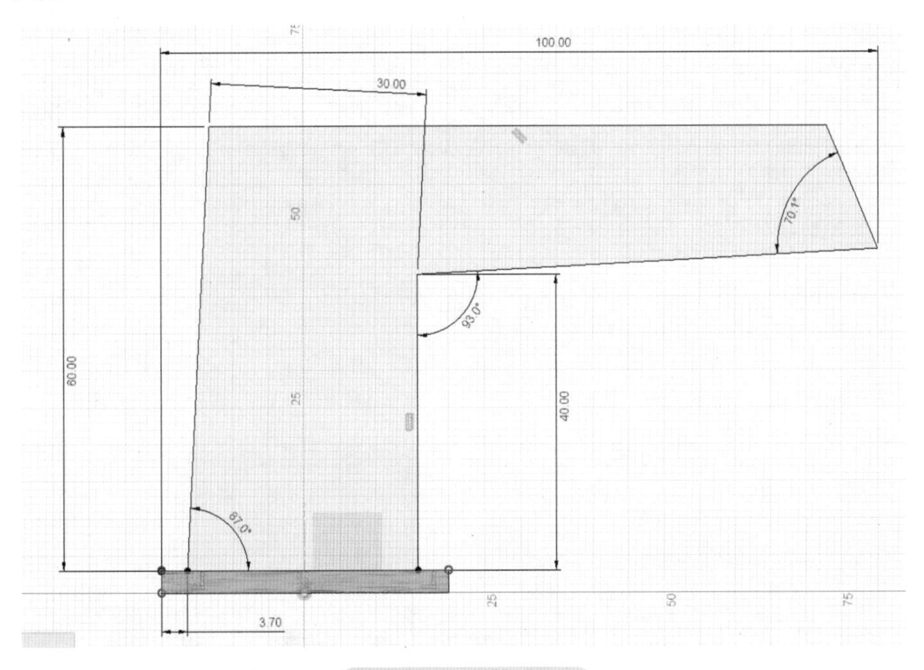

图 2-97 绘制草图 2

步骤 6 偏移平面

使用【构造】/【偏移平面】命令，弹出【偏移平面】属性管理器。【平面】选择 *YZ* 面，【距离】输入“20mm”，单击【确定】，如图 2-98 所示。

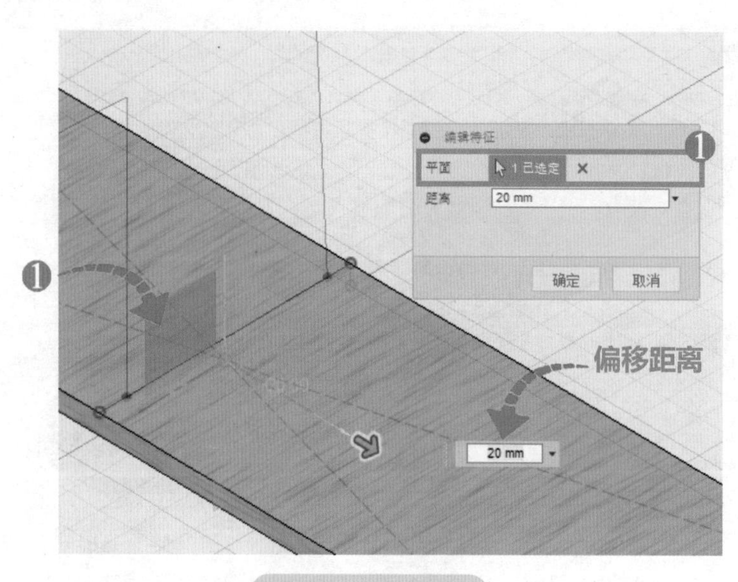

图 2-98　偏移平面

步骤 7　绘制草图 3

选择偏移平面，单击【草图】/【直线】绘制草图 3，如图 2-99 所示，单击【草图】/【草图尺寸】进行尺寸标注。

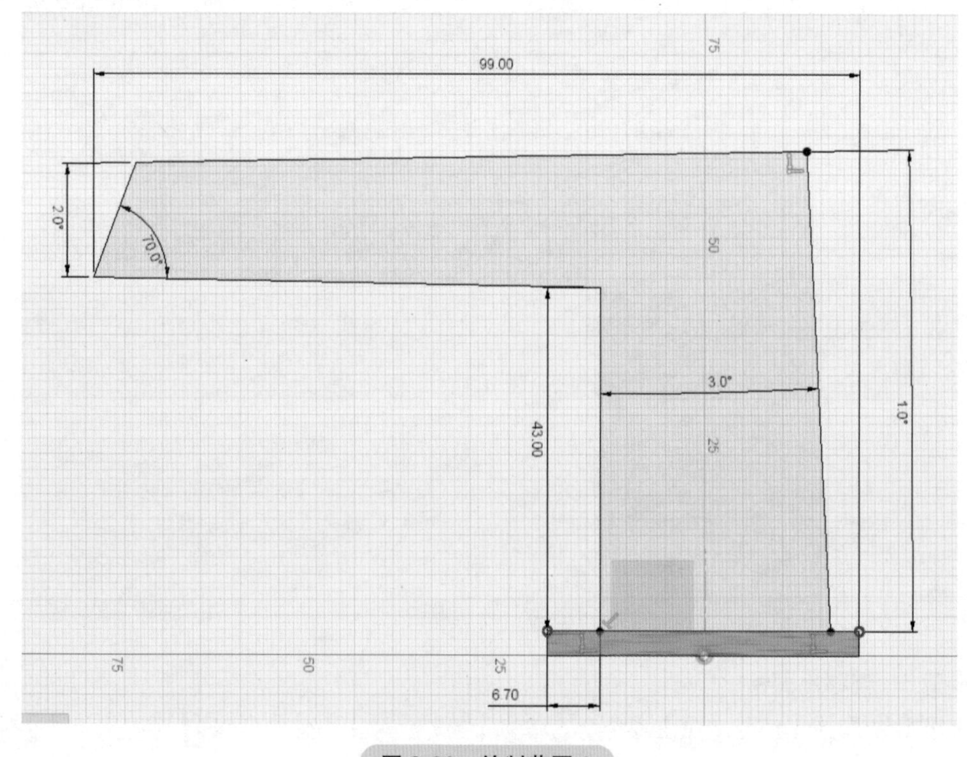

图 2-99　绘制草图 3

步骤 8　绘制草图 4

选择“模型上平面”，如图 2-100 所示。在绘制草图之前，勾选【草图选项板】的【显示轮廓】和【三维草图】选项，如图 2-101 所示。单击【草图】/【直线】绘制草图 4，连接草图 2 与草图 3 的端点，如图 2-102 所示。

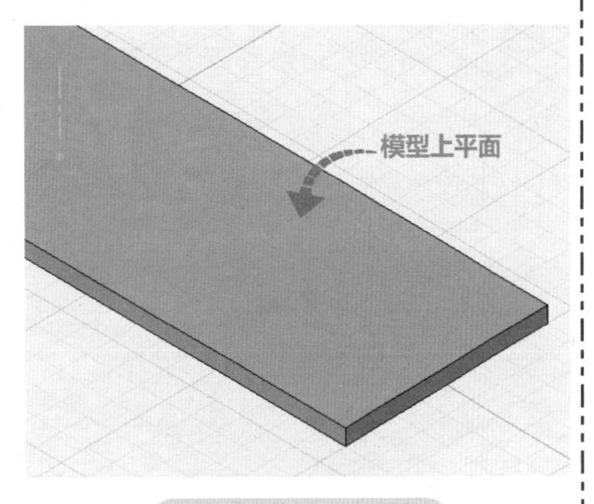

图 2-100　模型上平面

> **小提示**
>
> 在 Fusion 360 中，模型的每一个平面都可以作为构建草图的平面使用。利用模型本体的平面进行辅助建模，对于建模速度会有所提升。

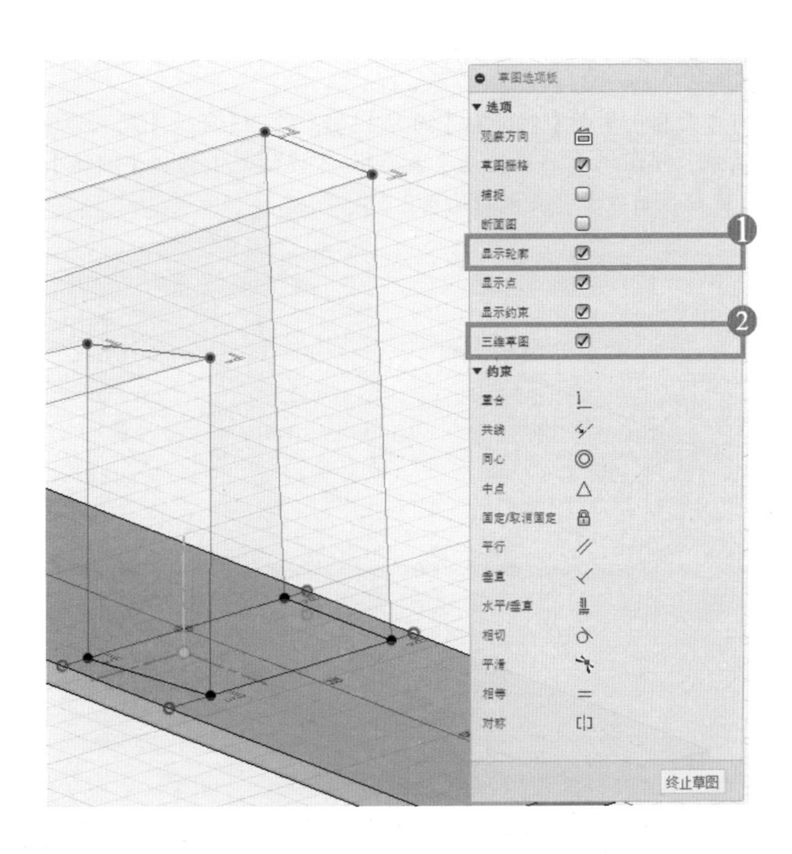

图 2-101　草图选项板勾选项

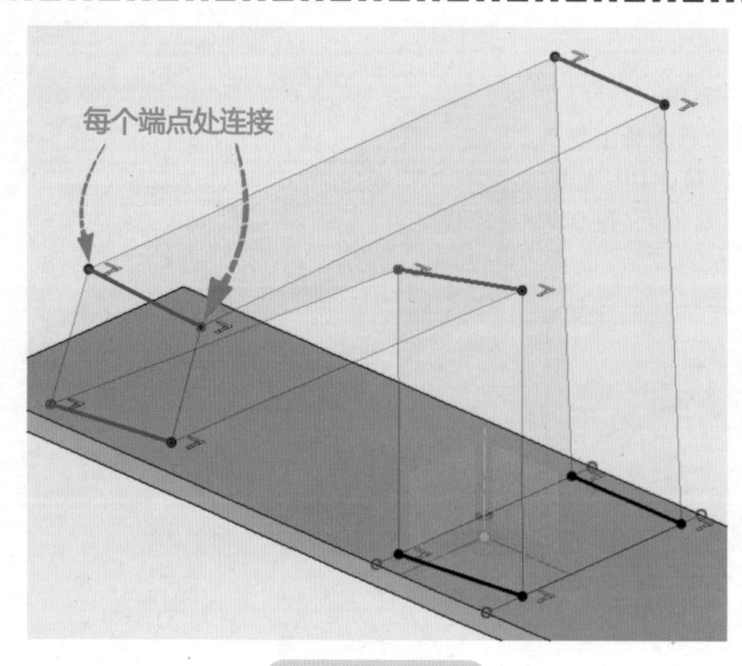

图 2-102　草图 4

小提示

在绘制空间直线时，需要动态地观察模型。必要时需要切换不同的角度以便选择端点进行连接。

步骤 9　创建面片 1

更改工作空间为面片，单击【创建】/【面片】，弹出【面片】属性管理器。在【选择】选项中单击四条边线，不勾选【启用链选】复选框，【连续性】选择【相连】，单击【确定】，如图 2-103 所示。连续性功能类型及说明见表 2-5。

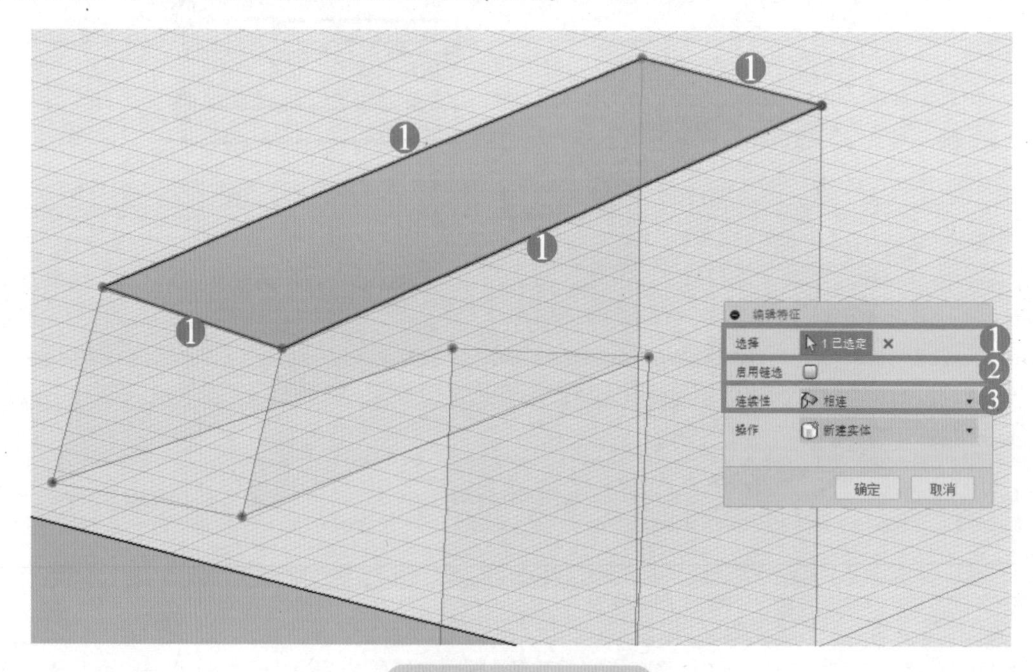

图 2-103　创建面片 1

表 2-5 连续性功能类型及说明

名称	图标	说明
相连		面片类型比较笔直
相切		相对于相连更为光顺
曲率		按照每条边线曲率连接，具有最平滑的过渡

小提示

在选择线段之前，先把【启用链选】复选框的勾去掉，再选择边线。同时，在创建面片后，草图会隐藏。单击左侧浏览器中的草图显示 / 隐藏按钮即可显示草图。

步骤 10 创建面片 2

单击【创建】/【面片】，弹出【面片】属性管理器。在【选择】选项中单击四条边线，不勾选【启用链选】复选框，【连续性】选择【相连】，单击【确定】，如图 2-104 所示。

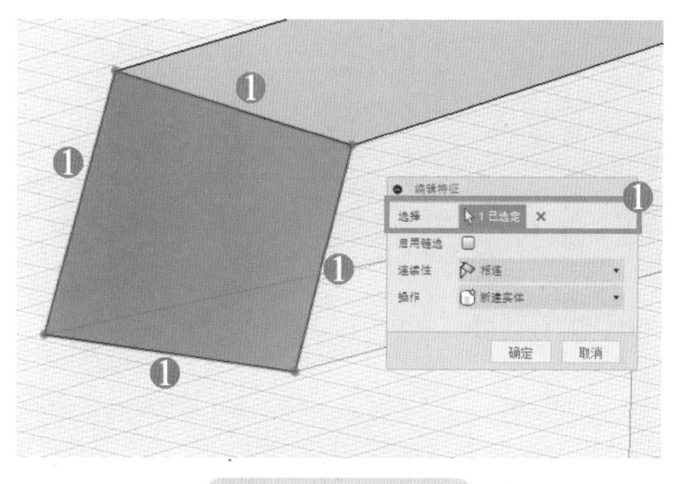

图 2-104 创建面片 2

步骤 11 创建面片组

单击【创建】/【面片】，完成每个面片的创建，共计 8 个面片，如图 2-105 所示。

步骤 12 缝合面片

单击【修改】/【缝合】，弹出【缝合】属性管理器。在【缝合曲面】选项中单击 8 片面片，在【公差】选项中，输入“0.01”，单击【确定】，如图 2-106 所示。缝合完成之后，对比之前的模型，会变成两个实体，如图 2-107 所示。

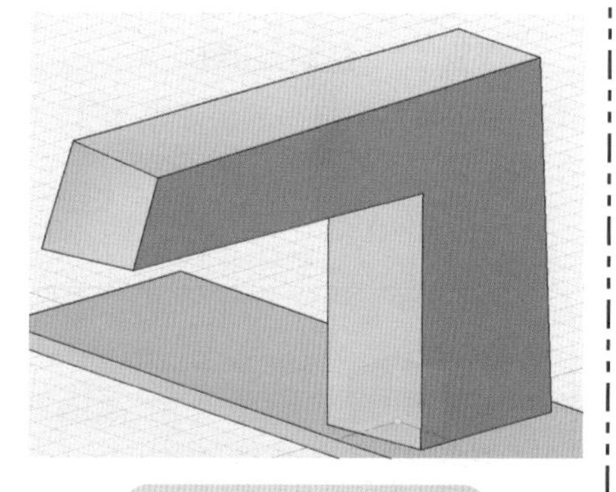

图 2-105 创建面片组

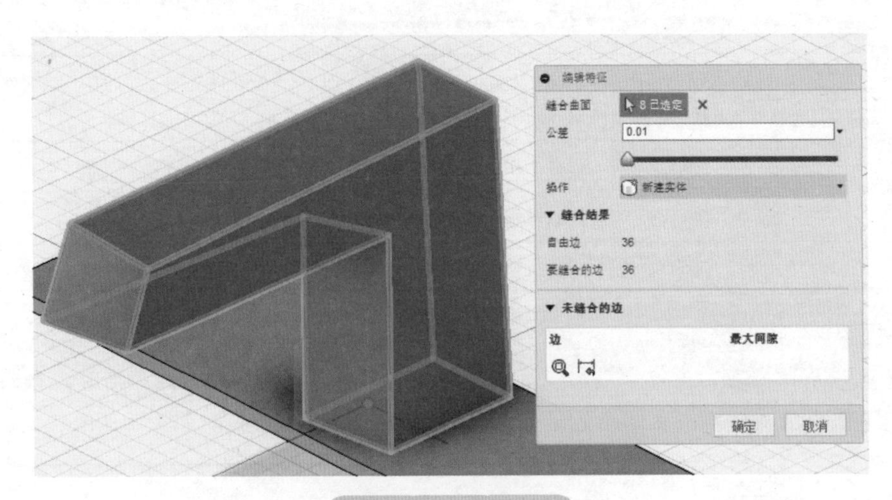

图 2-106　缝合面片

a）缝合前

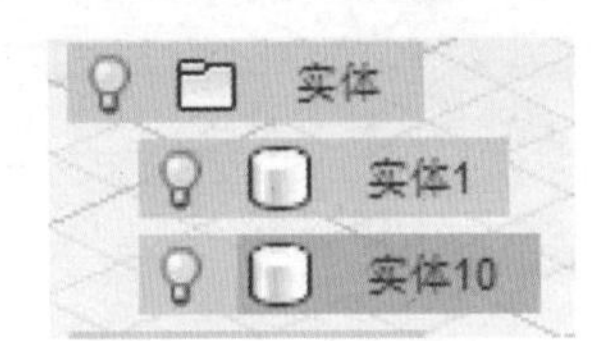

b）缝合后

图 2-107　缝合前后对比

步骤 13　绘制草图 5

选择 *YZ* 平面，单击【草图】/【直线】绘制草图 5，单击【草图】/【草图尺寸】进行尺寸标注，如图 2-108 所示。

小提示

草图 5 在绘制过程中共有两处共线。选择【草图选项板】中的【约束】/【共线】，单击草图 5 中上端线段与下端线段，使之共线，如图 2-108 所示。约束功能类型及说明见表 2-6。

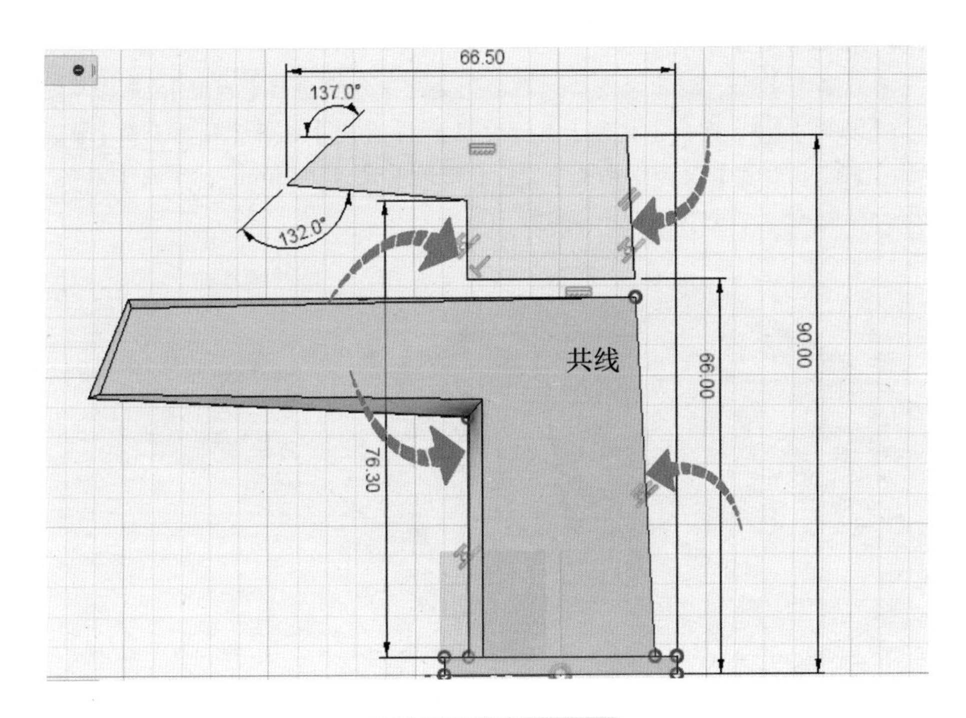

图 2-108 绘制草图 5

表 2-6 约束功能类型及说明

名称	图标	说明
重合		约束两者相重合
共线		约束两条直线在同一直线上
同心		约束两个或多个圆同心
中点		约束某中点位置
固定 / 取消固定		固定或取消固定某点或者线段
平行		约束两线段夹角为 0°
垂直		约束两线段夹角为 90°
水平 / 垂直		使某一线段与水平线夹角为 0° 或 90°
相切		约束某线段与圆相切
平滑		使草图特征更为平滑
相等		约束某两条线段长度相同
对称		约束某两条线段到中心线距离相等

步骤 14　拉伸草图 5

单击【终止草图】，退出草图绘制界面。更改工作空间为【模型】，选择草图 5 并单击【创建】/【拉伸】，弹出【拉伸】属性管理器。【开始】选择【轮廓平面】，【方向】选择【对称】，【测量】设为【半长】，【距离】设为“17mm”，单击【确定】，如图 2-109 所示。

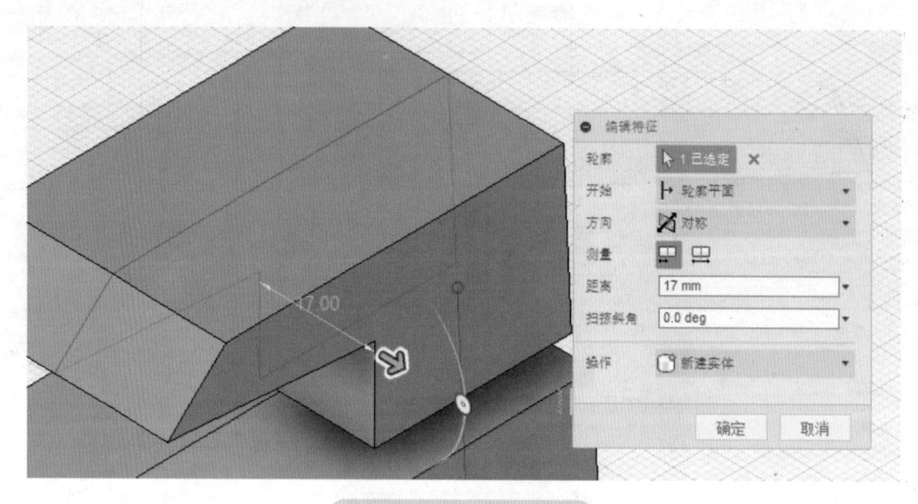

图 2-109　拉伸草图 5

步骤 15　修改倒角

单击【修改】/【倒角】，弹出【倒角】属性管理器。【边】选择“倒角边”，如图 2-110 所示，【倒角类型】选择【等距离】，勾选【相切链】复选框，【距离】输入值“10mm”，单击【确定】。

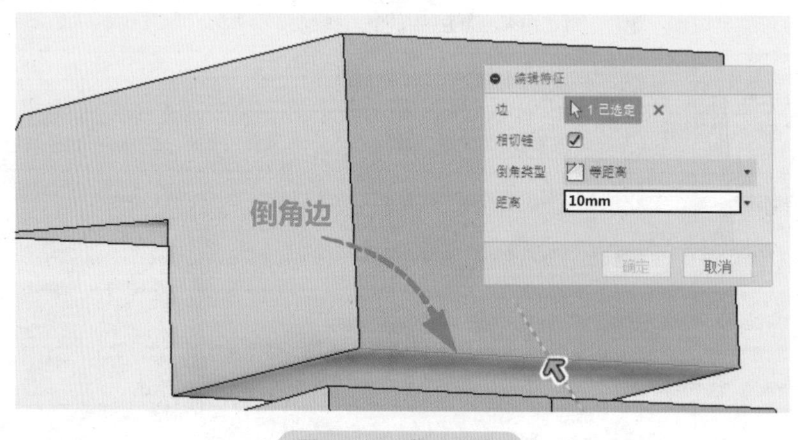

图 2-110　修改倒角

步骤 16　绘制草图 6

选择 *YZ* 平面，单击【草图】/【直线】绘制草图 6，如图 2-111 所示，单击【草图】/【草图尺寸】进行尺寸标注。

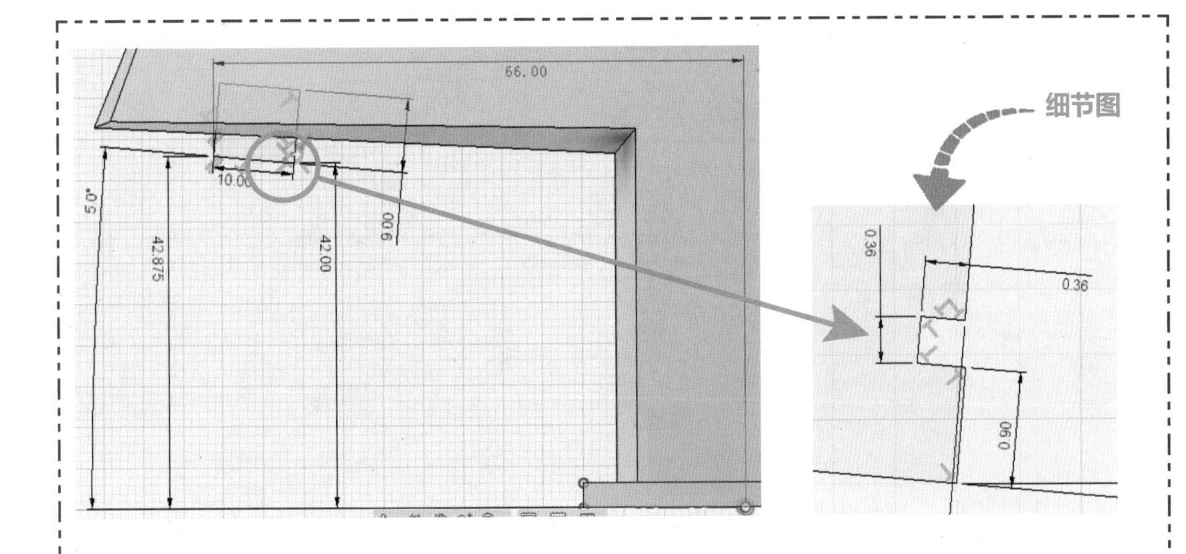

图 2-111 绘制草图 6

步骤 17 旋转草图 6

单击【终止草图】，退出草图绘制界面。选择草图 6 并单击【创建】/【旋转】，弹出【旋转】属性管理器。【轮廓】选择草图 6，【轴】选择①，如图 2-112 所示，【类型】选择【角度】，【角度】设为“360.0deg”，【方向】选择【一侧】，单击【确定】。

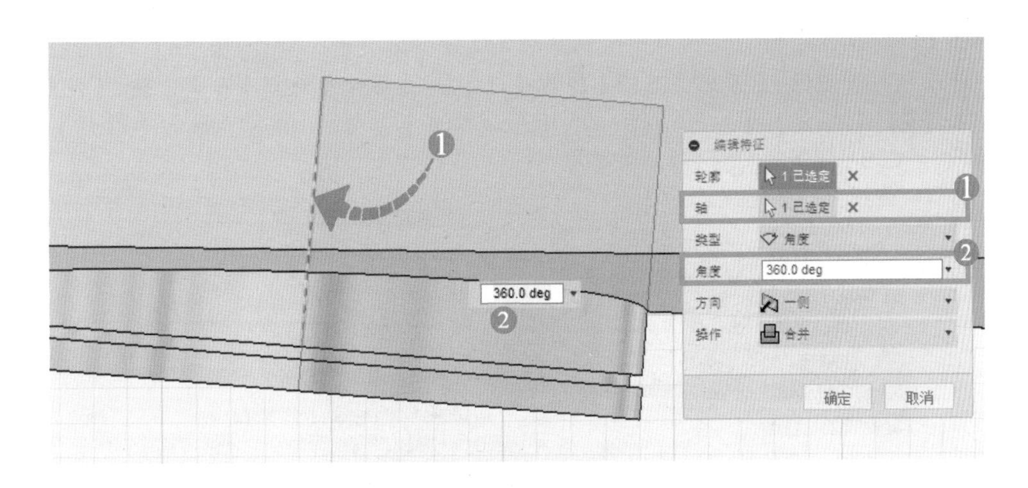

图 2-112 旋转草图 6

步骤 18 绘制草图 7

选择 *YZ* 平面，单击【草图】/【直线】绘制草图 7，如图 2-113 所示，单击【草图】/【草图尺寸】进行尺寸标注。

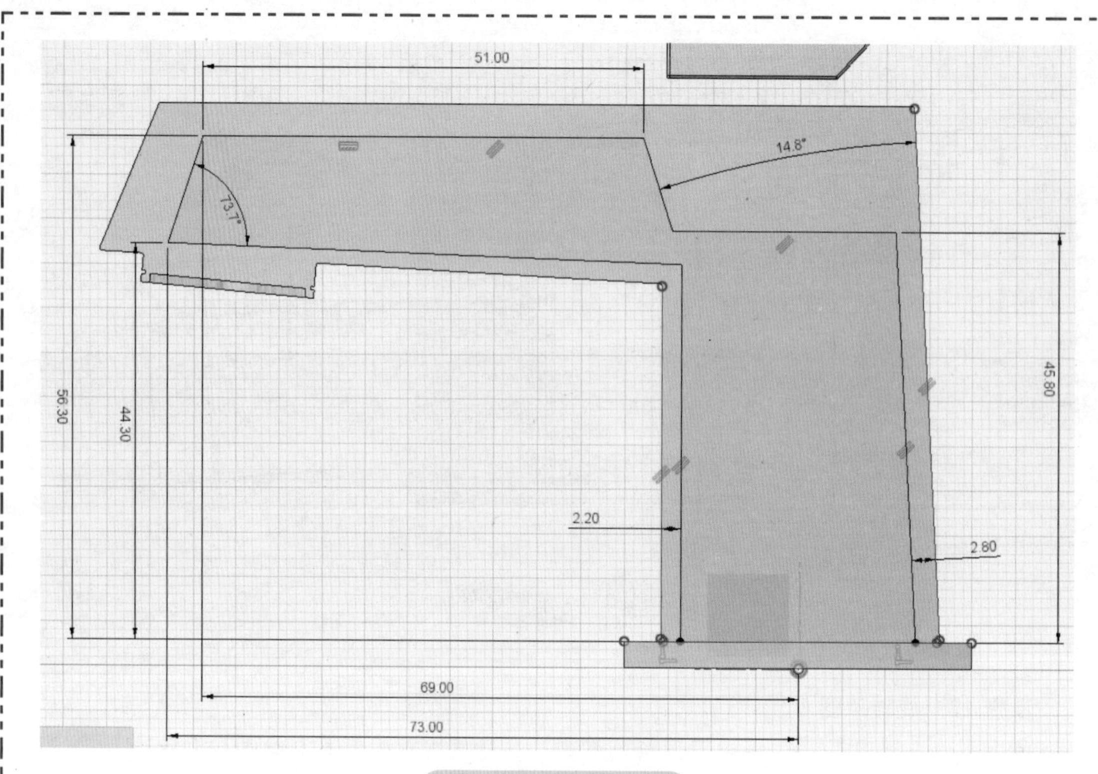

图 2-113　绘制草图 7

步骤 19　拉伸草图 7

单击【终止草图】，退出草图绘制界面。选择草图 7 并单击【创建】/【拉伸】，弹出【拉伸】属性管理器。【开始】选择【轮廓平面】，【方向】选择【一侧】，【范围】设为【距离】，【距离】设为“−10.7mm”，【扫掠斜角】设为“−8deg”，单击【确定】，如图 2-114 所示。

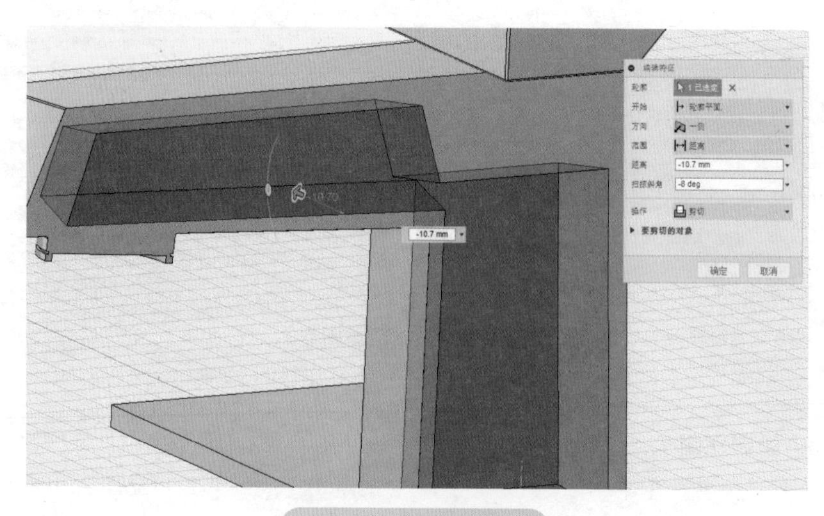

图 2-114　拉伸草图 7

步骤 20 绘制草图 8

选择 *YZ* 平面，单击【草图】/【直线】绘制草图 8，如图 2-115 所示，单击【草图】/【草图尺寸】进行尺寸标注。

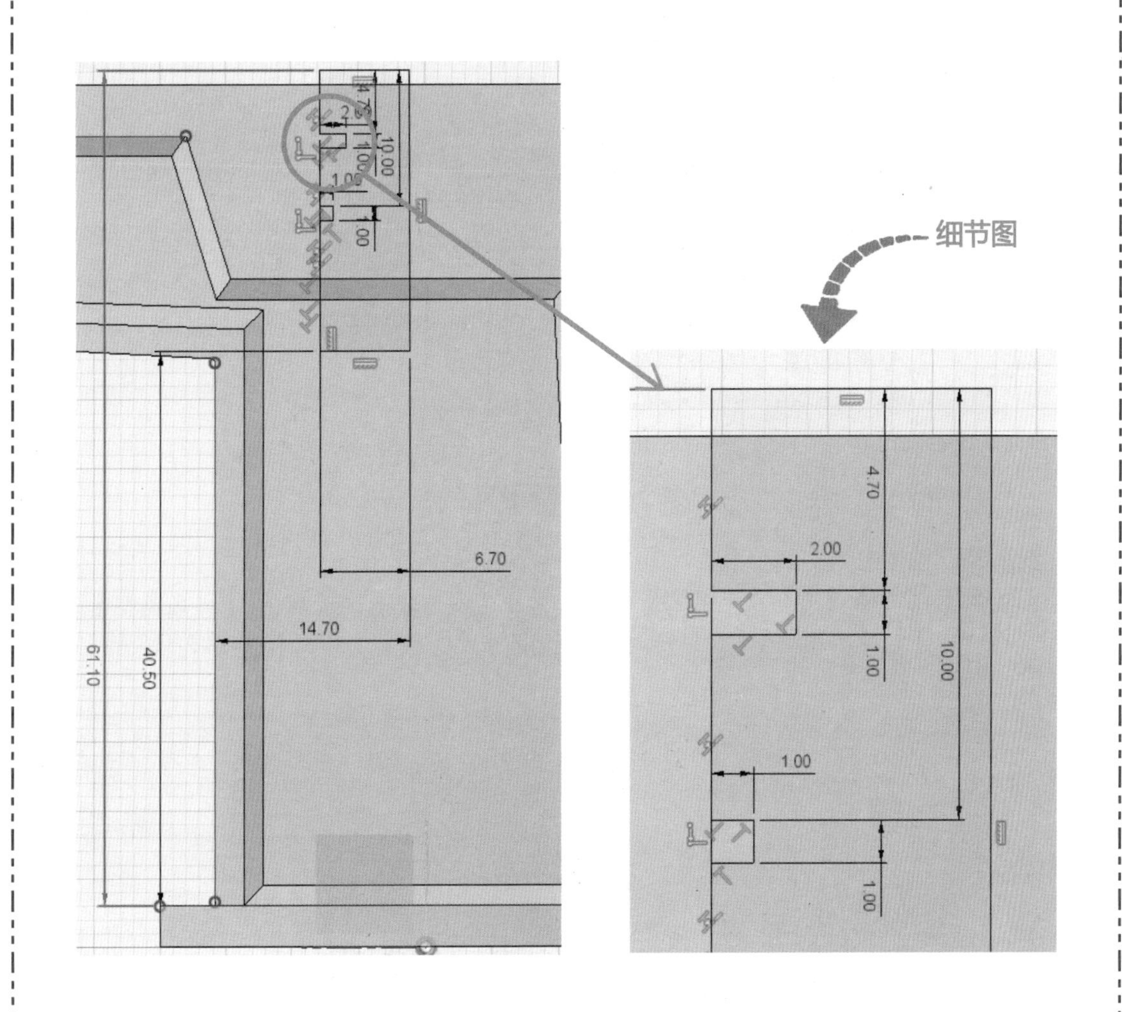

图 2-115 绘制草图 8

步骤 21 旋转草图 8

单击【终止草图】，退出草图绘制界面。选择草图 8 并单击【创建】/【旋转】，弹出【旋转】属性管理器。【轮廓】选择草图 8，【轴】选择图 2-116 所示边线，【类型】选择【角度】，【角度】设为“360.0deg”，【方向】选择【一侧】，【操作】选择【剪切】，单击【确定】，如图 2-116 所示。

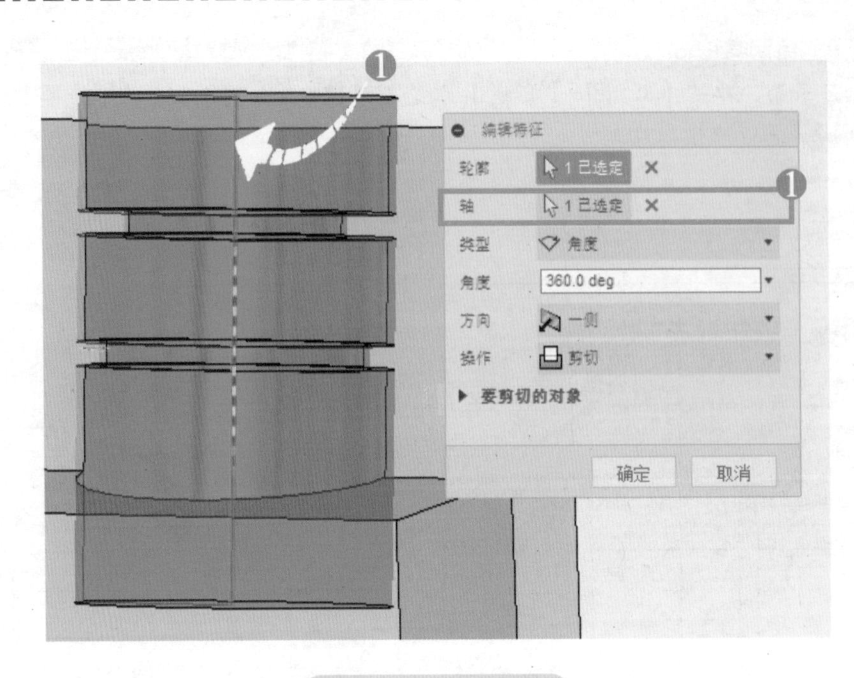

图 2-116　旋转草图 8

步骤 22　镜像实体

选择实体 10 并单击【创建】/【镜像】，弹出【镜像】属性管理器。【样式类型】选择【实体】,【对象】选择实体 10,【镜像平面】选择 *YZ* 平面，单击【确定】，如图 2-117 所示。

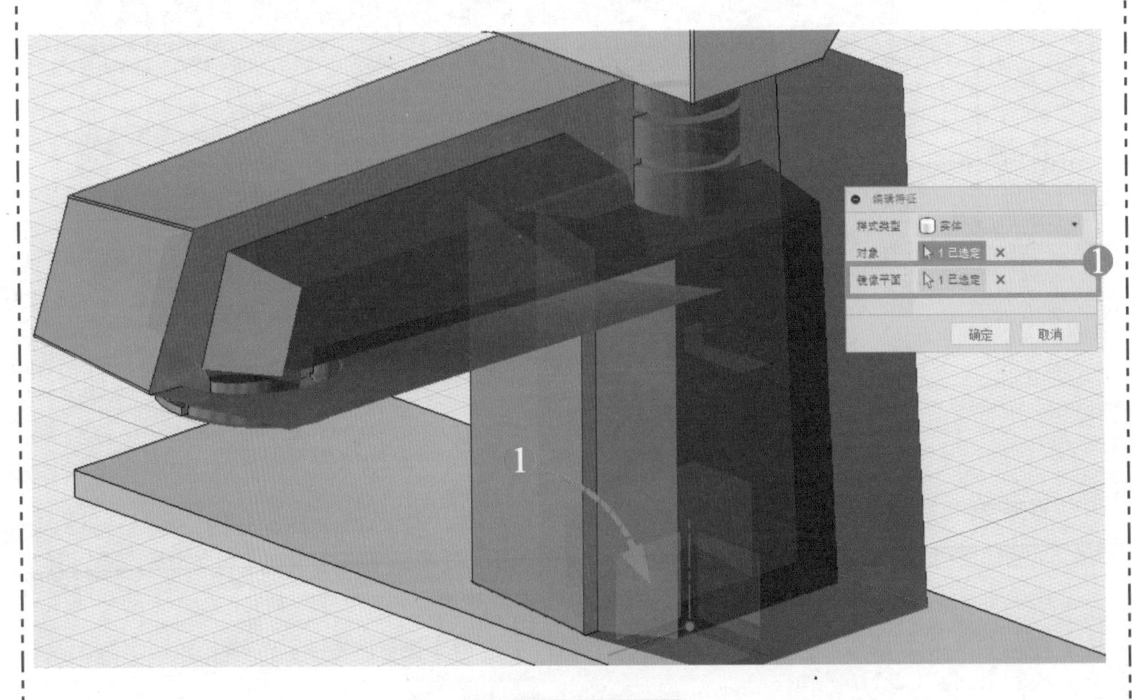

图 2-117　镜像实体

步骤 23　修改规则圆角

单击【修改】/【规则圆角】，弹出【规则圆角】属性管理器。【输入特征 / 面】选择实体面，【范围选项】选择【所有边】，【半径】设为“0.30mm”，【拓扑选项】选择【任意】，单击【确定】，如图 2-118 所示。

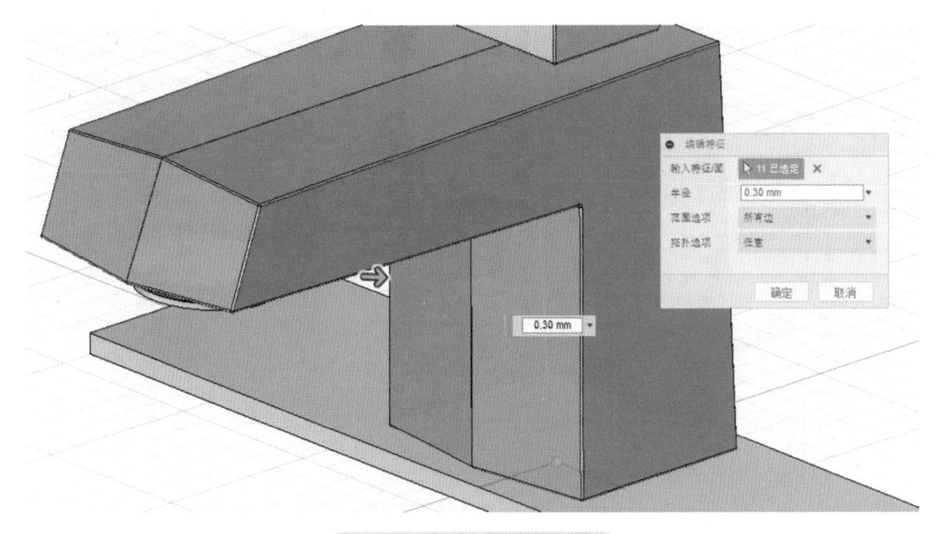

图 2-118　修改规则圆角

步骤 24　绘制草图 9

选择 *YZ* 平面，单击【草图】/【直线】绘制草图 9，如图 2-119 所示，单击【草图】/【草图尺寸】进行尺寸标注。

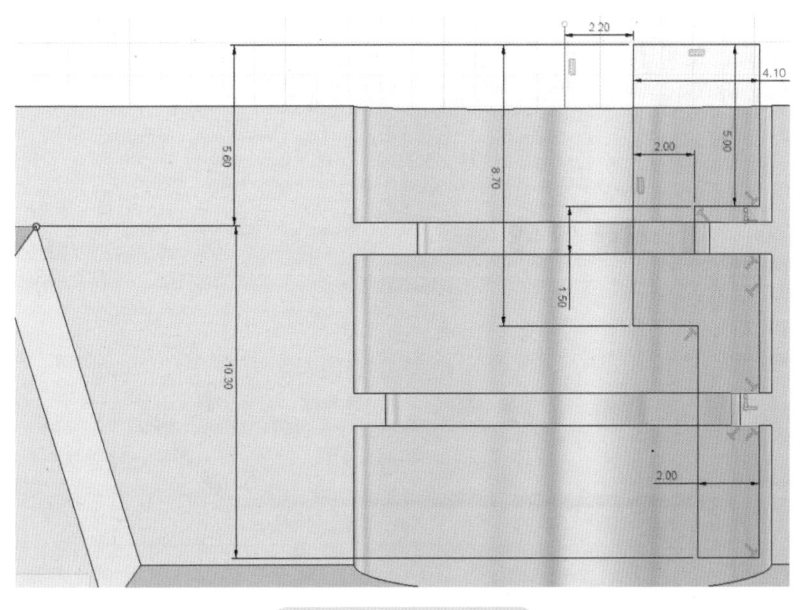

图 2-119　绘制草图 9

步骤 25　旋转草图 9

单击【终止草图】，退出草图绘制界面。单击【创建】/【旋转】，弹出【旋转】属性管理器。【轮廓】选择草图 9，【轴】选择图 2-120 所示边线，【类型】选择【角度】，【角度】设为“360.0deg”，【方向】选择【一侧】，【操作】选择【新建实体】，单击【确定】，如图 2-120 所示。

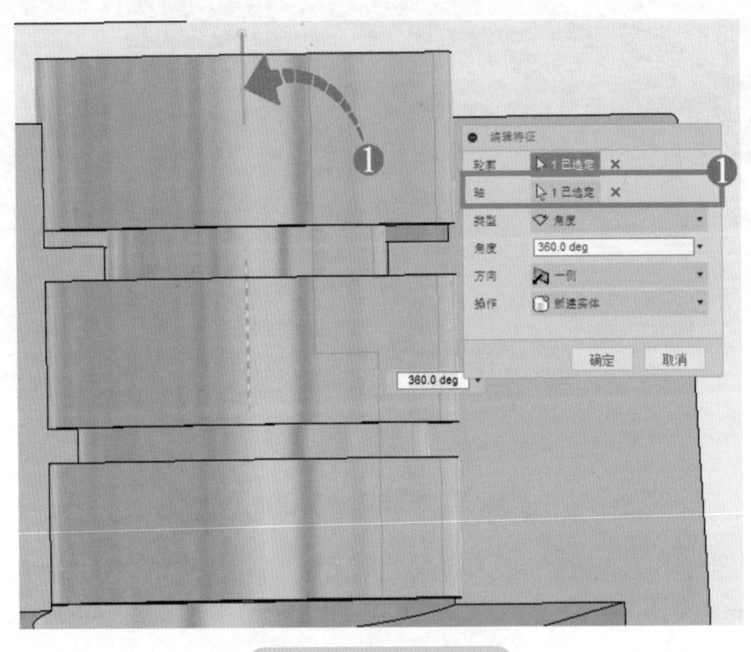

图 2-120　旋转草图 9

步骤 26　绘制草图 10

选择 *YZ* 平面，使用【草图】/【圆】/【中心直径圆】和【草图】/【直线】命令绘制草图 10，如图 2-121 所示。单击【草图】/【草图尺寸】进行尺寸标注。

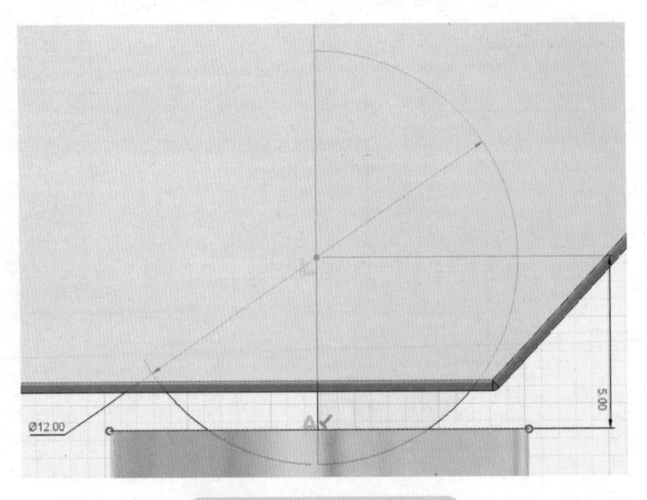

图 2-121　绘制草图 10

步骤 27　旋转草图 10

单击【终止草图】，退出草图绘制界面。单击【创建】/【旋转】，弹出【旋转】属性管理器。【轮廓】选择草图 10，【轴】选择图 2-124 所示边线，【类型】选择【角度】，【角度】设为“360.0deg”，【方向】选择【一侧】，【操作】选择【合并】，单击【确定】，如图 2-122 所示。

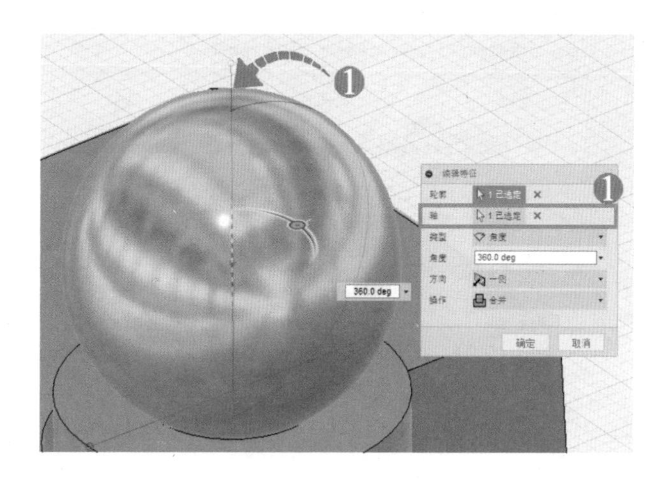

图 2-122　旋转草图 10

步骤 28　绘制草图 11

选择“平面 1”，单击【草图】/【圆】/【中心直径圆】绘制草图 11，如图 2-123 所示，单击【草图】/【草图尺寸】进行尺寸标注。

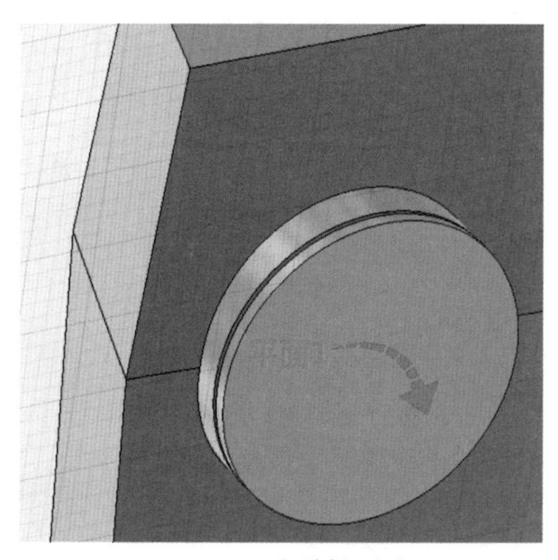

a）选择“平面1”

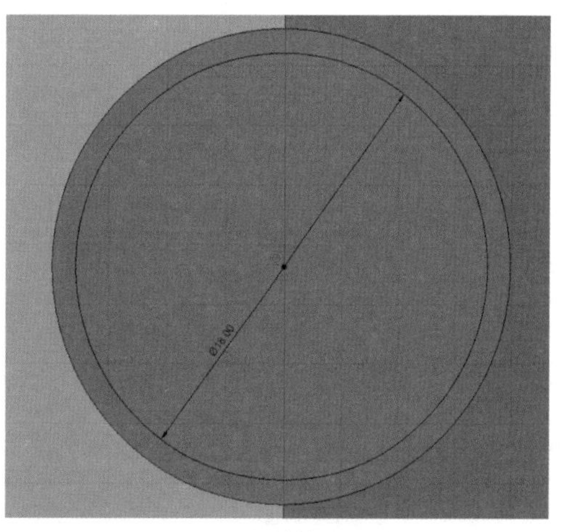

b）绘制圆

图 2-123　绘制草图 11

步骤 29　拉伸草图 11

单击【终止草图】，退出草图绘制界面。选择草图 11 并单击【创建】/【拉伸】，弹出【拉伸】属性管理器。【开始】选择【轮廓平面】，【方向】选择【一侧】，【范围】设为【距离】，【距离】设为“–1mm”，【扫掠斜角】设为“0.0deg”，【操作】选择【剪切】，单击【确定】，如图 2-124 所示。

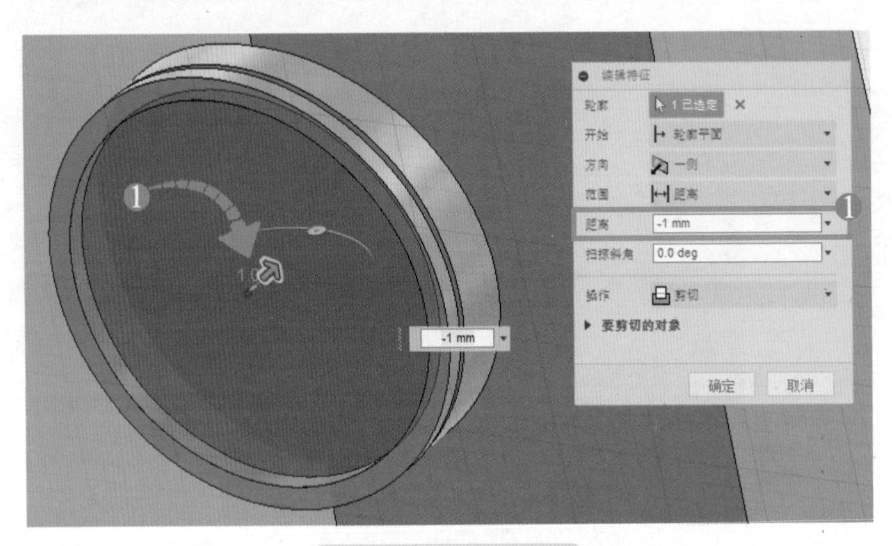

图 2-124　拉伸草图 11

步骤 30　绘制草图 12

选择“平面 2”，单击【草图】/【圆】/【中心直径圆】绘制草图 12，如图 2-125 所示，单击【草图】/【草图尺寸】进行尺寸标注。

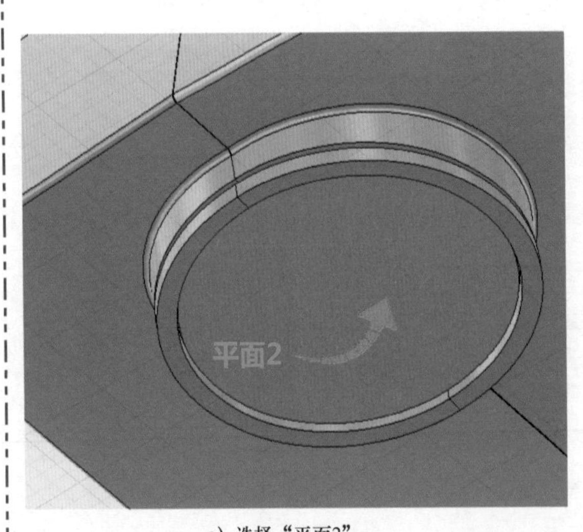

a）选择“平面2”

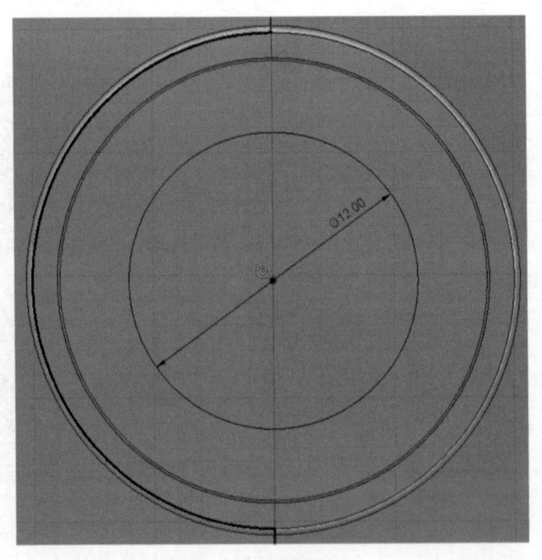

b）绘制圆

图 2-125　绘制草图 12

步骤 31　拉伸草图 12

单击【终止草图】，退出草图绘制界面。选择草图 12 并单击【创建】/【拉伸】，弹出【拉伸】属性管理器。【开始】选择【轮廓平面】，【方向】选择【一侧】，【范围】设为【距离】，【距离】设为“–8mm”，【扫掠斜角】设为“0.0deg”，【操作】选择【剪切】，单击【确定】，如图 2-126 所示。

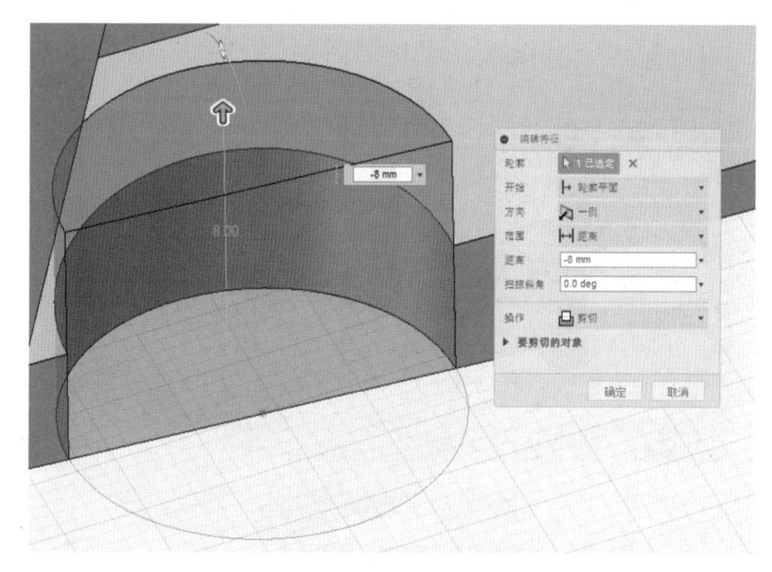

图 2-126　拉伸草图 12

小提示

在视频中，步骤 31 之后添加了出水口的细节，先使用【中心直径圆】命令，再通过【环形阵列】命令制作出过滤装置，设计者可以根据需求添加，在此不详解。

步骤 32　绘制草图 13

选择 *XZ* 平面，单击【草图】/【圆】/【中心直径圆】绘制草图 13，如图 2-127 所示，单击【草图】/【草图尺寸】进行尺寸标注。

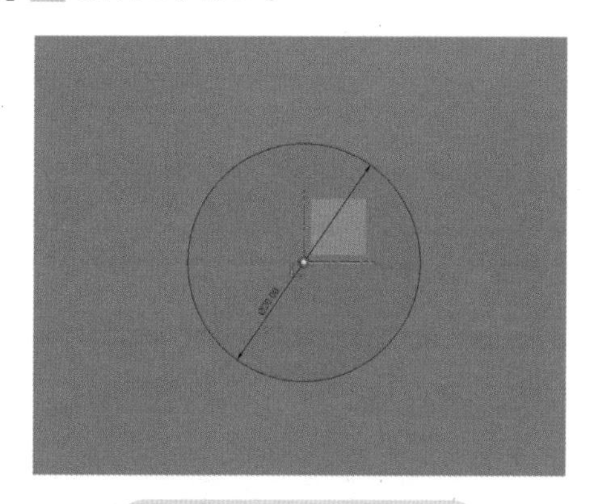

图 2-127　绘制草图 13

步骤 33　拉伸草图 13

单击【终止草图】，退出草图绘制界面。选择草图 13 并单击【创建】/【拉伸】，弹出【拉伸】属性管理器。【开始】选择【轮廓平面】，【方向】选择【一侧】，【范围】设为【距离】，【距离】设为“–9mm”，【扫掠斜角】设为“0.0deg”，【操作】选择【剪切】，单击【确定】，如图 2-128 所示。

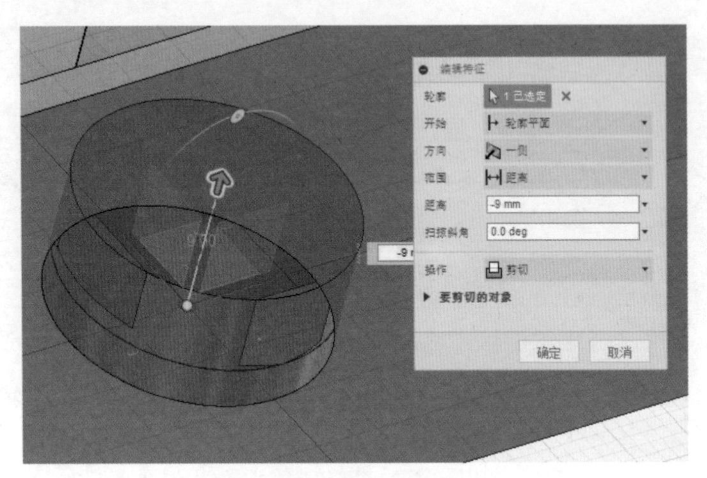

图 2-128　拉伸草图 13

步骤 34　检查模型

在建模过程中，应时刻观察模型的各个角度和细节，避免出现错误。模型整体的比例和样式是需要设计师来把握的，节水龙头整体展示如图 2-129 所示。

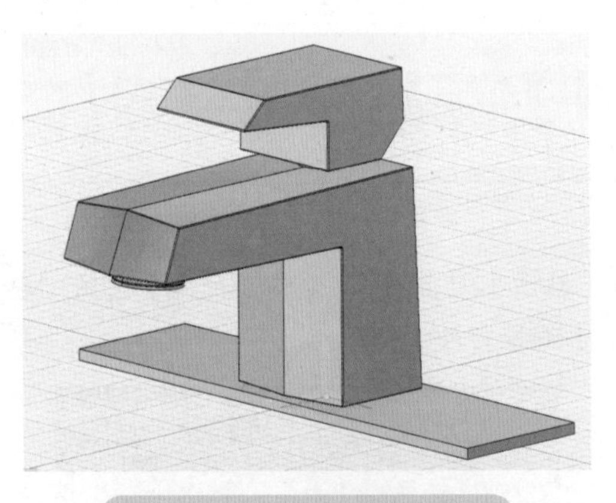

图 2-129　节水龙头整体展示

课堂练习

1. 使用【实体】建模方式进行客厅衣柜的制作。
2. 使用【T-Spline】建模方式进行客厅沙发的制作。
3. 使用【面片】建模方式进行床头柜的制作。

第 3 章 渲染工作空间

3

学习目标

1. 了解三维渲染工作空间。
2. 掌握渲染基本指令和用法。
3. 使用渲染工具对模型进行渲染展示。

3.1 三维渲染

渲染就是将三维模型的素模添加材质、纹理后，根据真实光照的模拟算法形成平面照片的过程。其目的是更好地展示模型在场景中的效果。渲染可以形成单独的图片，并且支持本地以及云端渲染。

在 Fusion 360 软件中，有线框模式和着色模式两种显示方式，二者在不同的显示方式下功能不同。在建模过程中，线框模式易于帮助我们观察模型结构，而在渲染阶段，着色模式则可以通过颜色与图案的区别来帮助我们了解模型的样式，如图 3-1 所示。

准备渲染，软件最初默认显示模型工作空间，如图 3-2 所示，之后，切换到渲染工作空间，在此工作空间中，横向工具栏包含设置模型和创建渲染的各种工具。

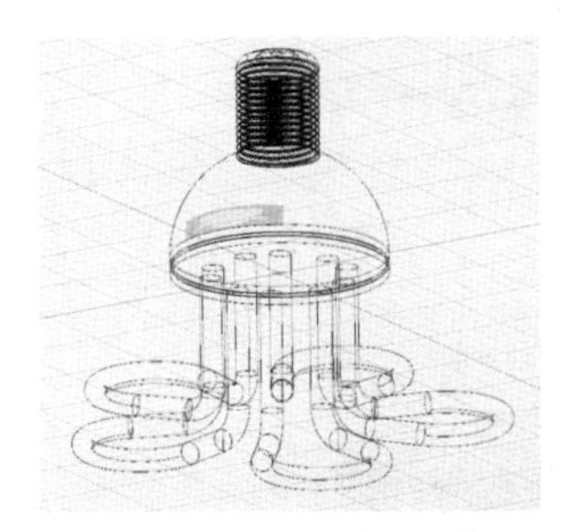

a）线框模式

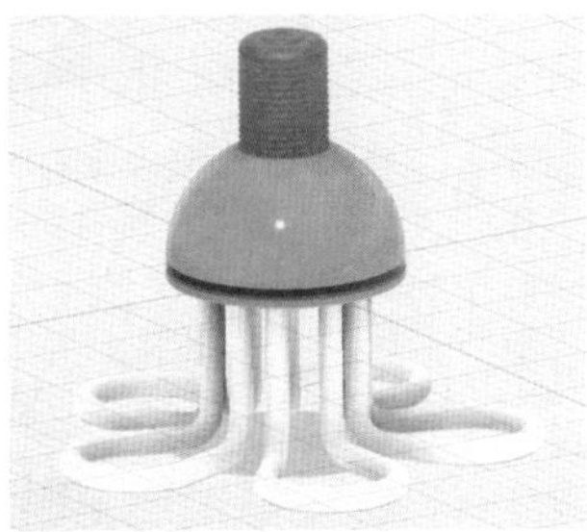

b）着色模式

图 3-1 显示方式

图 3-2 工作空间的切换

小提示

从【模型】切换到【渲染】后，环境会发生更改。这是因为渲染环境经过了专业色彩调节，以达到创建精美图像的效果。同时，如果文件为只读文件，单击【文件】下拉列表中的【另存为】，将文件复制到您的个人项目栏下，过后就可以编辑使用渲染了。

3.2 外观

刚进入渲染模块，三维模型属于单一颜色状态，为了使渲染出来的效果达到最佳状态，我们可以给模型添加外观。

外观可以影响实体、零部件和面的颜色，并能精确地表示真实零件中所使用的材料。外观定义包含颜色、图案、纹理图像和凸纹贴图等特性。将这些特性相结合，便可提供预期设定的外观样式。外观材料分为不同种类，例如玻璃、金属、塑料和木材等，金属类又包含铝、青铜和钢等。每种材料类型都具有唯一的特定外观属性（见表 3-1），不同的外观渲染会导致参数的变化。没有添加任何材质时，灯泡外观如图 3-3 所示。

图 3-3　没添加任何材质的灯泡外观

表 3-1　各材质外观展示

塑料 - 有光泽（黄色）	塑料 - 半透明粗面（红色）
玻璃 - 窗	玻璃 - 浅色
浅色竹木 - 半光泽	胡桃木
不锈钢 - 长线状拉丝	织物（浅棕色）

小提示

在【外观】属性管理器中，在【在此设计中】的材质图标上单击鼠标右键，选择【编辑】，如图 3-4 所示。在【编辑】选项中，设计师可以调节外观的颜色、表面粗糙度以及反射，如图 3-5 所示。在【高级 ...】选项中设有专业参数，包括透明度、浮雕效果以及高光等，设计师可以根据需求进行设置，如图 3-6 所示。

图 3-4　编辑外观

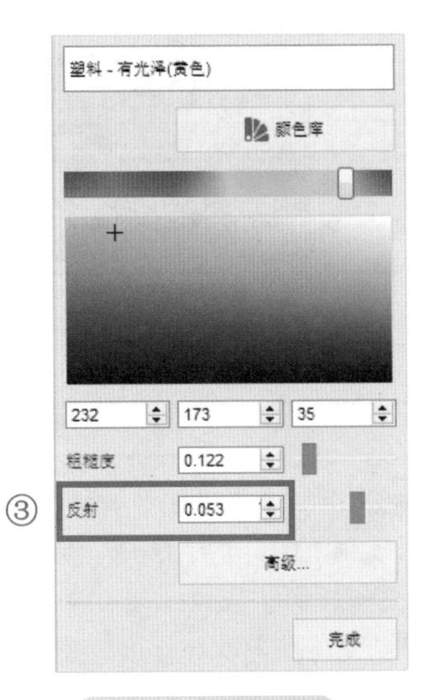

图 3-5　反射参数

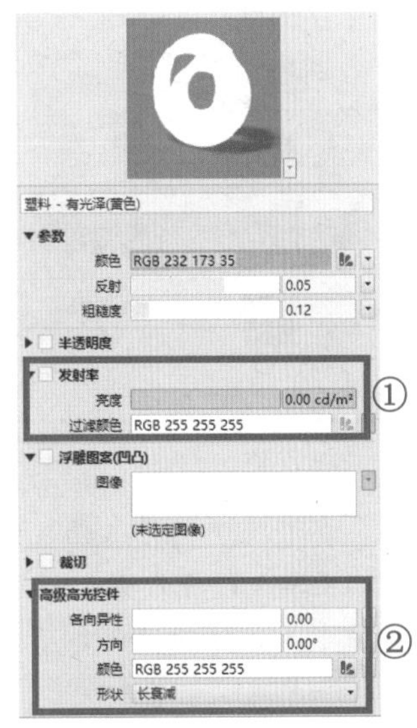

图 3-6　发射率以及高光

相关知识

1）发射率：为该波长的一个微小波长间隔内，真实物体的辐射能量与同温下的黑体的辐射能量之比。

2）高光：光源照射到物体之后反射到人的眼睛里，所看到的物体上最亮的那个点。高光不是光，而是物体上最亮的部分。

3）反射：光源照射在物体之后，由于物体材料不同，对光的反射程度就不同。例如，玻璃比木质物体更易出现反射效果，强光照射下也就更刺眼。

3.3　物理材料

物理材料会影响实体和零部件（“装配与动画制作”一章详解）的颜色和工程属性，简言之，即物体的质地。在渲染工作空间中，它是表面各可视属性的结合，这些可视属性包括色彩、纹理、光滑度、透明度、反射率、折射率、发光度等。

物理材料分类比较细，除常见的金属、塑料、石料外，还有陶瓷、织物、地板、气体以及玻璃等。塑料类又包含 ABS 塑料、LCP 塑料、PVC 塑料、PVC 软质、丙烯酸树脂等。相较于外观，物理材料可以编辑密度，以便于后期用于仿真工作空间。各物理外观展示见表 3-2。

表 3-2　各物理外观展示

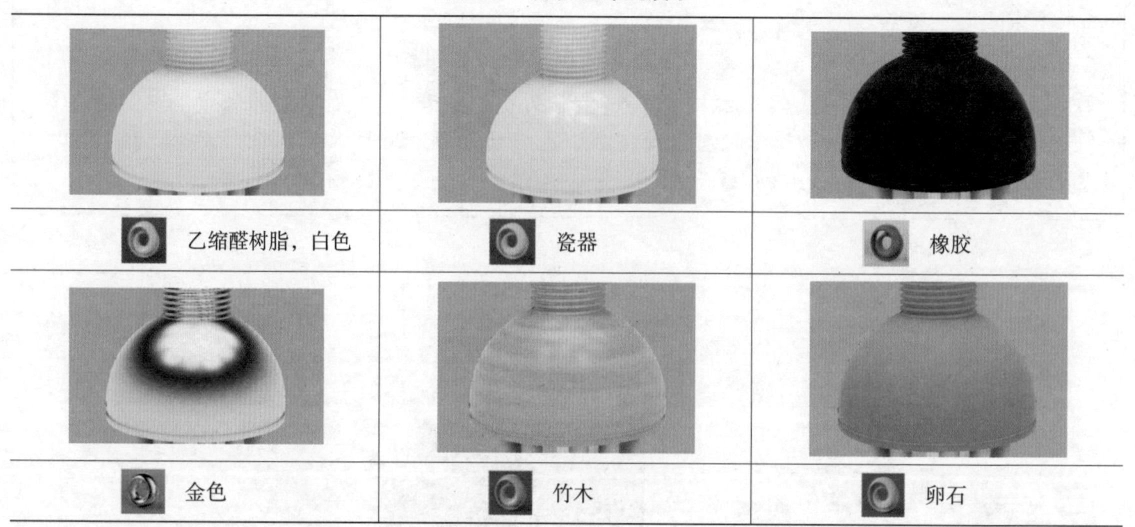

乙缩醛树脂，白色	瓷器	橡胶
金色	竹木	卵石

小提示

在【物理材料】属性管理器中，在【在此设计中】的材质图标上单击鼠标右键，选择【编辑】，如图 3-7 所示。在【编辑】选项中，设计师可以调节物理材料的密度及名称，如图 3-8 所示。在【高级 ...】选项中，可以更改或者添加标识，替换或者自定义外观参数，以更改模型外观。而在【物理】选项卡中，可进一步对模型物理材料的性质进行编辑与修改。

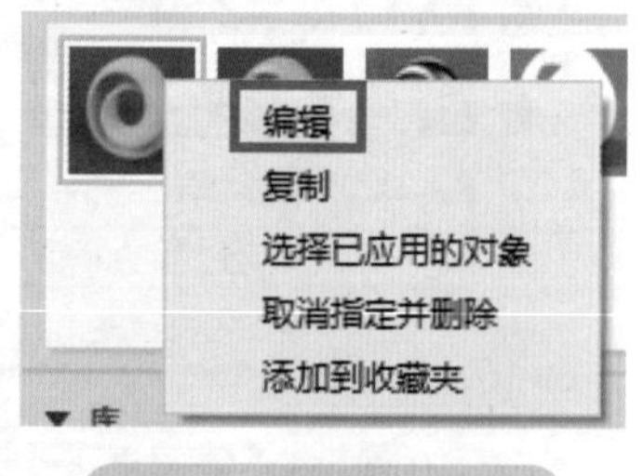

图 3-7 【编辑】选项

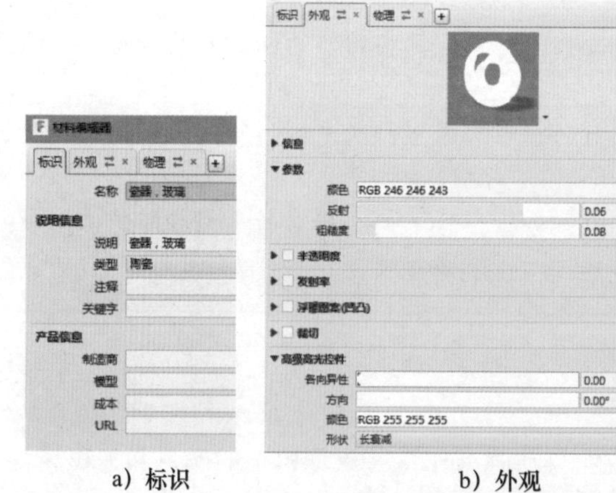

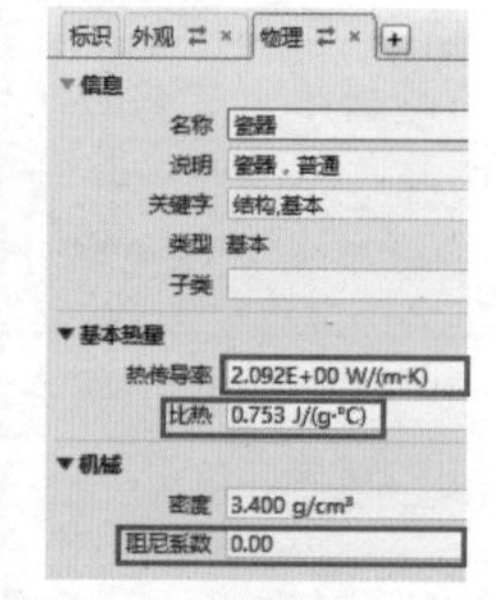

a）标识　　b）外观　　c）物理

图 3-8　物理材料设置

3.4　场景设置以及贴图

本节以创意家居——灯泡为例介绍渲染模式。模型分为灯口、灯壳及五节灯管，共计七个零部件，结构简单易学。

3.4.1 物理材料命令

单击【设置】/【物理材料】，选择【塑料】/【ABS 塑料】，将其拖拽至灯壳部分，选择【陶瓷】/【瓷器】，将其拖拽至灯管。灯管由 5 部分组成，注意全部添加材料，如图 3-9 所示。

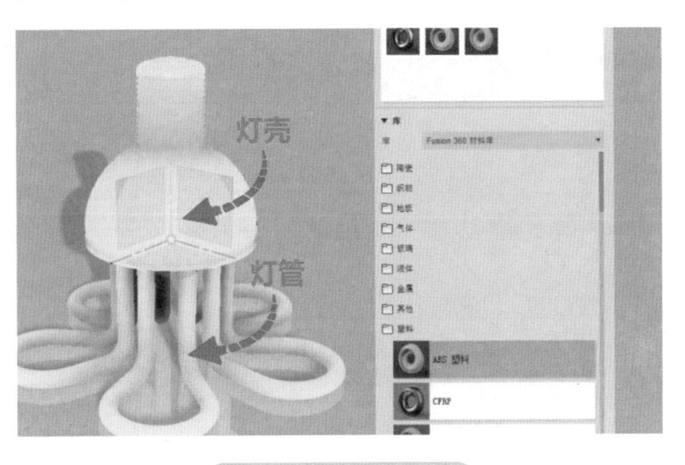

图 3-9 添加物理材料

小提示

物理材料只针对零部件或实体，可以改变零部件整体材料、添加物理性质及附加外观颜色。

3.4.2 外观命令

单击【设置】/【外观】，选择【塑料】/【不透明】/【塑料 - 有光泽（黄色）】，将其拖拽至灯壳部分，在【其他】/【发射】中选择需要添加的灯光拖拽至灯管部分，如图 3-10 所示。

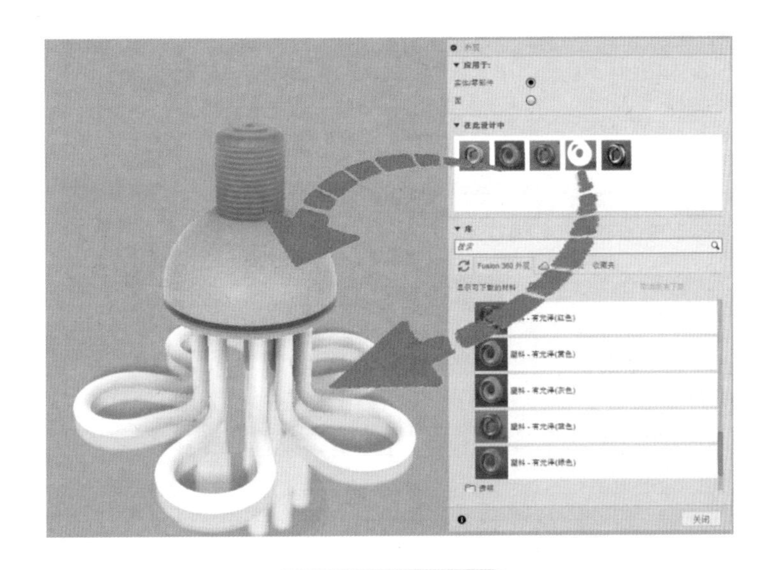

图 3-10 添加外观

在【在此设计中】灯管部分的材质图标上双击，会弹出【编辑】选项，可根据需要更改灯光颜色以及亮度，如图 3-11 所示。

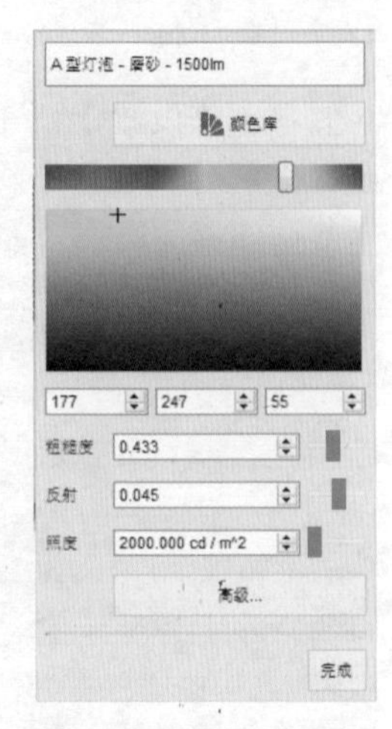

图 3-11　更改灯光

> 小提示
>
> 关闭【物理材料】属性管理器后，模型会优先显示外观颜色，即渲染时外观具有优先权，物理材料虽带有颜色，但在这里不显示。

3.4.3　场景设置命令

单击【设置】/【场景设置】。【环境库】选项卡详解见表 3-3，【设置】选项卡详解见表 3-4。

按照以下参数进行场景设置：【亮度】设为“2000.000lx”，【背景】选择【实体颜色】，勾选【地平面】和【反射】选项，【粗糙度】设为“0.2”，【相机】选择【具有正交面的透视图】，【焦距】输入值“53mm”，【曝光】选择默认值，如图 3-12 所示。

表 3-3　【环境库】选项卡详解

选项	说明	备注
当前环境	正在应用的环境样式	
库	从库中选择并应用某些光源样式之前，必须先进行下载	
附着自定义环境	浏览并选择自定义样式	支持文件类型：EXR、HDR、PIC、RGBE、XYZ

表 3-4　【设置】选项卡详解

选项	说明	备注
亮度	控制光源的亮度	
位置	控制光源的位置和旋转	
背景	选择【环境】以使用环境图像，或者选择【实体颜色】以选择颜色	
地平面	在画布中显示地平面	如果启用该选项，地面上可以显示阴影和倒影
展平地面	启用“纹理”地平面，环境图像将作为纹理进行贴图	
反射	地平面上所显示的模型倒影	
粗糙度	启用【反射】选项时可用，控制倒影的清晰度	
相机	将相机设置为正交视图、透视视图或具有正交面的透视图	
焦距	通过输入数值或使用滑块来设置焦距	
曝光	设置相机曝光量	
景深	“景深”效果只有在启用了“光线跟踪”的情况下才可见	a. 为【焦点中心】选择对象 b. 通过输入数值或使用滑块来设置模糊量
纵横比	定义渲染工作空间的纵横比	

图 3-12　场景设置

亮度和环境对于渲染的效果极为重要，亮度即光照强度，是一种物理术语，指单位面积上所接受可见光的光通量，简称照度，单位为勒克斯（lx）。亮度随着环境的变化而变化，同时，渲染效果也会变化。亮度参考值见表 3-5。

表 3-5　亮度参考值

<table>
<tr><td>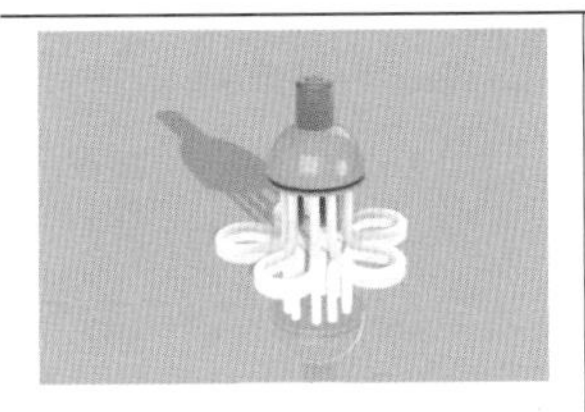</td><td>亮度：1000.000lx
背景：环境（冷光）
焦距：90mm
曝光：9.5EV</td><td></td><td>亮度：49215.039lx
背景：环境（田野）
焦距：90mm
曝光：9.5EV</td></tr>
<tr><td></td><td>亮度：23055.061lx
背景：环境（天光）
焦距：90mm
曝光：9.5EV</td><td></td><td>亮度：24153.301lx
背景：环境（广场）
焦距：90mm
曝光：9.5EV</td></tr>
</table>

小提示

此处渲染图为展示效果，并非真实渲染，为的只是方便查看不同环境下亮度的区别。

【相机】选项分为【正交】、【透视模式】和【具有正交面的透视图】三类，如图 3-13 所示。透视图是将三维物体按照人的视觉角度，描绘在二维平面上形成的图形。正交视图是将物体所在三维空间的点，一一对应到二维视图平面上所成的像，并不考虑物体的透视效果。

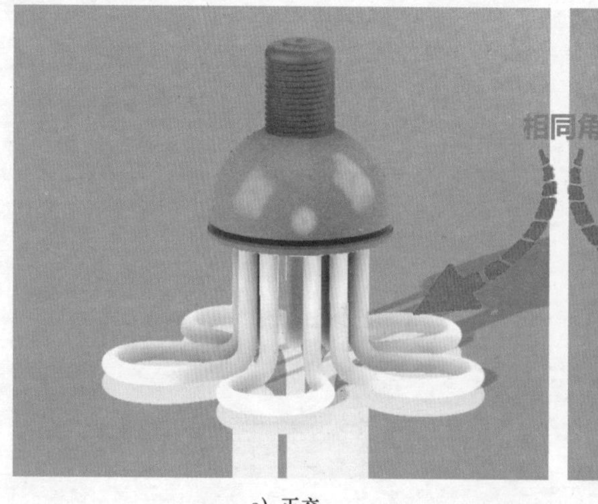

a）正交　　b）透视模式

图 3-13　相机选项

小提示

【相机】选项中的【具有正交面的透视图】是透视图的一种，与【透视模式】效果相同，在此不做详细介绍。

在相同亮度下，曝光的数值同样重要。如图 3-14 所示，曝光度从左到右分别为 13.6EV、9.4EV、6.3EV。从图 3-14 可以看出，太高或者太低的曝光度，会使模型呈现过于暗或亮的情况，渲染图效果也会如此。

a）13.6EV

b）9.4EV

c）6.3EV

图 3-14　曝光设置

相关知识

1）自然光照与人工光照：日光照射即为自然光照，灯光照明即为人工光照。

2）发光强度：光源在某一方向上的单位立体角内发出的光通量，其单位是坎德拉(candela,cd)。

3）光通量：光源单位时间内所辐射的光能叫光源的光通量，其单位是流明（lm）。

4）相关定义：一个不加灯罩的白炽灯所发出的光能中，约有 30% 被墙壁、顶棚、设备等吸收；灯泡的低质量与环境的阴暗又要减少许多光能，因此，大约只有 50% 的光能可利用。综上所述，灯泡安装的高度及有无灯罩对光照强度影响很大，如图 3-15 所示。

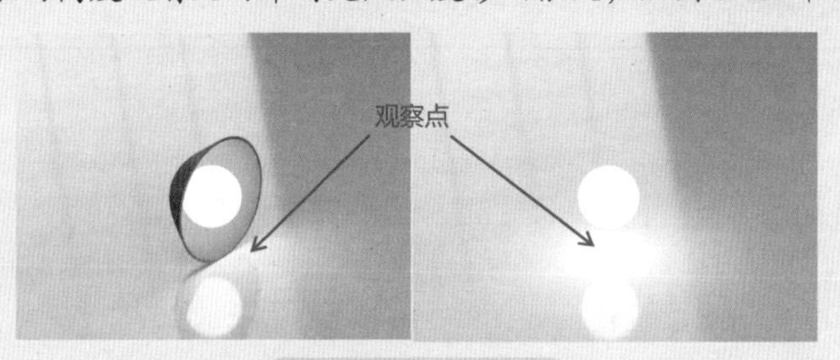

图 3-15 聚光效果

结论：从图 3-15 可以看出，有灯罩的灯明显比无灯罩的灯更加聚光。

环境光：在渲染过程中，除了亮度给予模型照明之外，环境的光照同样是不可缺少的。在室内空间中，光可以通过透光、半透光或不透光材料形成相应的光环境。此外，材料表面的颜色、质感、光泽等也会形成相应的光环境。软件中列举出了一些常用的光。

冷光灯：是采用冷光板制作而成的。冷光 (EL) 全称电激发光 (Electro Luminescent), 是一种将电能转换为光能的现象，结合多种物质来产生光源，它是在运转的过程中不会发热的低温光源。由于它的功率小、照度高、色温好、发光时基本不产生热能，人们还从节能与健康的角度，给它冠以爱称："绿色照明灯"。

暖光灯：是指光源使用暖色的灯具。一般色温在 2700K 左右的灯就是所谓的暖光灯。

天光：是没有太阳光的自然光照。

图 3-16a 所示为冷光环境光，图 3-16b 所示为天光环境光。

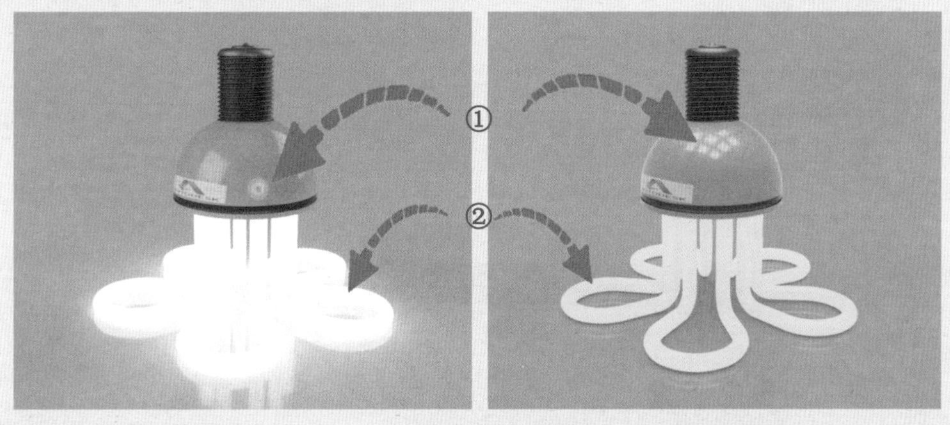

a) 冷光环境光　　b) 天光环境光

图 3-16 环境光

① 对于高光位置，二者位置明显不同，从图 3-16 可以看出天光环境中的高光位置高于冷光环境。

② 在显示上，灯管部分的色彩有所差异，天光环境下，模型发光部分相对不明显，而在冷光环境下，发光很真实，在软件中也同步渲染出了光晕。

小提示

设计师渲染模型图时，需依据模型类型来使用对应的材质、亮度以及环境光，才可以得到预期中想要表达的整体美感与特点。在渲染过程中可以多尝试一些环境光，而本节中的模型，显然冷光灯环境更加适合模型的渲染效果。

3.4.4 贴图命令

单击【设置】/【贴图】，【选择面】选择需要贴图的曲面或平面，如图 3-17 所示。【选择图像】选择所需图片，如图 3-18 所示。鼠标拖动圆形图标，可旋转图片调整位置，如图 3-19a 所示；拖动矩形图标，可移动图片位置，如图 3-19b 所示。【缩放 XY】选项，输入值“1.5”，单击【确定】完成贴图，如图 3-20 所示。

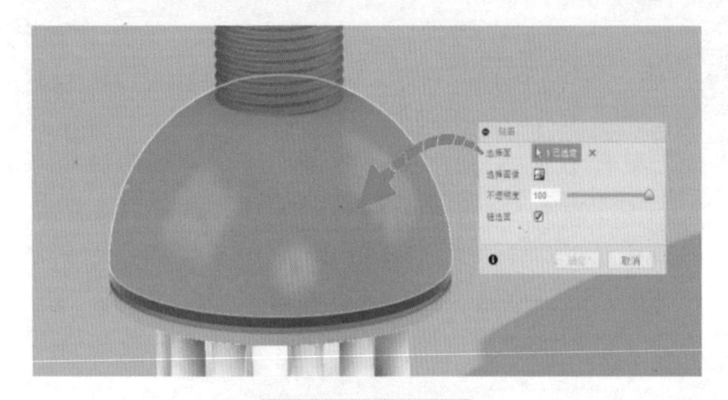

图 3-17　选择面

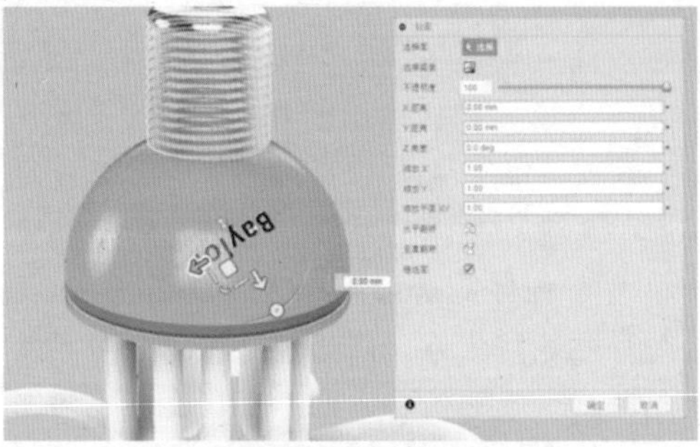

图 3-18　添加图片

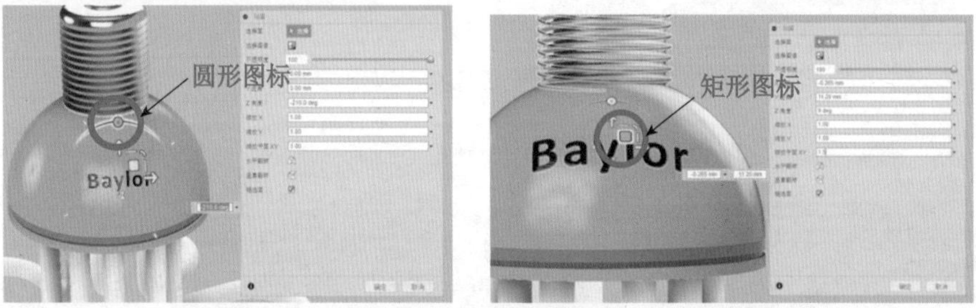

a)

b)

图 3-19　调整贴图

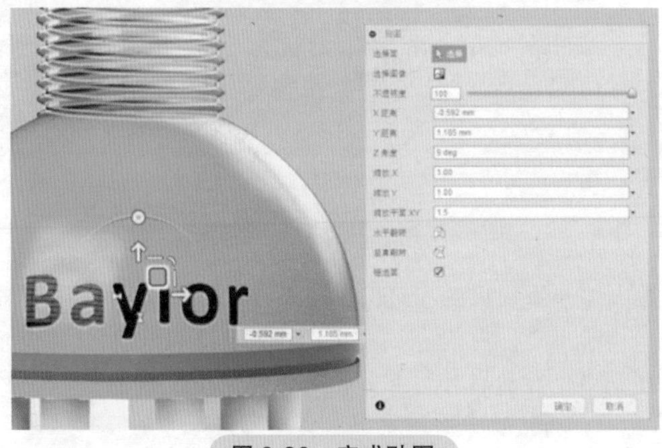

图 3-20　完成贴图

> **小提示**
>
> *X*、*Y* 方向上的距离以及缩放比例和 *Z* 方向的角度，需要根据图片的大小以及摆放位置加以调整，但建议小比例调整。勾选【链选面】复选框，可链选图片所覆盖的所有相切面，如图 3-21 所示。

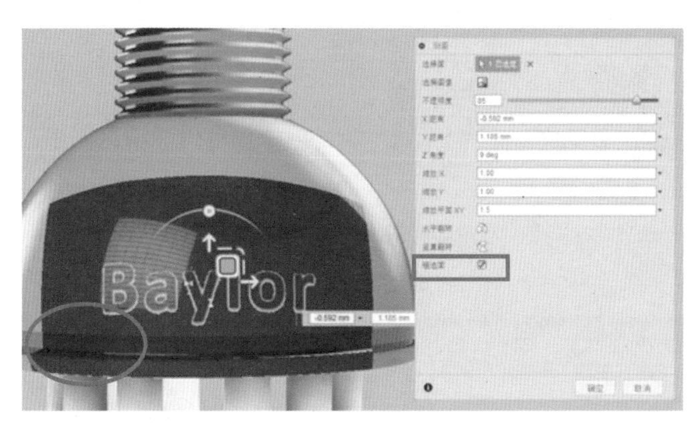

a）勾选【链选面】

b）不勾选【链选面】

图 3-21 【链选面】选项

3.4.5 画布内渲染命令

在设置完上述参数之后，工具栏中单击【画布内渲染】，即可实现画布内渲染命令。在这之前，也可以设置画布内渲染的参数，图 3-22 所示参数设置渲染效果好，但是时间较久；而图 3-23 所示参数设置，渲染时间短，弱化了材料和照明效果，可大大提高效率。画布内渲染区别于渲染命令的后台渲染，它会实时显示渲染过程以及进度。

> **小提示**
>
> 【将分辨率限制为】选项中，同样可以调整画布内渲染所用时间及质量。在画布内渲染完成后，如图 3-24 所示，可以通过【捕获图像】导出渲染图。

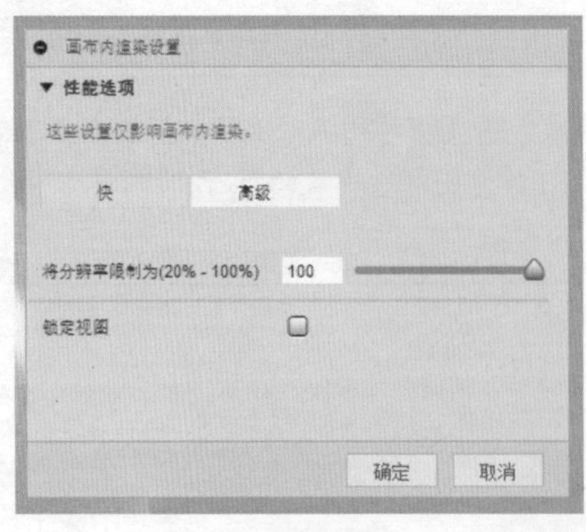

a）参数设置　　b）渲染效果

图 3-22　高级渲染

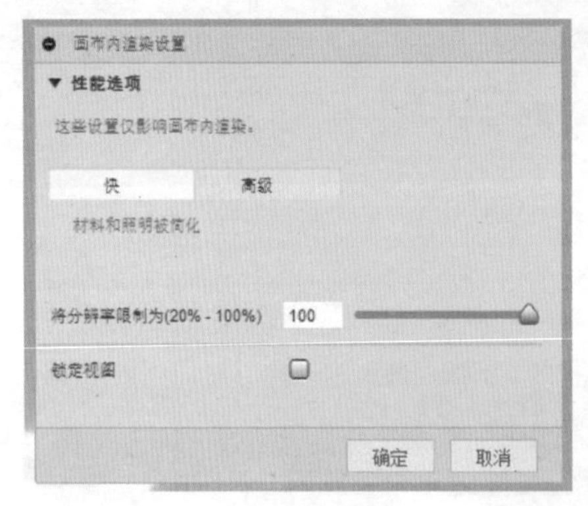

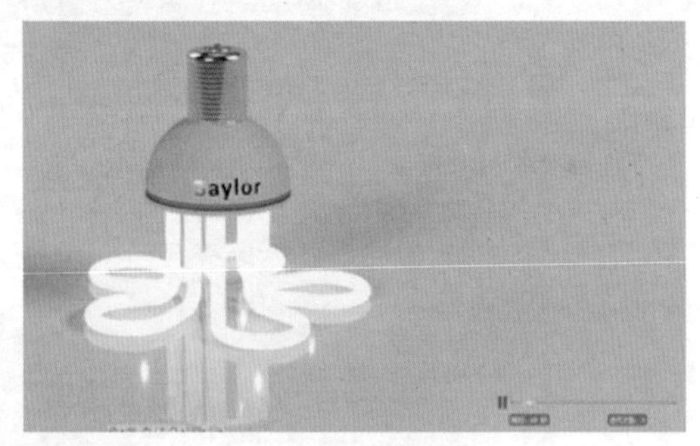

a）参数设置　　b）渲染效果

图 3-23　快速渲染

图 3-24　画布内渲染

设计师如需质量较好的渲染图，可使用【渲染】命令。【渲染设置】对话框中，共有五种模式，可根据不同用途以及效果要求进行选择。图 3-25 所示为本地渲染和云渲染两种渲染方式。

a）本地渲染器

b）云渲染器

图 3-25 渲染方式

（1）WEB 模式：共提供三种类型的图片规格及对应的像素。此模式下的图片比较小，渲染速度相对快些，像素较其他模式稍有不足，如图 3-26 所示。

（2）手机模式：图片规格同样分为三类，此模式下渲染出的图片更适合手机或者 iPad 等移动设备来使用和分享，如图 3-27 所示。

（3）打印模式：此模式下的图片比较大，适合用来打印及出图。图片质量高，但是渲染的时间相对较久，如图 3-28 所示。

（4）视频模式，适合用于视频中切换镜头的插图、电子相册、小视频等，像素大小合适，渲染时间中等，如图 3-29 所示。

图 3-26 WEB 模式

图 3-27 手机模式

图 3-28 打印模式

（5）自定义模式：在此模式中，设计师可以根据不同的使用环境，来自定义渲染图的尺寸、纵横比以及图片格式。勾选【透明背景】选项后，渲染图片背景变为透明，如图 3-30 所示。

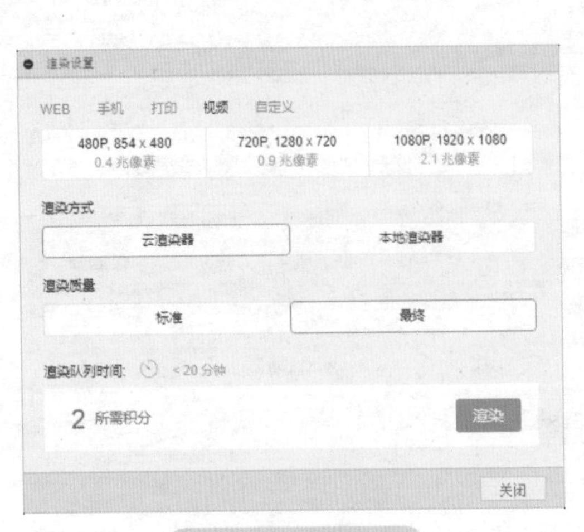

图 3-29　视频模式

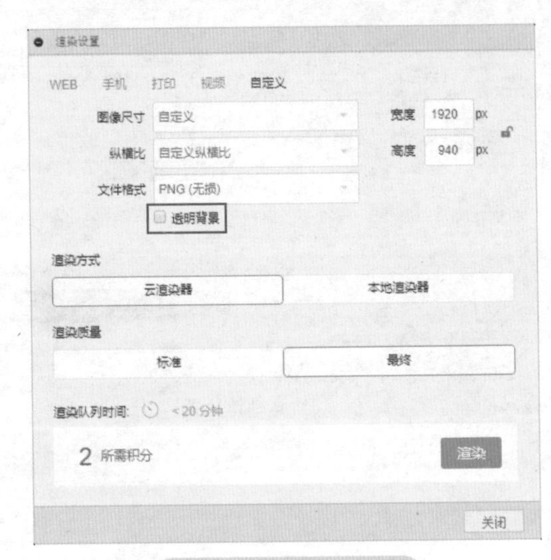

图 3-30　自定义模式

本地渲染（见图 3-31）与云渲染的区别：

1）本地渲染需要占用计算机的部分资源。云渲染只依靠网络传输到服务器，由服务器计算机来运行，之后发送到设计师计算机客户端，不占用本地计算机资源。

2）对于渲染质量，本地与云端是相同的。

3）云渲染设置质量的最高值为 75%，而本地渲染支持的最高值为 100%。

图 3-31　最终渲染图（本地）

课堂练习

1. 根据所提供的三维模型进行渲染的对比练习。
2. 通过云渲染进行质量较高的三维模型渲染。

第 4 章 装配与动画制作

4

学习目标

1. 了解模型工作空间的装配功能。
2. 认识爆炸动画与装配零件。
3. 掌握演示动画制作的方法和技巧。

4.1 装配

在工业设计领域，所有生产制造的工业零件都需要通过统一的技术规范组装起来，形成一个完整的产品。Fusion 360 软件中的装配环节是三维环境中用于模型组装预览的，可方便设计师更好地了解产品不同零件之间关系的测试与展示。

4.1.1 零部件与实体

在了解装配之前，首先需要区分“实体”“零部件”这两个词。前者的意思是“包含建模操作指令及草图模型”，简言之，更强调用于观赏的三维虚拟模型，后者则是“包含实体”，可供装配并模拟真实零件的部件，如图 4-1、图 4-2 所示。

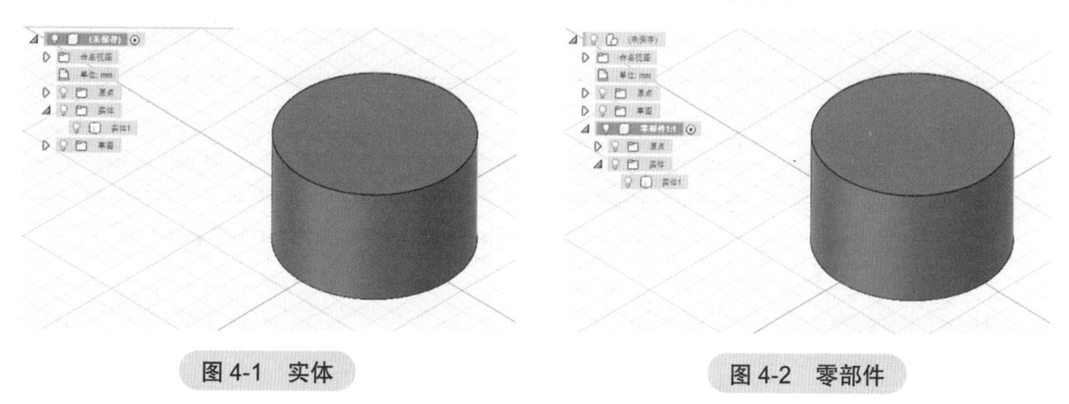

图 4-1 实体　　图 4-2 零部件

通过图 4-1 和图 4-2，也许不会一眼看出两者间的区别，但在后面实际应用和学习中我们可以更加深入体会两者的关系。

在 Fusion 360 中，有 3 种类型的实体。

1. 实体 / 曲面体　在模型、面片工作空间创建，较适于创建基于草图的精确几何图元的实体类型。实体 / 曲面体是 Fusion 360 中的核心实体类型，用于装配、制造、仿真等，如图 4-3 所示。

2. 造型实体　也称为 T-Spline 实体，在造型工作空间中创建。利用这类实体可以轻松创建和修改各类自由造型，如图 4-4 所示。

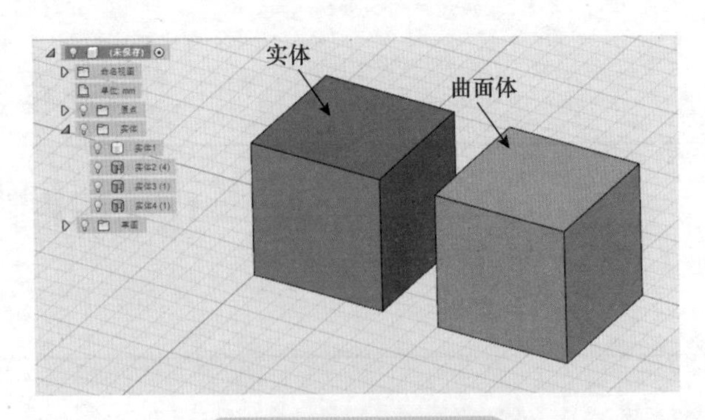

图 4-3　实体 / 曲面体

3. 网格实体　从 STL/OBJ 数据中导入，网格实体通常用作设计师建模的参考几何图元，可将网格实体转换为上述两种类型的实体之一，也可以使用 T-Spline 对其重新建模，如图 4-5 所示。

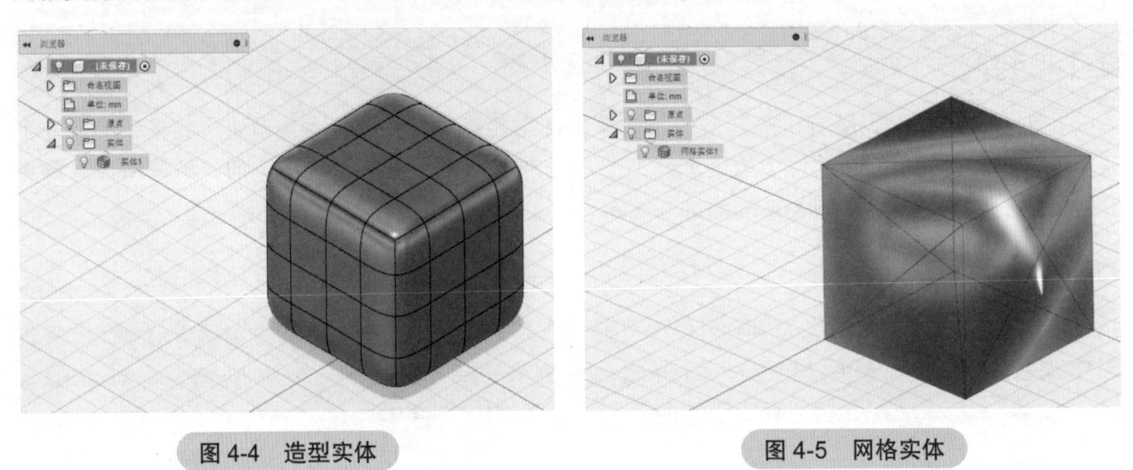

图 4-4　造型实体　　图 4-5　网格实体

小提示

新版本的 Fusion 360 中加入了编辑功能，可以对 STL 模型进行修复，如图 4-6 所示。

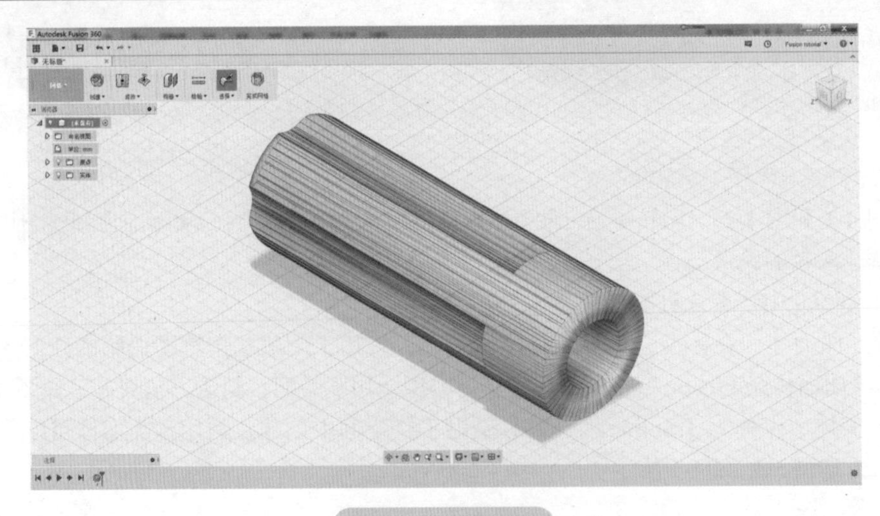

图 4-6　编辑功能

4.1.2 创建零部件

单击【装配】/【新建零部件】，选择【空零部件】时，创建的零部件中不包括任何实体、草图、构造对象；而选择【从实体】时，需要根据所选择的实体创建零部件。【父对象】则是说明创建零部件的归属问题。如图 4-7 所示，零部件归属于【(未保存)】父级。 而勾选【激活】选项后，建模过程以及模型归属于新建零部件，如果不勾选则在【(未保存)】父级中出现。

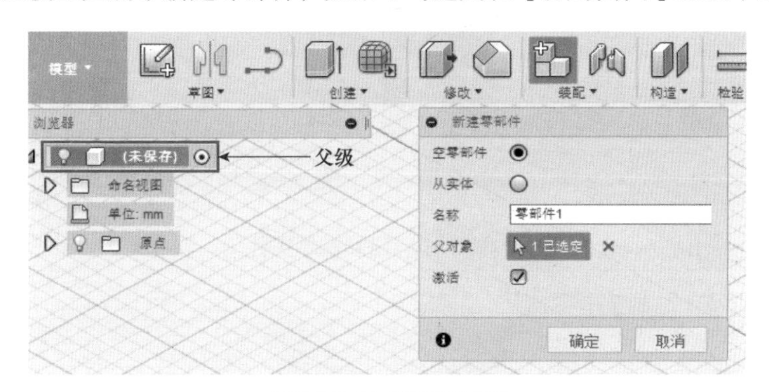

图 4-7 创建零部件

> **小提示**
>
> 建议在实际开始建模之前创建零部件，这样零部件将保留包含所有特征操作的完整时间轴。如果将绘制完成的实体转换为零部件，将丢失时间轴操作，如图 4-8 和图 4-9 所示。

图 4-8 在零部件下建模

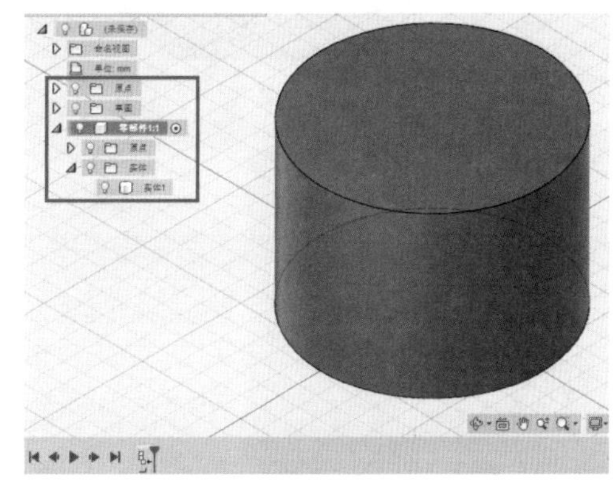

图 4-9 建模后创建零部件

4.1.3 联接零部件

根据其他零部件的位置放置零部件，并定义相对运动。这里以小轮组装配零部件为例，零部件为拆开模式，如图 4-10 所示。

单击【装配】/【联接】，弹出【联接】属性管理器，逐步选择零部件，零部件将移动到指定位置并且播放演示动画。【运动】选项中，【类型】选择【旋转】,【旋转】选择【Z 轴】，如图 4-11 所示。联接运动类型详见表 4-1，以及图 4-12 所示。

图 4-10　小轮组装配零部件

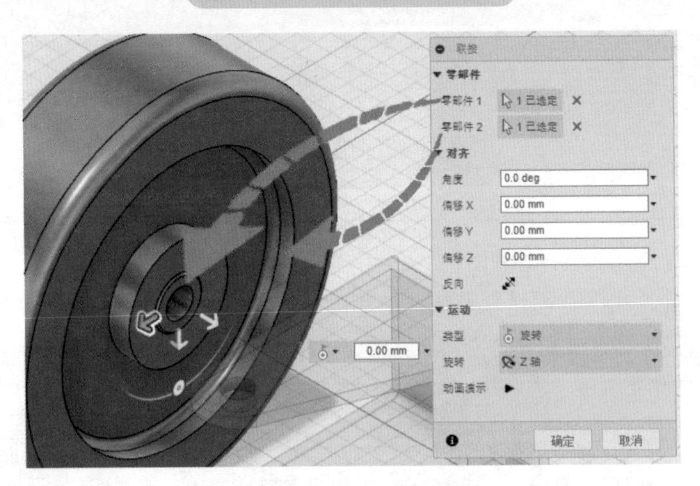

图 4-11　联接零部件

表 4-1　联接运动类型

图标	联接运动类型	说明	运动
	刚性	删除所有自由度，将零部件锁定在一起	无
	旋转	允许零部件围绕联接原点旋转	1 旋转
	滑块	允许零部件沿一个轴平移	1 平动
	圆柱	允许零部件沿同一个轴旋转和平移	1 平动 1 旋转
	销槽	零部件可围绕一个轴旋转，也可沿另一个轴平移	1 平动 1 旋转
	平面	允许零部件沿两个轴平移，并围绕一个轴旋转	2 平动 1 旋转
	球	允许零部件围绕使用万向坐标系的三个轴旋转	3 旋转

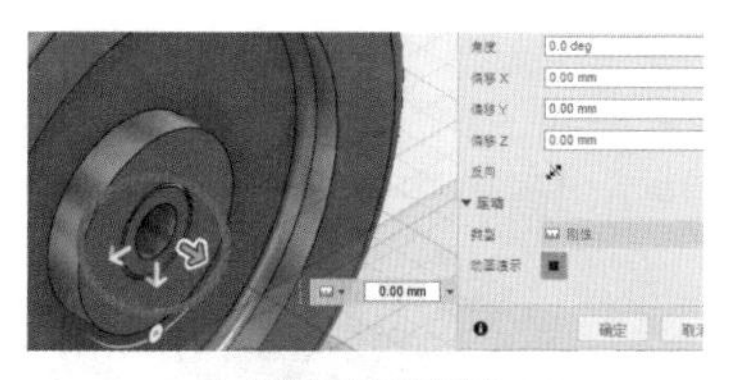

a）刚性（无运动）

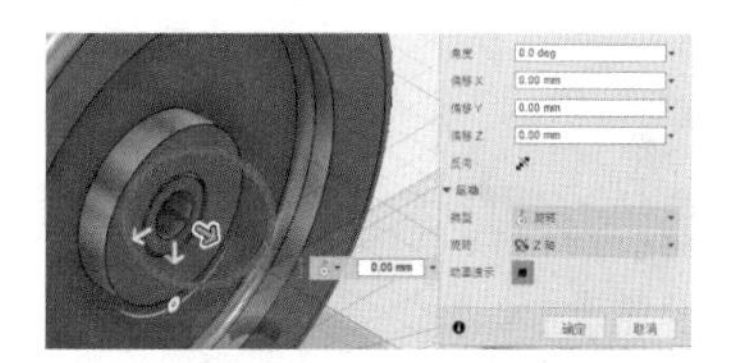

b）旋转（沿轴转动）

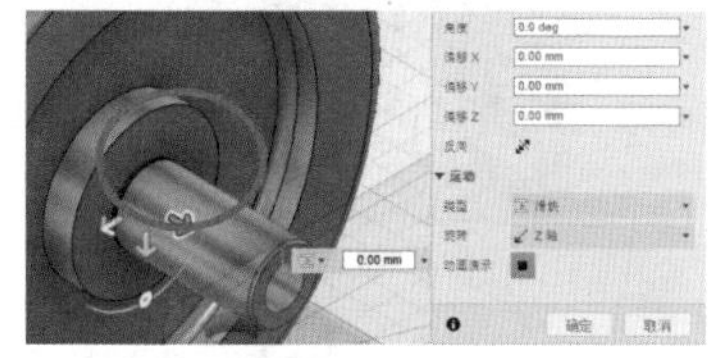

c）滑块（沿轴平移）

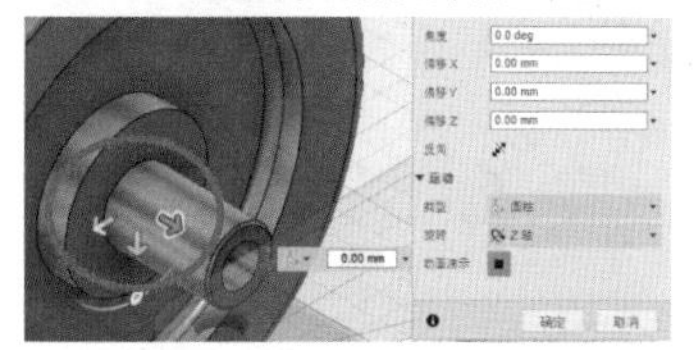

d）圆柱（沿轴转动、沿轴平移）

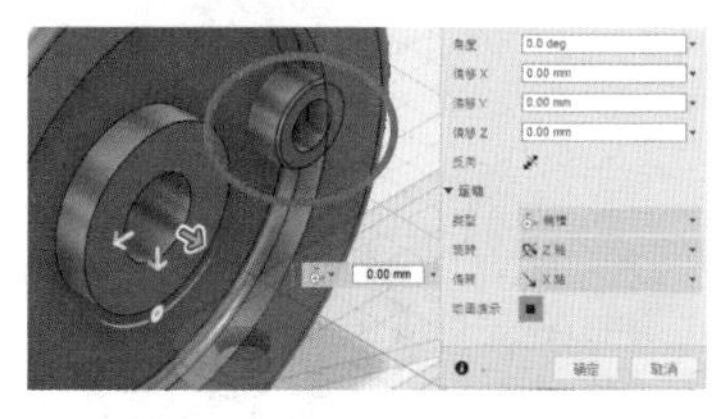

e）销槽(沿轴平移、沿轴转动)

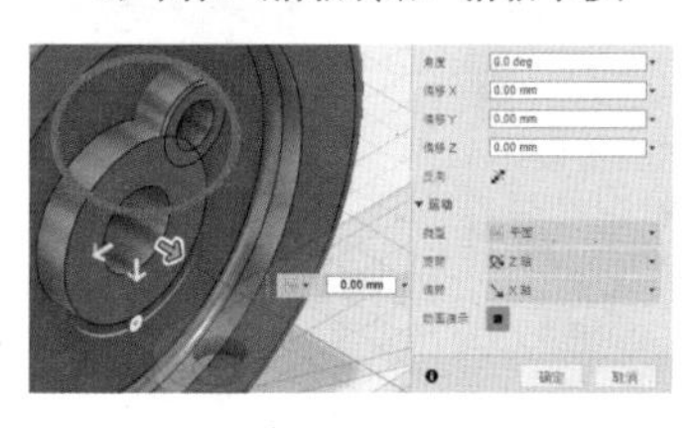

f）平面(沿轴平移、沿轴转动)

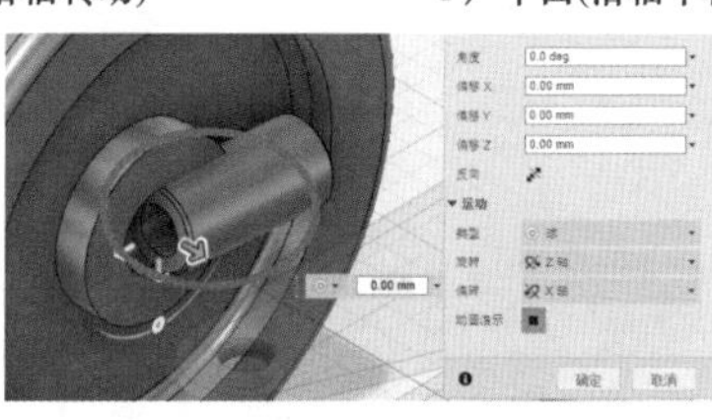

g）球(沿三轴旋转)

图 4-12 联接运动类型

在联接完成后，在联接处会显示联接图标，方便查看和记录，如图 4-13 所示。

使用相同的方式联接其余各部分零部件，类型选择【旋转】，如图 4-14 所示。

图 4-13 联接图标

小提示

在选择联接方式时，使用【联接原点】命令，可以更加方便地定义零部件的装配原点，减少错误操作，使装配零部件时定位更准确。

4.1.4 运动分析

在了解装配关系以及完成装配后，可通过运动分析来进行自检。软件可以演示所构建模型的动态动画，检查所绘制模型是否存在不合理的地方，例如，在工程设计方面，机械结构是否满足要求，运动是否存在干涉等。

单击【装配】/【运动分析】，弹出【运动分析】对话框，选择零部件中的【联接】，单击曲线添加动画点，如图 4-15 所示。此运动分析为转动，所以设有【角度】，在其中输入“10”，并添加多个点完成动画。

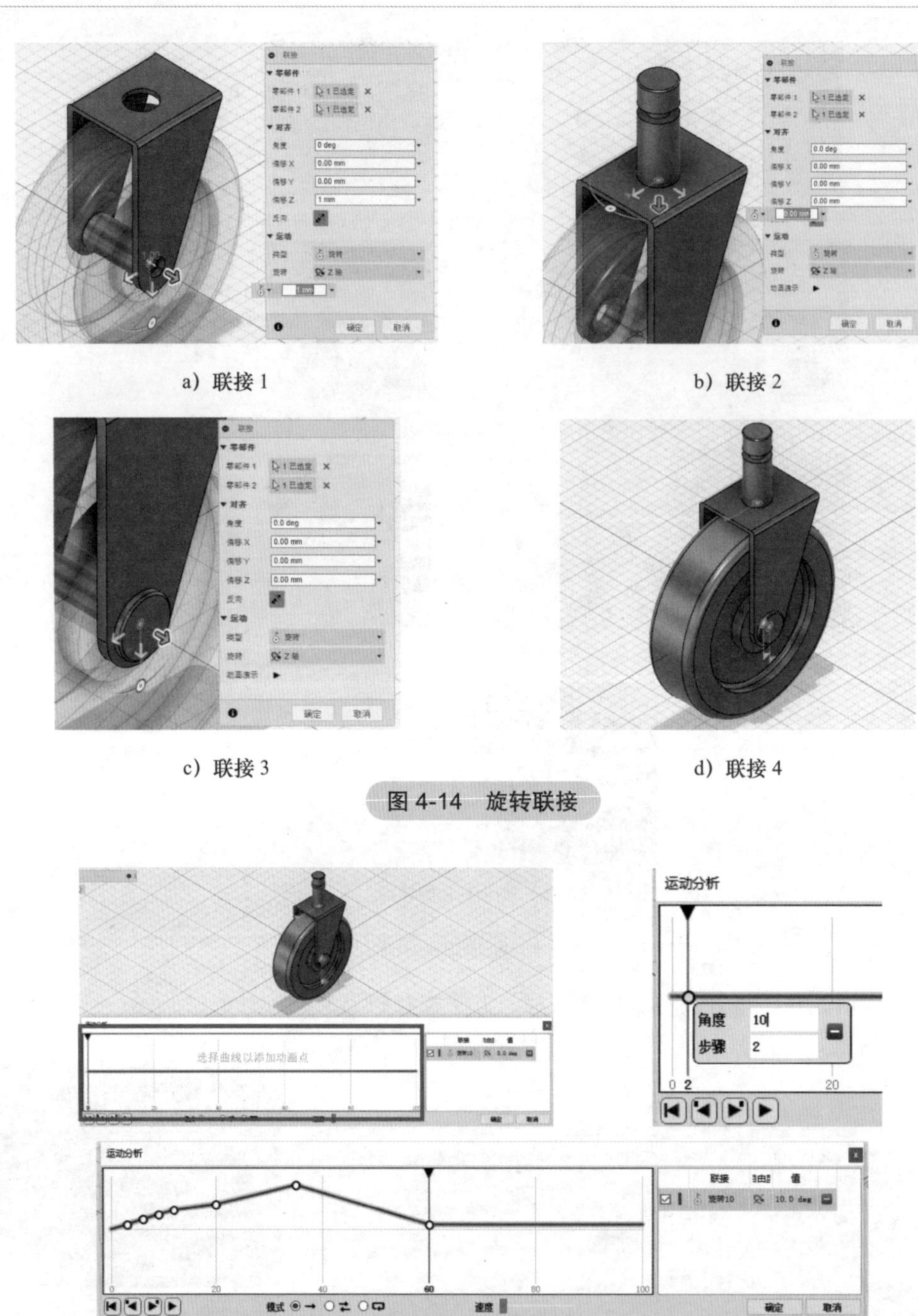

a）联接 1　　b）联接 2

c）联接 3　　d）联接 4

图 4-14　旋转联接

图 4-15　运动分析

小提示

【运动分析】对话框中，【联接】是在设置了装配关系后产生的。数值“10”为参考数值，可以根据不同需求修改。

添加动画完成后单击【播放】▶，可查看模型的运动轨迹，判断该轨迹是否正确。【模式】

分为单次 →、多次 ⇄、循环 ↻。同时，拖动仿真动画工具条中的速度滑块可设置播放速度，如图 4-16 所示。

模式 ◉ → ○ ⇄ ○ ↻　　　　速度

图 4-16　仿真动画工具条

4.2　动画工具

展开工作空间下拉菜单，单击【动画】，进入动画工作空间，如图 4-17 所示。

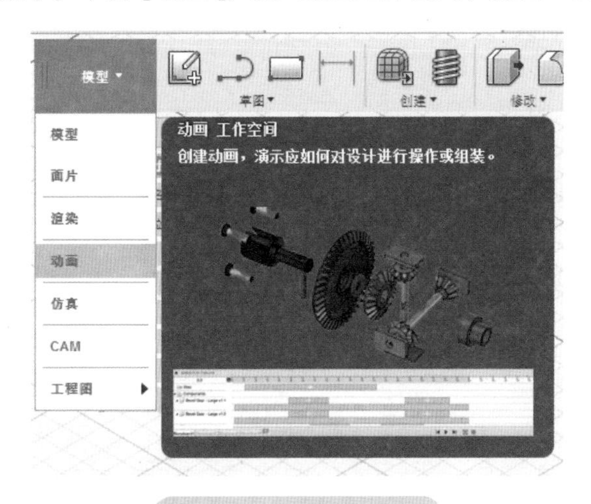

图 4-17　动画工作空间

在动画工作空间中，可以制作零件爆炸动画、结构解剖示例以及一些教学视频，使得设计师在建模完成后可以更好地展示模型、分析零部件装配关系以及制作爆炸图，如图 4-18 所示。

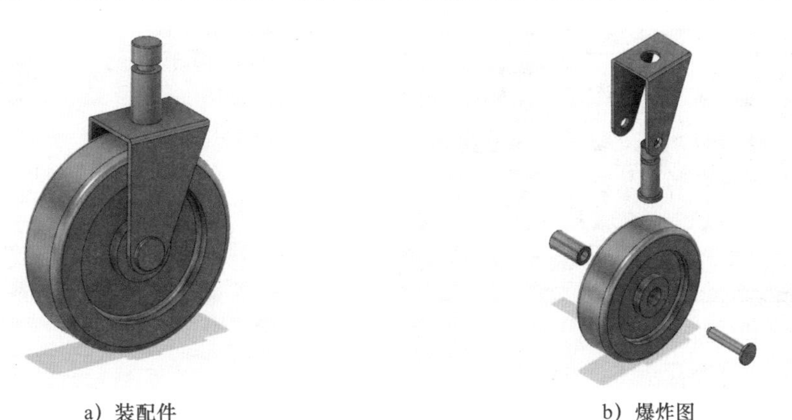

a）装配件　　　　b）爆炸图

图 4-18　装配件和爆炸图

4.2.1　新建故事板

图 4-19　新建故事板

在动画工作空间中，单击【新建故事板】，在【故事板类型】中有【全新】和【从上一个的末尾开始】两个选项，如图 4-19 所示。

1. 新建故事板　【全新】故事板中不包含任何操作。【从上一个的末尾开始】同样是全新，但是每个零件的变换将保留在新故事板中，并且是从上一个故事板衍生而来的，如图 4-20 所示。

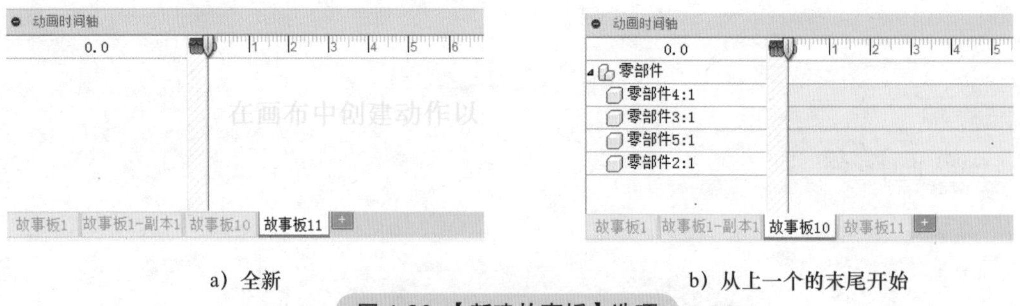

a）全新　　b）从上一个的末尾开始

图 4-20 【新建故事板】选项

2. 复制故事板　在故事板标题上单击鼠标右键，之后选择【复制】，如图 4-21 所示。

3. 粘贴故事板　在故事板时间轴中的任意位置单击鼠标右键，之后选择【粘贴】，如图 4-22 所示。

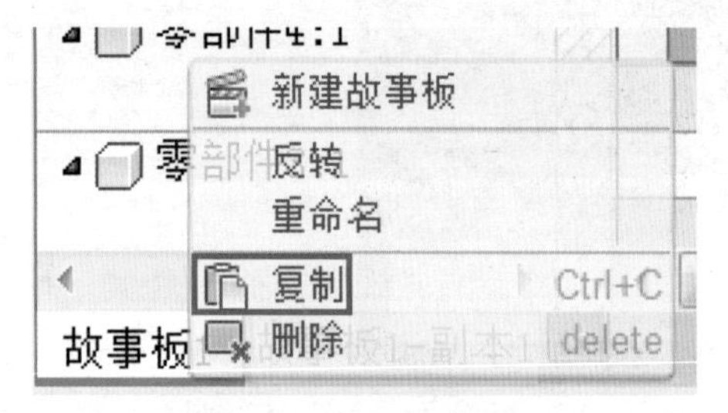

图 4-21　复制故事板

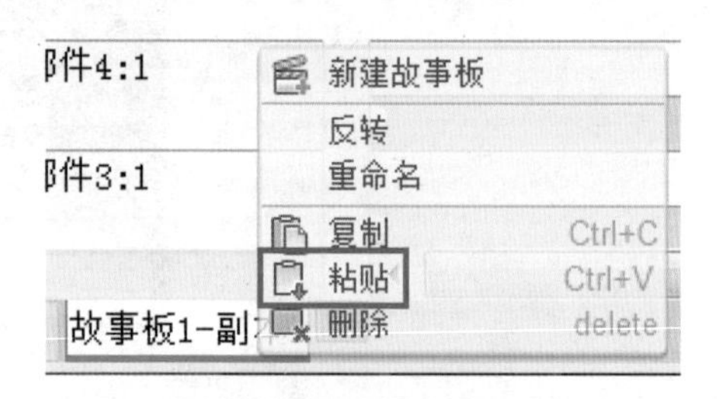

图 4-22　粘贴故事板

4. 反转　使用反转故事板功能可以通过一次性单击流程，反转整个故事板。例如，首先将已经构建的完整零件，分解为单独零部件的故事板。使用反转故事板功能，可创建有关如何装配零部件的故事板，如图 4-23 所示。

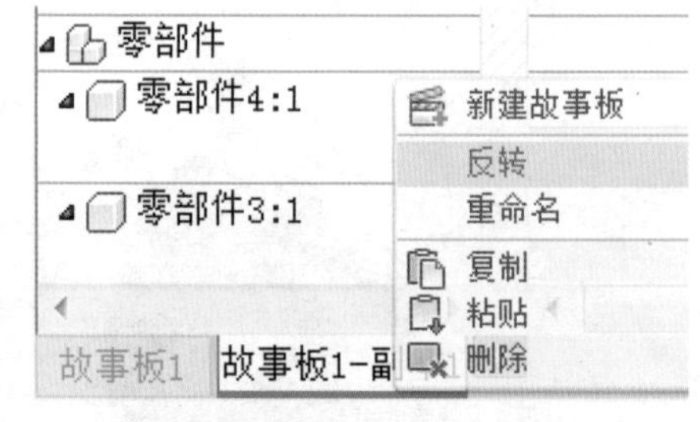

图 4-23　反转故事板

> **小提示**
>
> 若要重命名故事板，可双击默认故事板名称，输入新名称；反转故事板在制作过程中具有很大作用，可以在完成零部件的分解后，进行装配动画时直接使用反转操作，但在此前，需要先复制一个故事板。

4.2.2　变换模型

移动或旋转零部件时，首先将播放指针移到故事板所需点处。单击【变换零部件】，在图形窗口中，选择要移动或旋转的零部件，输入变换值或者拖拽，单击【确定】，以确认新的零部件位置。移动、旋转动作将自动添加到选定零部件的动作面板中，如图 4-24 所示。

在【变换零部件】属性管理器中指定移动和旋转，或使用坐标系移动或旋转选定的零部件。指定 X、Y 和 Z 距离以便在这三个方向上移动零部件，指定 X、Y 和 Z 角度以便绕 X、Y 或 Z 轴旋转零部件；直接使用方向坐标系控制零部件沿着某个轴移动或旋转，如图 4-25 所示。

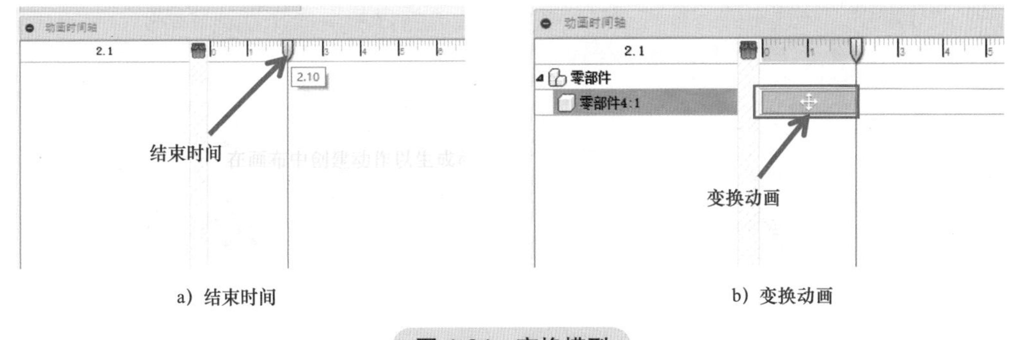

a）结束时间　　b）变换动画

图 4-24　变换模型

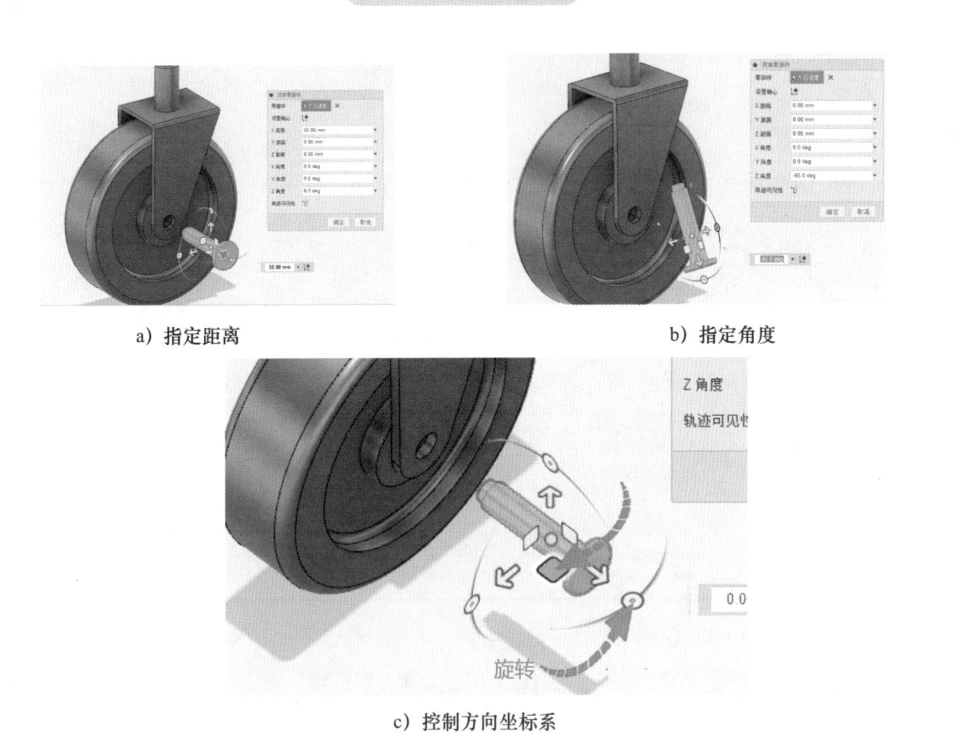

a）指定距离　　b）指定角度

c）控制方向坐标系

图 4-25　变换零部件

4.2.3　分解模型

零部件的拆解过程也叫分解。【自动分解】是一种根据模型装配关系自动解剖，并且可以快速创建模型的分解状态；也可以使用【手动分解】命令，精准地确定所分解零部件的轴。分解模型的详细介绍见表 4-2。

表 4-2　分解模型

名称	介绍	复选项
自动分解	按零部件装配关系自动分解模型路径	一个级别：将所有选定零部件，向下分解到层次中的一个级别 所有级别：将所有选定零部件，向下分解到层次中的所有级别
手动分解	以指定的方向或方式分解模型，从而形成动画	选择一个零部件，然后定义其应沿哪条轴进行分解

在手动分解中，被选中的零部件通过计算机智能算法分解。而在自动分解中，对象是整个模型，所有零部件均通过计算机智能算法分解，如图 4-26 所示。

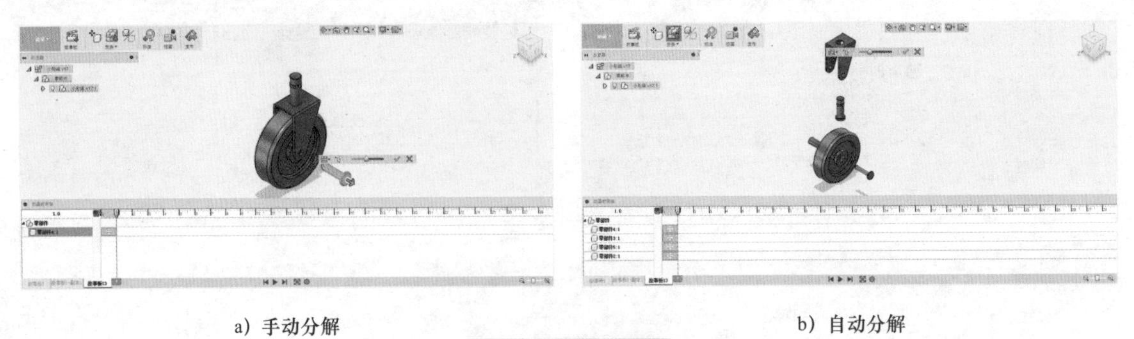

a）手动分解　　b）自动分解

图 4-26　分解模型

使用【自动分解】或者【手动分解】命令时，若分解所有零部件，选择【单步分解】，如图 4-27a 所示；若按顺序分解每个零部件，选择【连续分解】，如图 4-27b 所示。

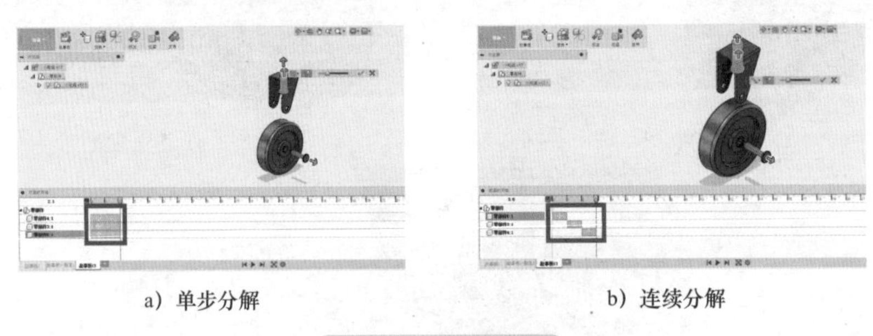

a）单步分解　　b）连续分解

图 4-27　分解过程

小提示

在分解过程中，选项为【单步分解】、【连续分解】两项。如图 4-27 所示，【单步分解】动画为在同一时间轴内，完成所有零部件的动作指令；【连续分解】则是一个零部件完成动作指令后，下一个零部件接着开始动作，以此类推，直至完成整个模型的自动分解过程。

在【自动分解】或者【手动分解】下，会有【轨迹可见性】选项。单击该图标，模型在分解后会有轨迹线出现，可以更加直观地表达出零部件的位置关系，如图 4-28 所示。

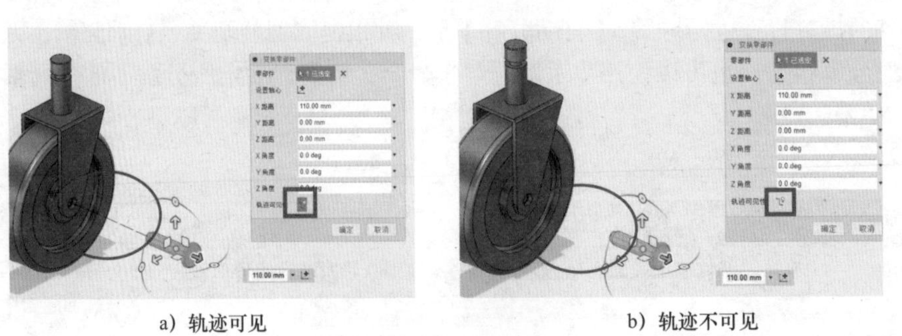

a）轨迹可见　　b）轨迹不可见

图 4-28　分解轨迹

小提示

在时间轴上移动绿色和红色滑块，可以为分解动作指定开始和结束时间。

4.2.4 添加标注命令

单击【标注】可以激活小贴士功能，可用于标注模型属性、动画范畴等提示性语句，方便设计师之后的查询与修改。

在动作面板中，将播放指针移到所需位置，可指定显示详图索引的时间。如图 4-29 所示，在【标注】文本框中，输入详图索引文本，单击【√】以关闭对话框。

小提示

在空白区域添加标注时，标注图标显示为红色。将标注内容拖拽至零部件上，表示与该零部件具有关联性时，图标颜色变为绿色。与零部件相关联的详图索引也会随该零部件的变换而变换，如图 4-30 所示。

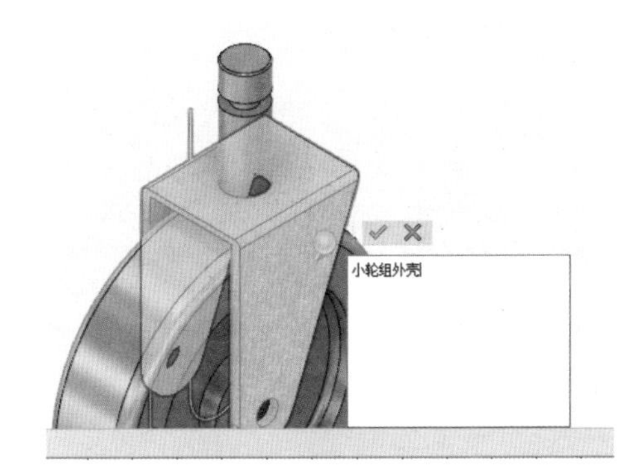

图 4-29 标注文字

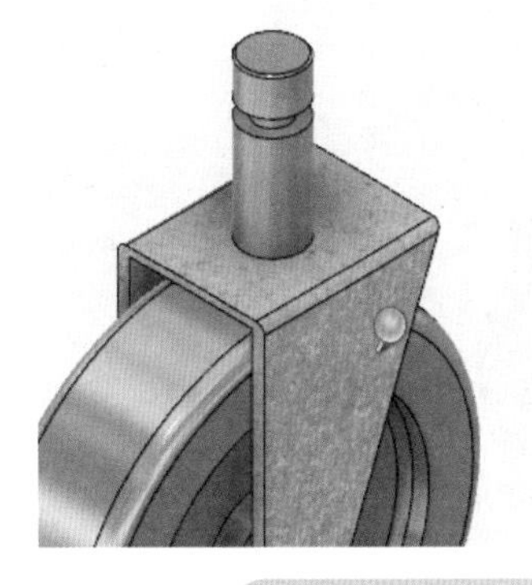

图 4-30 标注提示

4.3 创建装配动画——案例教学（小轮组）

模型为比较常见的 CAD 制图模型，其每个零部件都有相关联尺寸，为其装配动画可以使模型更为生动。小轮组模型零部件由轮子、轴、轴套、壳架、连接件 5 部分组成。

扫码观看视频

装配一词来源于加工，在加工工艺中，装配工人或者机器按照规定的技术要求，把几个零部件组装在一起。装配动画则是运用装配知识，在三维建模软件中实现整体装配过程。在这里，对公差、装配位置、先后顺序都有着严格的要求。

进入动画工作空间，开始制作动画。以下示例为制作一个 2min 爆炸动画及装配的过程，如图 4-31 所示。

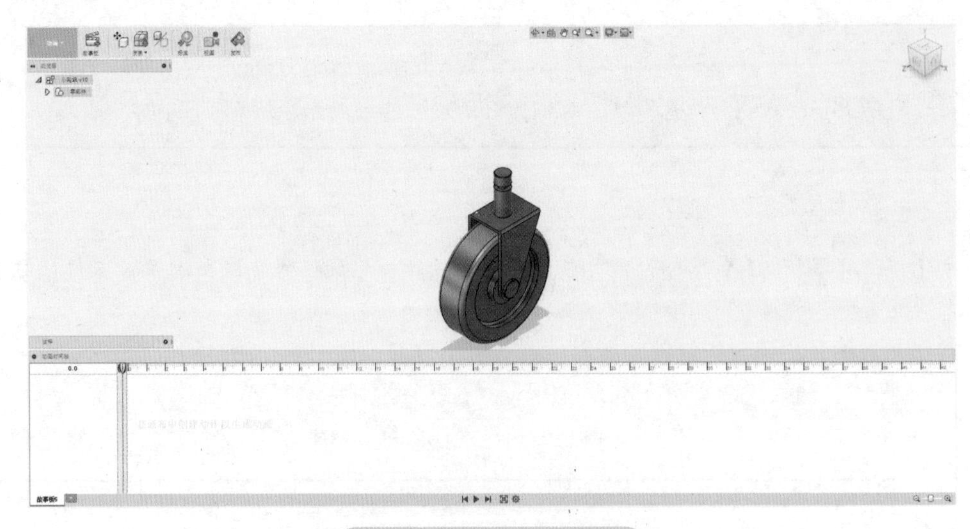

图 4-31　小轮组案例教学

步骤 1　创建相机视图

移动播放指针至时间轴 1s 处，将【视图】设为开启模式，滚动鼠标中键缩小模型至屏幕中央位置，缩放比例根据界面比例进行调整。缩小后时间轴出现相机视图时间段，如图 4-32 所示。

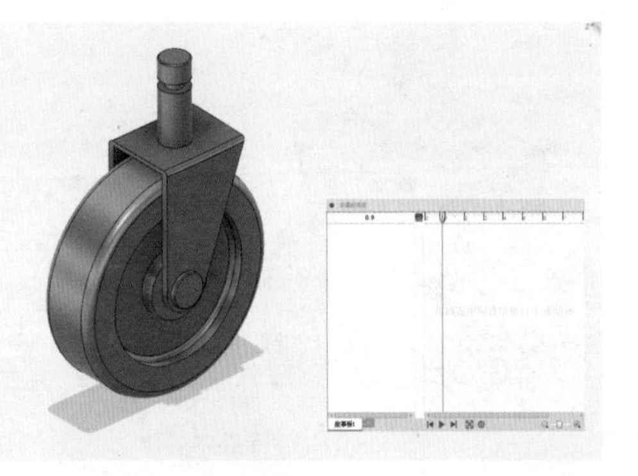

a）移动播放指针

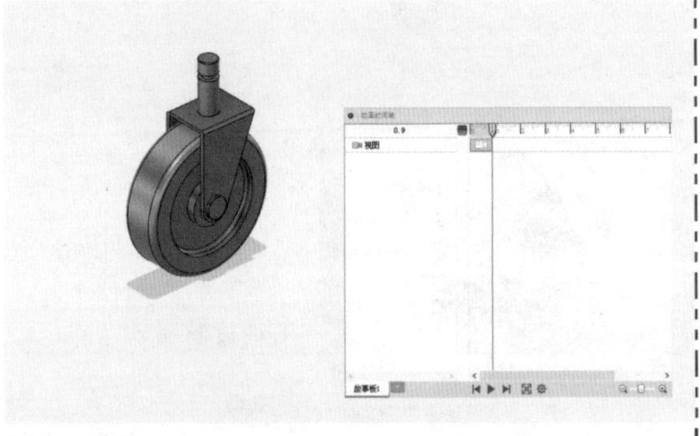

b）相机视图

图 4-32　创建相机视图

小提示

【视图】命令有两种模式，为开启，为关闭。软件默认为开启模式，在此模式下，移动或者缩放模型会记录并且显示在时间轴上，而关闭之后则不受影响。

步骤 2　变换零部件 1

单击【变换】/【变换零部件】，选择图 4-33 所示零部件将【X 距离】设为“60.00mm”，单击【确定】完成变换零部件操作，以下所有数值设置均为参考，可根据需求修改。

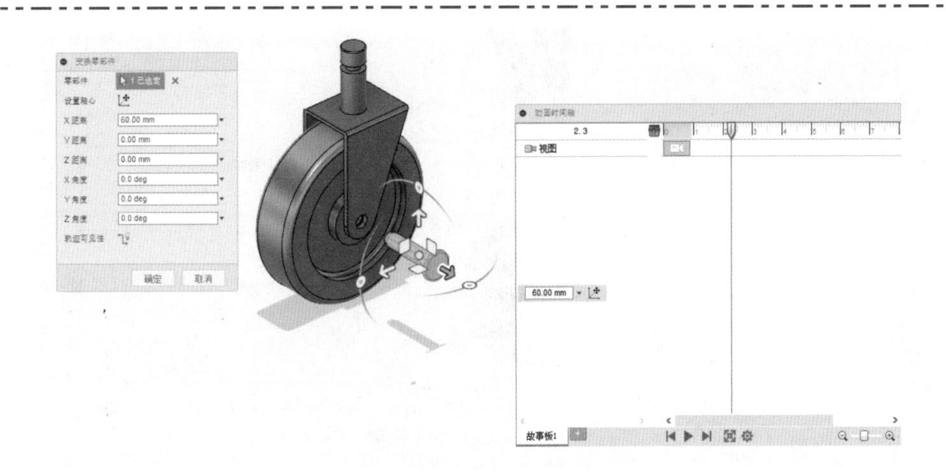

图 4-33 变换零部件 1

步骤 3 变换零部件 2

单击【变换】/【变换零部件】，选择图 4-34 所示零部件将【Y 距离】设为 “150.00mm”，单击【确定】完成变换零部件操作。

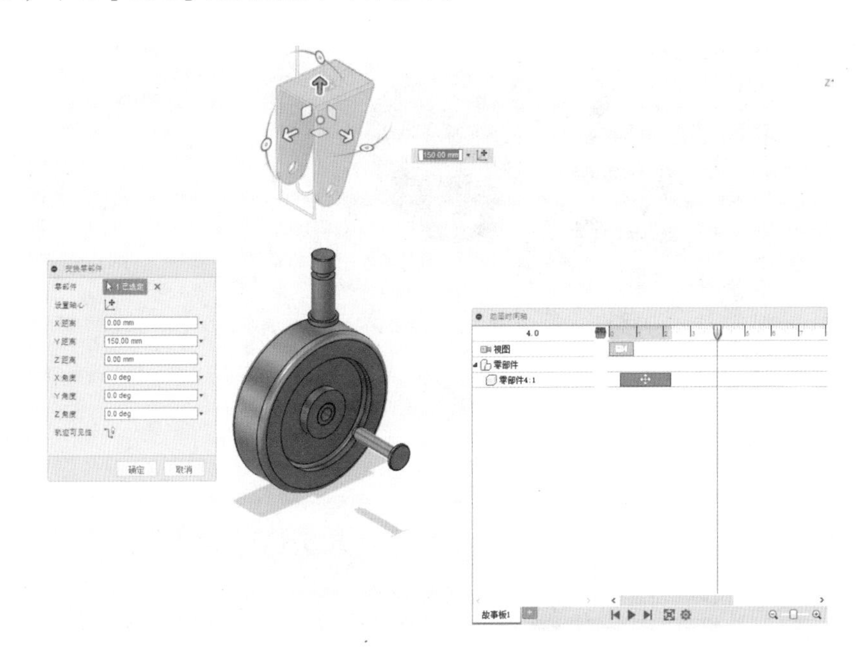

图 4-34 变换零部件 2

步骤 4 变换零部件 3

单击【变换】/【变换零部件】，选择图 4-35 所示零部件将【Y 距离】设为 “30mm”，单击【确定】完成变换零部件操作。

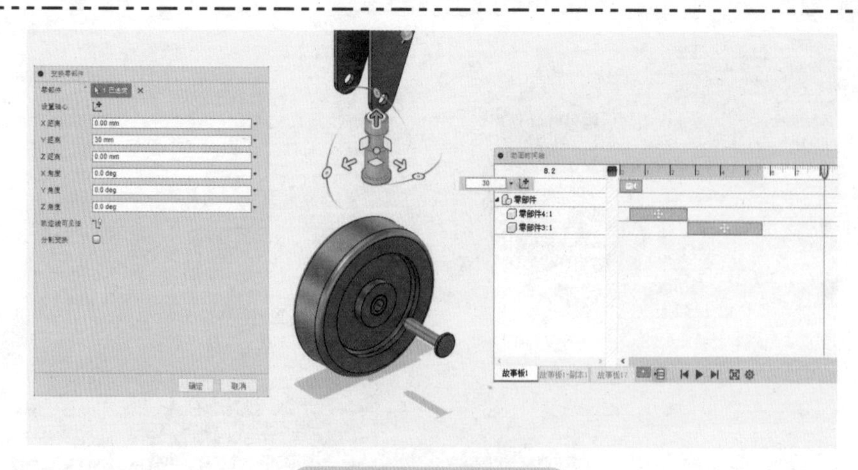

图 4-35　变换零部件 3

步骤 5　变换零部件 4

单击【变换】/【变换零部件】，选择图 4-36 所示零部件将【X 距离】设为“–60.00mm”，单击【确定】完成变换零部件操作。

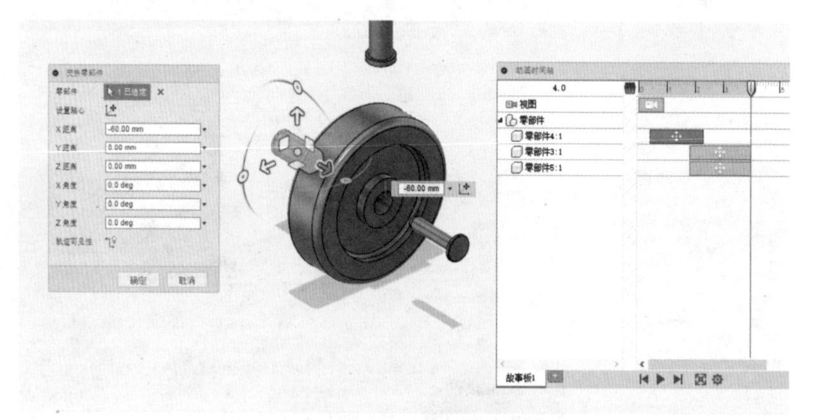

图 4-36　变换零部件 4

步骤 6　检查动画

所有零部件分解完成之后，检查时间轴上任意一段动作的开始和结束时间。修改时选中时间段，单击鼠标右键，更改持续时间及开始 / 结束时间即可，如图 4-37 所示。

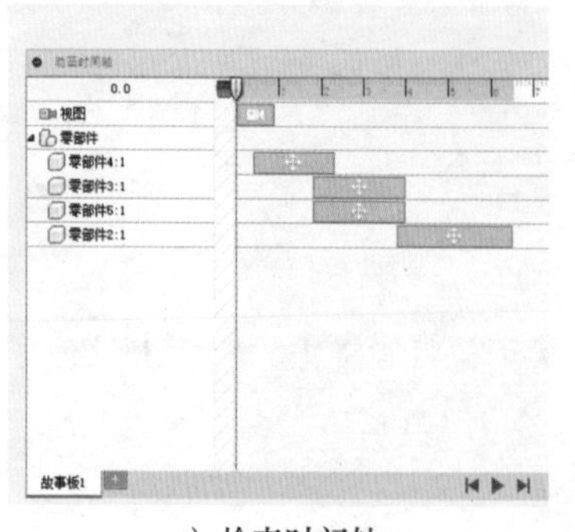

a）检查时间轴

b）更改时间

图 4-37　检查动画

小提示

任何一个时间段都可以编辑开始及结束时间，同时也可以通过鼠标拖动时间段图标的大小进行更改，注意在每次变换零部件之前，先把播放指针拖动到结束时间上。建议在时间轴上添加所需角度相机视图，以便说明零部件细节或者展示实例。

步骤7　显示/隐藏

在所有零部件分解过程中，可以添加显示或者隐藏，选择“零部件4:1”，单击【变换】/【显示/隐藏】，零部件下面的时间轴上会出现一个灯泡的图标，如图4-38所示。在灯泡图标上单击鼠标右键，选择【持续时间】以设置显示或隐藏的时间。或者将光标悬停在灯泡动作的任一端点，之后拖动以设置持续时间。也可输入开始和结束时间以定义过渡的持续时间，如图4-39所示。

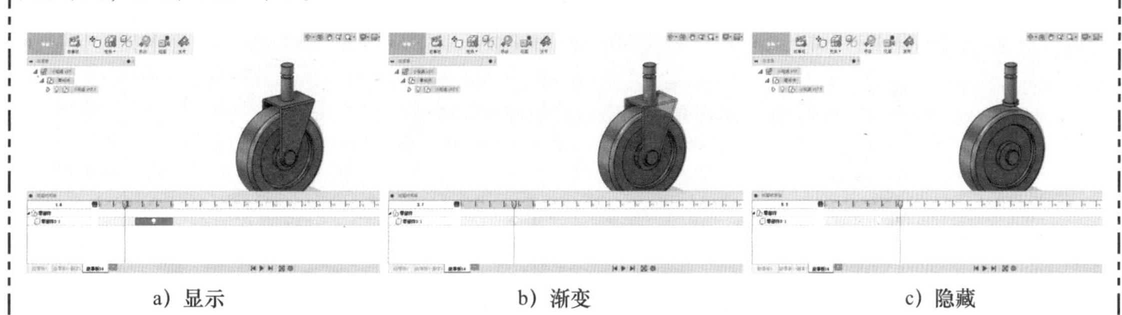

a）显示　　b）渐变　　c）隐藏

图4-38　显示/隐藏

小提示

从图标可以看出，在【显示/隐藏】命令中，持续时间是一个渐变过程，在持续时间结束时，零部件会完全隐藏。

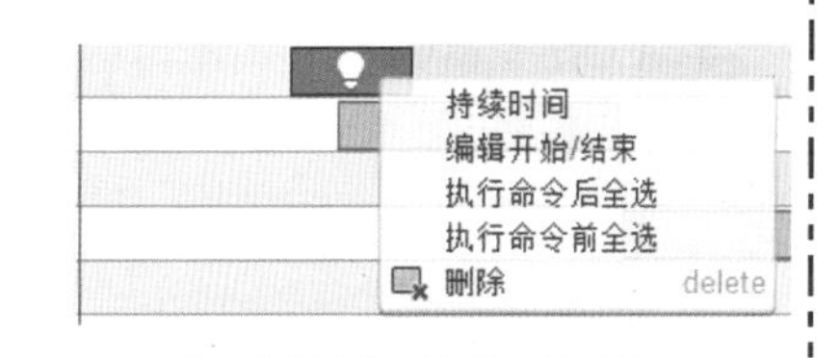

图4-39　编辑持续时间

步骤8　添加零部件隐藏

分别选择“零部件5:1”、“零部件3:1”与“零部件2:1”，单击【变换】/【显示/隐藏】，通过鼠标拖动灯泡图标的大小或在灯泡图标上单击右键，编辑显示或隐藏的持续时间，如图4-40所示，设置持续时间为1.2s。

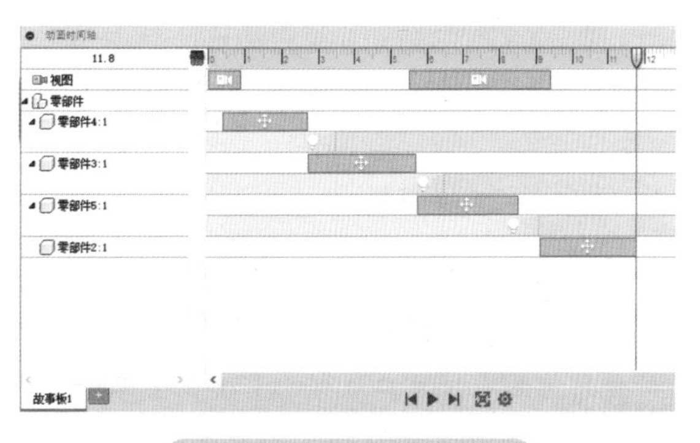

图4-40　添加零部件隐藏

步骤9　创建详图索引

单击【标注】，选择“零部件3:1”，输入标注详细内容，单击【√】，完成详图索引新建，如图4-41所示。检查时间轴上动画是否完整，并调整持续时间，如图4-42所示，完成“故事板1”。

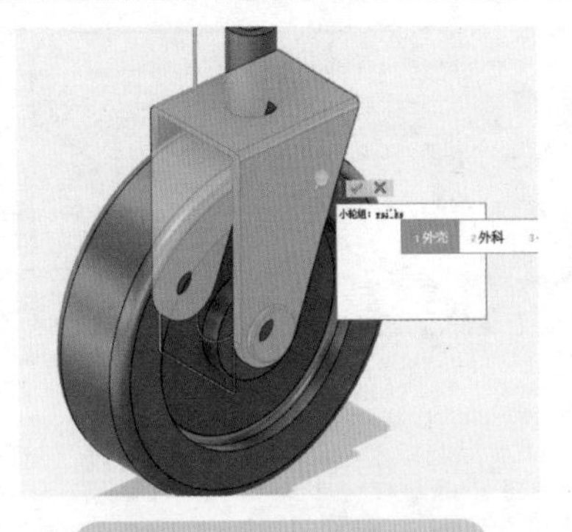

图 4-41 创建详图索引

图 4-42 调整持续时间

步骤 10 复制与反转故事板

右键单击“故事板 1”，复制故事板获得“故事板 1- 副本 1”，如图 4-43 所示。右键单击“故事板 1- 副本 1”选择【反转】，创建装配动画故事板，如图 4-44 所示。

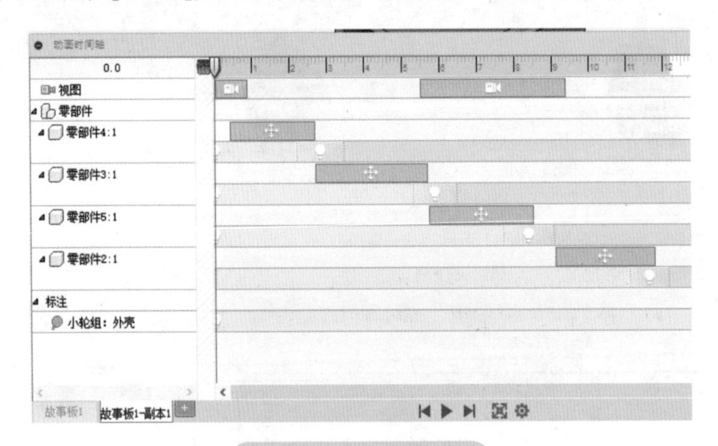

图 4-43 复制故事板

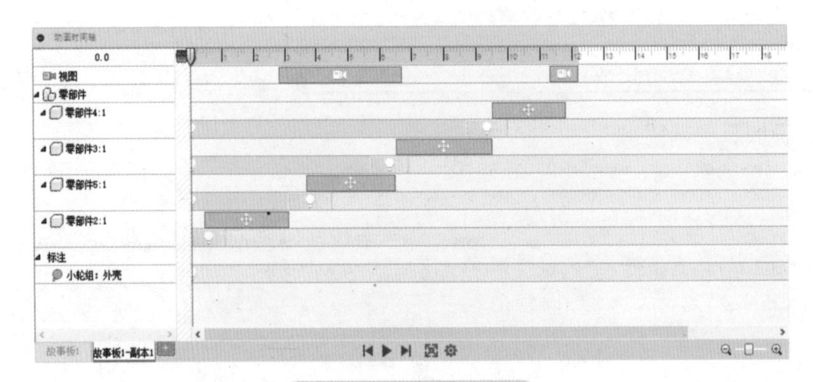

图 4-44 反转故事板

步骤 11 播放故事板

使用应用程序窗口底部的【播放】▶命令预览演示，如图 4-45 所示，详细说明见表 4-3。若要指定开始查看的时间，可将播放指针移至故事板上的相应位置，再单击【播放】▶即可。

图 4-45 播放选项

表 4-3 播放故事板

名称	图标	说明
开头	⏮	回到故事板开头
播放	▶	播放当前故事板
结尾	⏭	跳转到故事板结尾
全屏	⛶	使用全屏模式回放动画
设置	⚙	设置录制模式

小提示

动画制作过程中，每加一个相机镜头需要反复播放动画，测试效果。另外，添加【变换零部件】和【显示 / 隐藏】命令至动画时也需进行查看。

步骤 12 发布视频

单击【发布】弹出【视频选项】属性管理器。【视频范围】选择【所有故事板】,【视频分辨率】选择【1920×1080（16：9）】，单击【确定】，如图 4-46 所示。

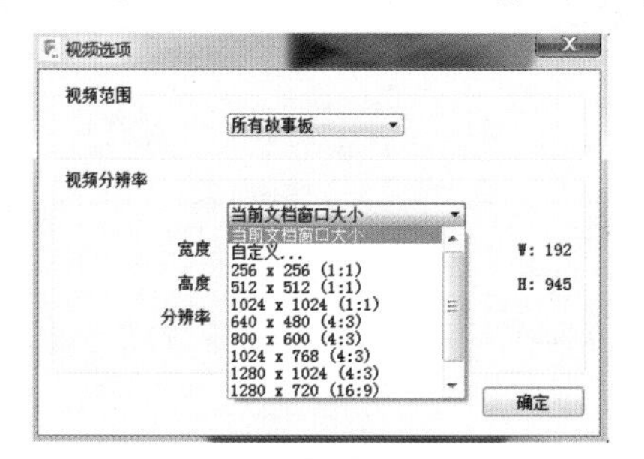

a）视频分辨率

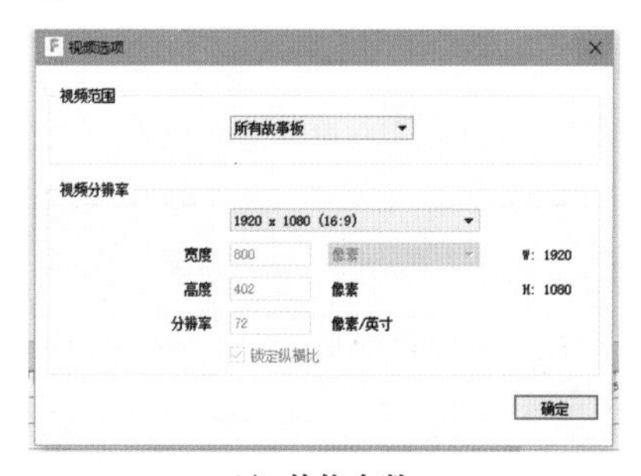

b）其他参数

图 4-46 发布视频

确认之后，即可导出视频。【类型】选择【AVI（*.avi）】，可选择是否保存到云端，勾选【保存到我的计算机】，即可将视频保存到本地磁盘，如图 4-47 所示。

另存为

名称

小轮组 v16

类型

AVI (*.avi)

保存到云中的项目

@qq.com's First Project › master › fusion360备书

Fusion tutorial

保存到我的计算机

取消 保存

图 4-47 另存为选项

勾选【保存到云中的项目】选项，上传完成后，视频将显示在云端数据面板中，如图4-48所示，单击【V1】，弹出视频信息。单击【在Web上打开详细信息】，将跳转到网页，如图4-49所示。

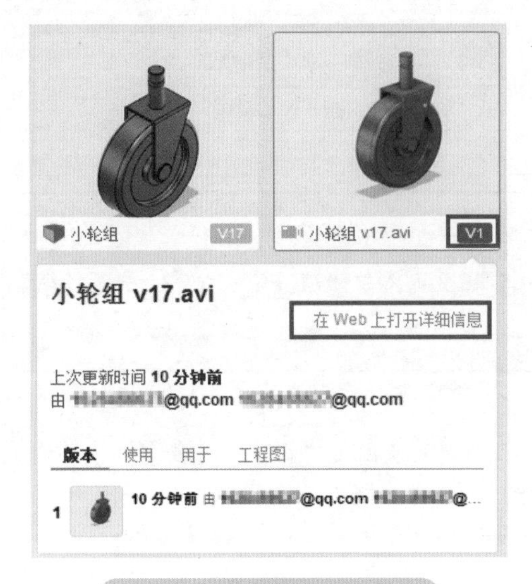

图4-48　云端数据面板显示

图4-49　网页动画播放

小提示

在网页中查看视频时，可以分享给好友以及发布到网站上，而好友无需安装软件即可查看，用户可以随时与好友或他人交流与分享已完成的设计创作。

相关知识

视频分辨率：各类显示器屏幕比例的常用设置，常见的屏幕比例只有三种：4:3、16:9和16:10，再加上一个特殊的5:4。我们常说的视频规格严格意义上来说不是分辨率，而是视频宽和高的像素值。

课堂练习

1. 了解零部件与实体的差别，并应用到建模当中。
2. 根据学习内容创建装配零部件。
3. 使用装配零部件制作动画预演。

第5章 仿真工作空间

学习目标

1. 了解仿真模块操作空间布局及功能。
2. 分辨和使用仿真模块的工具进行测试与演示。
3. 根据反馈模拟信息进行模型修改。

5.1 仿真类型介绍

在仿真工作空间中，设计师可使用应力（静态、非线性静态和运动仿真）、模态、屈曲、热、热应力和形状优化分析，了解载荷如何导致变形和失效，温度分布和热引起的应力，以及固有振动频率以避免产生共振。

设计师通过使用数字化仿真运算，可以大大减少物理实验次数和产品迭代时间，减少物理原型制作成本和试错成本，缩短产品上市时间和投资风险。

Fusion 360 的仿真分析采用了业界知名的 Nastran 求解器，效果非常直观，特别适合三维设计爱好者和非仿真专业的设计人员使用。Fusion 360 仿真分析都可在云端进行，因此大大降低了对计算机终端的配置要求；同时，与传统桌面仿真分析相比，其分析时间大大缩短。

Fusion 360 在仿真工作空间共有八种分析类型，每种分别有详细的介绍，如图 5-1 所示。

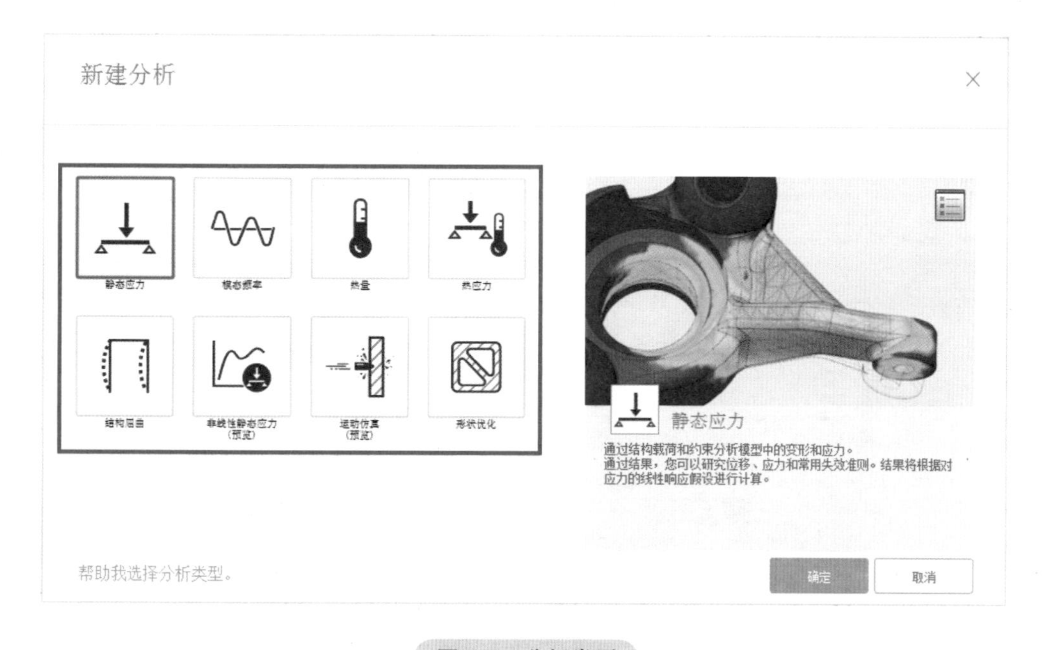

图 5-1 分析类型

仿真分析流程如下所示：

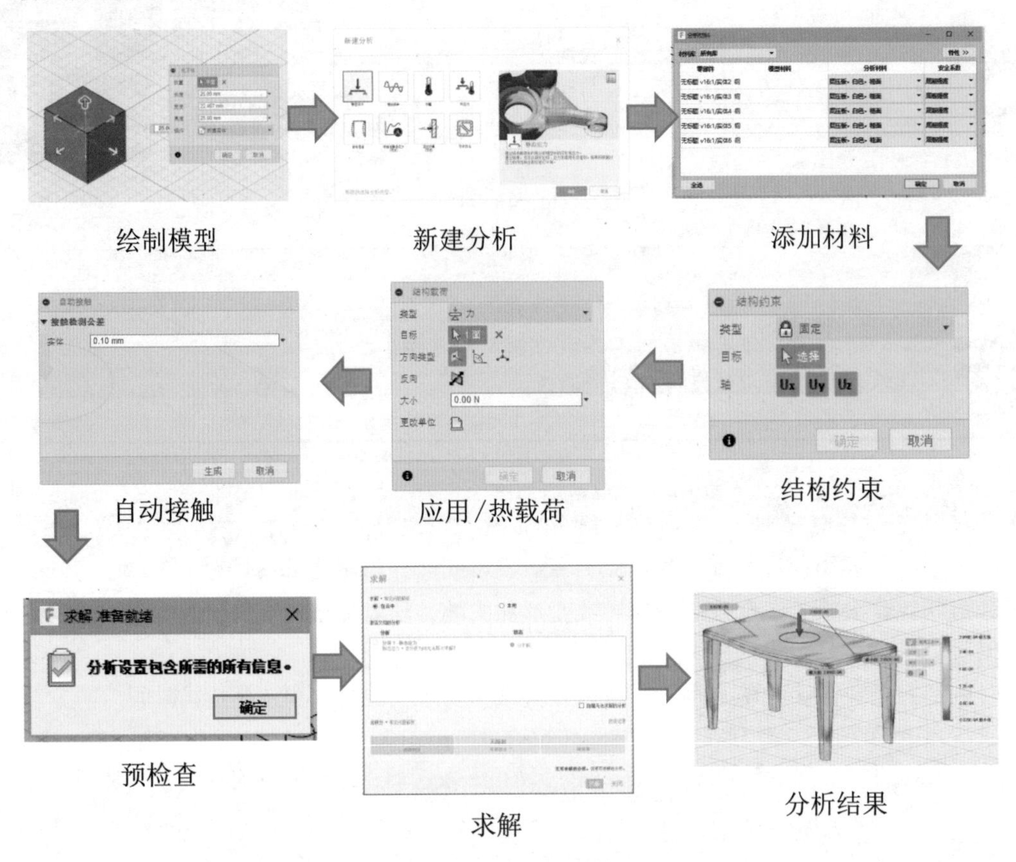

以下示范案例模型参照 Autodesk Fusion 社区。

1. 静态应力　物体由于外因（受力、湿度、温度场变化等）而变形时，物体内各部分之间产生相互作用的内力以抵抗外力，并试图使物体从变形后的位置恢复到之前，如图 5-2 所示。

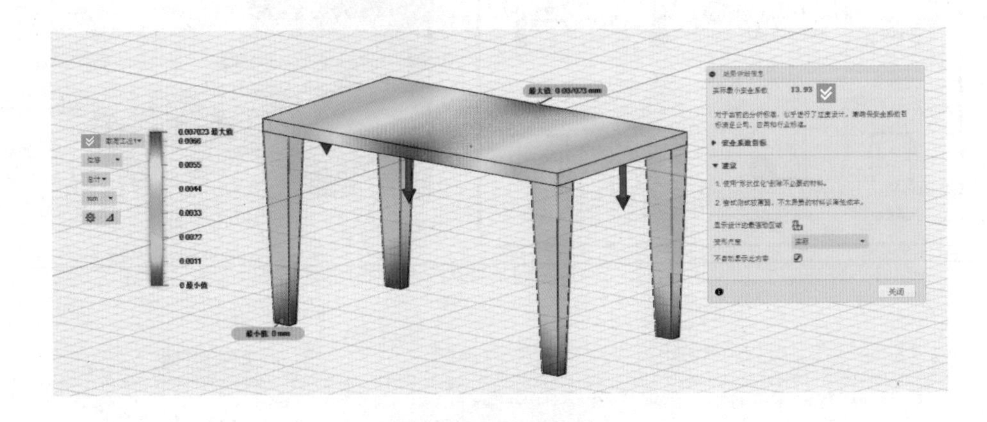

图 5-2　静态应力

小提示

设计师可以增大静态载荷以考虑瞬态或惯性效应。对于基于惯性效应的实际求解，须进行运动仿真分析。

2. 模态频率　当结构受到施加的力、加速度或位移的刺激时，会呈现多个固有频率的振动。结构按照特定固有频率移动的方式称为振型。振型包含弯曲、扭曲、拉伸和压缩，或者这些效应的组合（例如，火车驶过铁轨后，铁轨持续振动的状态），如图 5-3 所示。

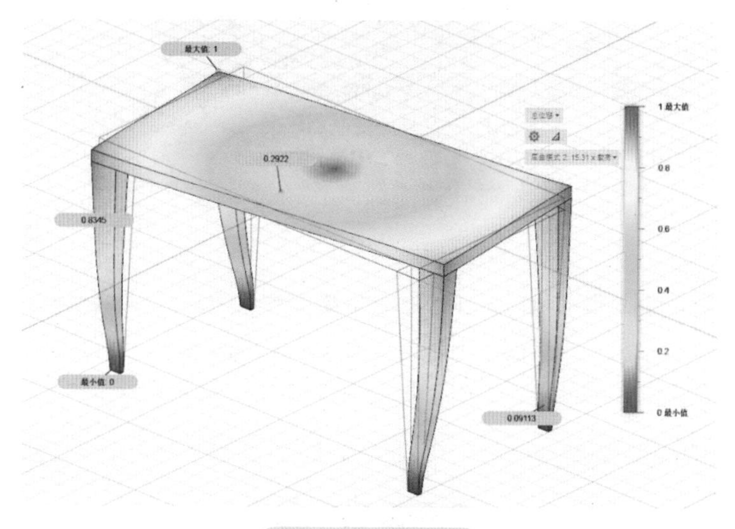

图 5-3　模态频率

3. 结构屈曲　结构件受到高压缩应力时发生的失效。即使压缩应力低于材料的极限压缩应力，细长的薄柱也会发生屈曲。一旦几何形状开始变形，它将不能再承受一点点初始力（例如，皮筋或弹簧最大拉伸范围临界点的状态），如图 5-4 所示。

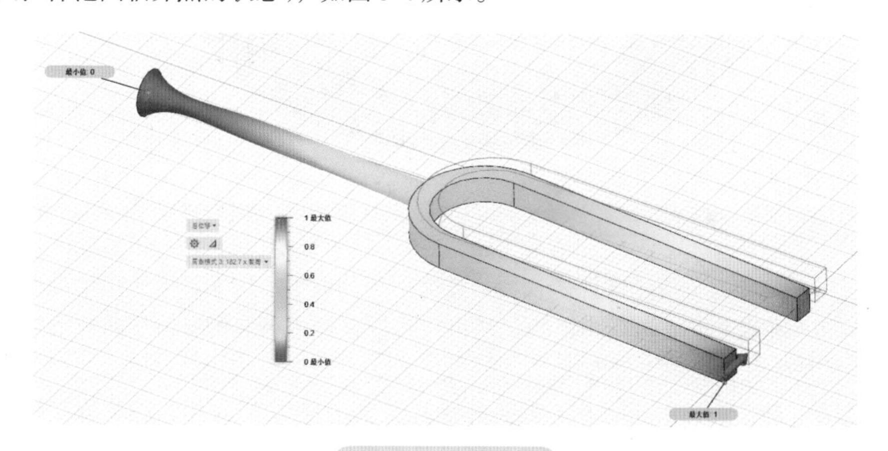

图 5-4　结构屈曲

4. 热量　用热力学或物理参数随温度变化的关系进行分析的方法。例如，图 5-5 所示的水杯热量分析图，颜色越偏向红色温度越高，越偏向蓝色温度越低。我们可以通过分析热量的分布来优化设计。

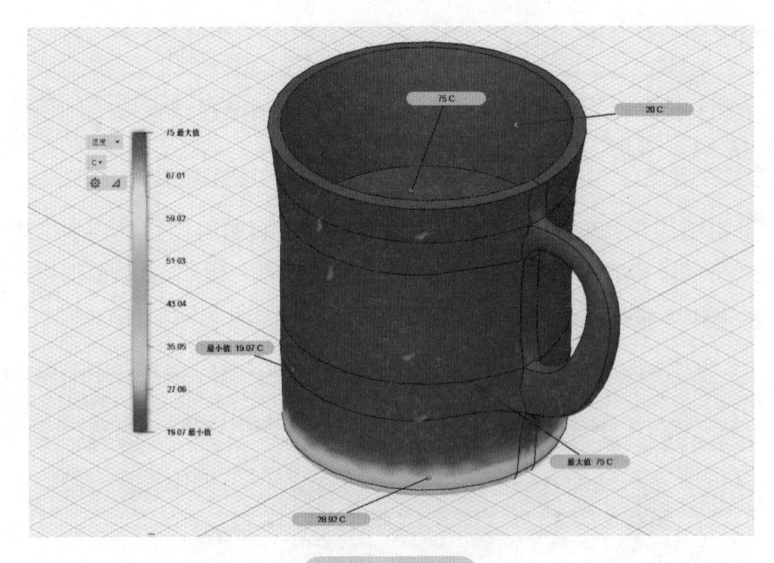

图 5-5　热量

5. 热应力　温度应力又称为热应力，它是由于构件受热不均匀导致温度差异，引起各处膨胀变形或收缩变形不一致，相互约束而产生的内应力。当温度改变时，物体由于外在约束以及内部各部分之间相互约束，使其不能完全自由胀缩而产生的应力，又称变温应力，如图 5-6 所示。

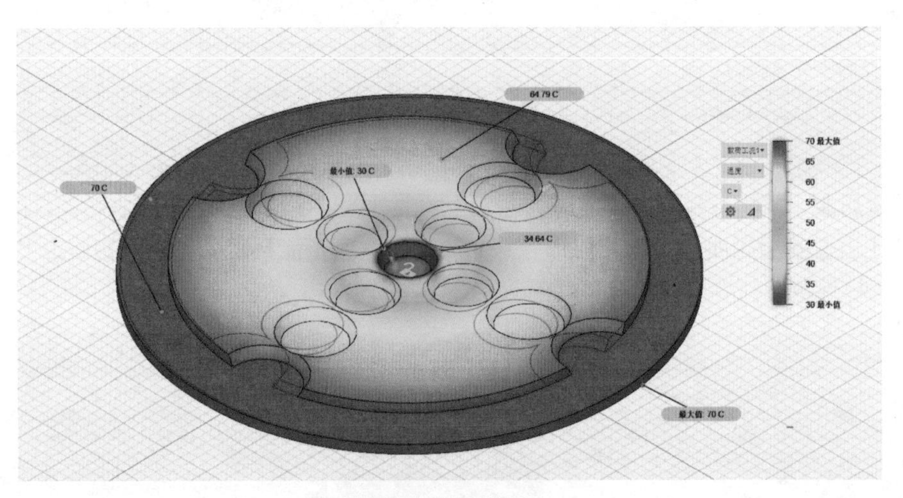

图 5-6　热应力

热应力分析：热应力分析用于评估某种热载荷引起的应力。例如，由于温度的变化，零件是否会翘曲？零部件在承受热载荷后，是否仍然可以按照设计进行装配？使用热应力分析可以了解这些载荷产生的应力如何影响零件寿命。

6. 运动仿真　确定设计对于运动（包括初始速度）、撞击和时间相关的载荷与约束的响应方式。结果包括在指定时间内的位移、应力、应变及其他测量值。由于此仿真类型具有以上特征，功能多为非线性静态应力分析，并不是经常用到，因此，这里我们仅做说明。

7. 形状优化　设计师通过优化模型负荷以及受力面的结构问题，在达到节省材料以及空间目的的同时满足设计需求，如图 5-7 所示。

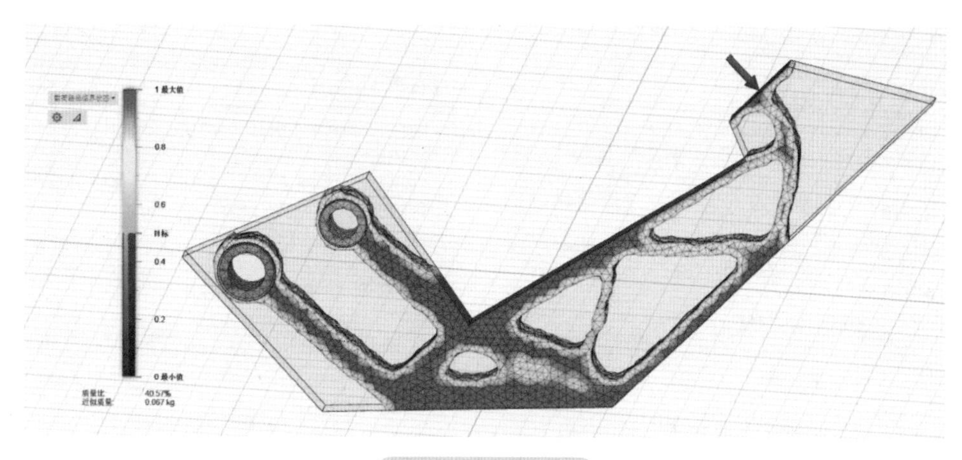

图 5-7 形状优化

形状优化的作用：基于指定约束和载荷最大化零件的刚度，提供智能的解决策略，指导模型设计。

适用于优化的实例：工业零部件、受力载体、桥梁结构、支架结构等。

5.2 仿真工作空间命令介绍

5.2.1 材料

单击【材料】/【分析材料】，弹出【分析材料】属性管理器。在【分析材料】栏中选择所需材料，其材料特性参考值如图 5-8 所示，常见材料库中设有 ABS 塑料、不锈钢、PVC 管等。

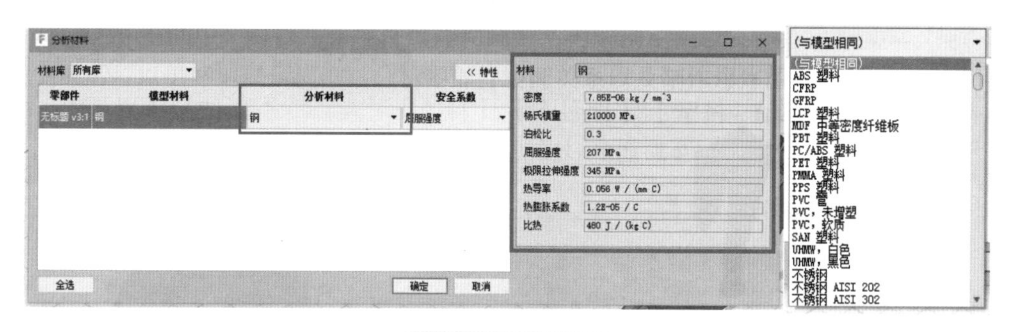

图 5-8 分析材料

小提示

零部件包括模型在内，其默认材料为钢。在分析开始前，如需其他材料，可及时更改。同样，在默认情况下，材料将指定用于仿真模型中的所有零件。用于仿真分析的指定材料不同于在模型工作空间中指定的材料。

在【材料特性】选项中，列举出了一些常用的材料物理特性，例如“密度”“屈服强度”“极限拉伸强度”“热导率”“比热”等，供设计师参考查阅，如图 5-9 所示。

材料特性

材料	ABS 塑料
密度	1.06E-06 kg / mm^3
杨氏模量	2240 MPa
泊松比	0.38
屈服强度	20 MPa
极限拉伸强度	29.6 MPa
热导率	1.6E-04 W / (mm C)
热膨胀系数	8.57E-05 / C
比热	1500 J / (kg C)

关闭

a) ABS 塑料特性

材料特性

材料	PPS 塑料
密度	1.637E-06 kg / mm^3
杨氏模量	2700 MPa
泊松比	0.4
屈服强度	68.9 MPa
极限拉伸强度	82.7 MPa
热导率	2.7E-04 W / (mm C)
热膨胀系数	1.55E-05 / C
比热	1412 J / (kg C)

关闭

b) PPS 塑料特性

材料特性

材料	橡胶
密度	9.3E-07 kg / mm^3
杨氏模量	3 MPa
泊松比	0.5
屈服强度	21 MPa
极限拉伸强度	27.6 MPa
热导率	1.4E-04 W / (mm C)
热膨胀系数	6.7E-06 / C
比热	1880 J / (kg C)

关闭

c) 橡胶特性

图 5-9 材料特性

【材料】/【管理物理材料】选项中，如同渲染工作空间中的物理材料一样，每一种材料的颜色、发射率、浮雕图案以及物理特性均可以编辑。软件提供常用材料收藏夹，方便设计师使用，如图 5-10 所示。

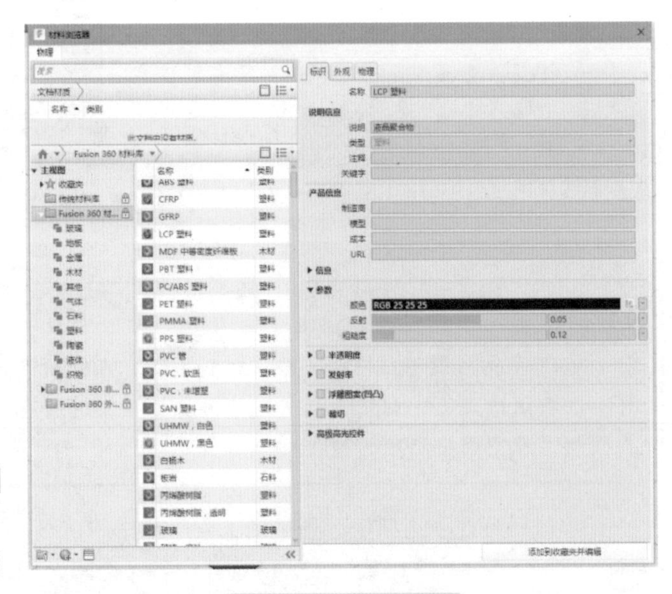

图 5-10 材料浏览器

5.2.2 结构约束

结构约束用于限定或限制模型的位移。

单击【约束】/【结构约束】，弹出【结构约束】属性管理器，【类型】选项分为【固定】、【固定】（销连接）、【无摩擦】、【规定位移】四种，如图 5-11 所示。

a）约束类型选择

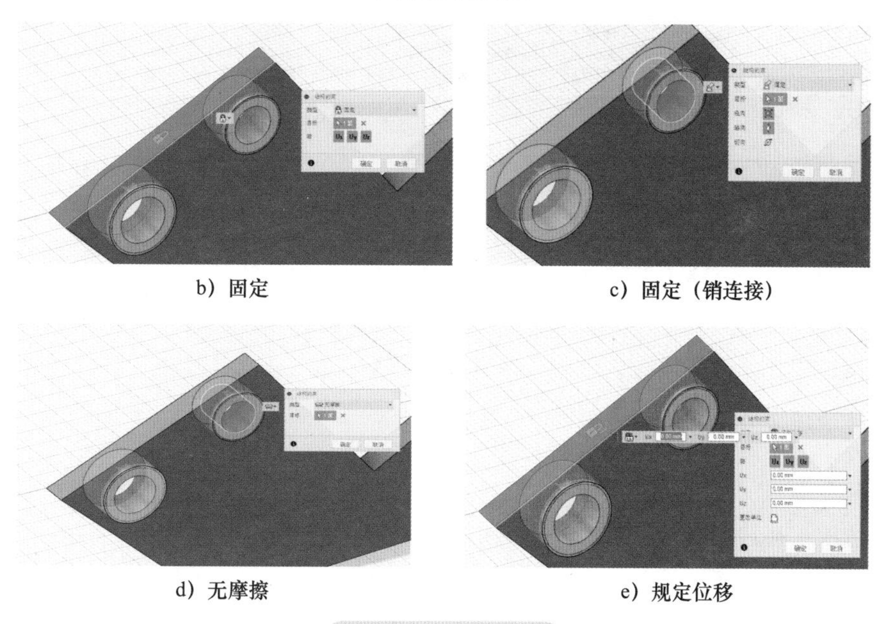

b）固定　　c）固定（销连接）

d）无摩擦　　e）规定位移

图 5-11　约束类型

（1）固定：删除自由度。固定约束可防止面、边或顶点发生移动或变形。

（2）固定（销连接）：在选定的圆柱面组合上应用转动约束。

1）径向：圆柱面无法在圆柱体径向方向上移动或变形。

2）轴向：圆柱面无法在轴向方向上移动。

3）切向：圆柱面无法在切向方向上旋转。

（3）无摩擦：无摩擦约束可防止曲面在曲面相对的法向方向上移动或变形。曲面可以在应用无摩擦约束的切线方向上自由旋转、移动或变形。

（4）规定位移：将固定约束应用到选定的面、边或顶点上。在特定方向上移动一个或多个实体，它们使模型按照特定的量和方向移动。

小提示

三个轴按钮用于定义某个方向被完全固定。默认情况下，所有方向都被完全固定，也就是说，所有按钮都处于选中状态。单击选中某个按钮可以取消固定方向。在规定位移中，U_x、U_y、U_z均使用矢量分量定义位移。

5.2.3 载荷

1. 结构载荷　指仿真工作空间分析过程中，添加到零部件或实体上的力。零部件会出现应力、变形和位移现象，如图 5-12 所示，施加力为 100N。

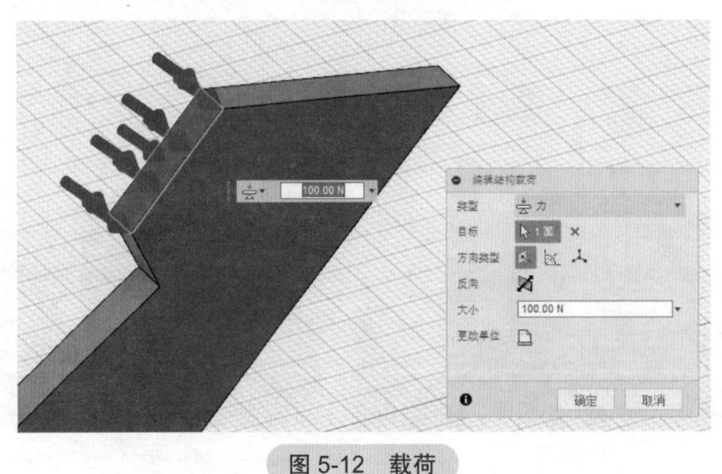

图 5-12　载荷

在产品设计中，分析产品的载荷在临界值上或下非常重要，这样可以了解产品对于这些载荷的响应，以便在适当的安全系数内构建产品。Fusion 360 能够将产品对载荷的响应视觉化，从而更好地控制设计。

2. 结构载荷类型

（1）力选项：在选定的面、边或顶点应用指定大小的力，单位默认为 N。

> **小提示**
>
> 添加力时默认均匀分布，例如选择 2 个面，输入值为“100N”，则每个面载荷均为 100N。如需要局部受力，【方向类型】选择【角度】，选中【限制目标】，指定载荷区域半径即可。

（2）压力选项：在选定的面应用指定大小的压力（每单位面积的力），单位默认为 MPa。

（3）力矩选项：在选定的一个或多个面应用指定大小的力矩载荷，单位默认为 N · mm。

> **小提示**
>
> Fusion 360 可以计算选定面的质心。力矩的轴平行于指定的方向，穿过质心，并沿着面进行力的分配，从而生成指定的力矩。默认的力矩轴方向垂直于选定的面。

（4）远程力选项：在模型工作空间以外的点施加的力，用于测试模型某表面、某边或某顶点的压力，单位默认为 N。

（5）轴承载荷选项：按照抛物线的分布方式，在选定的面应用指定大小的力，单位默认为 N。

（6）流体静压选项：在选定的面应用线性变化应力，呈现压力是如何随流体深度的增加而增加的，流体密度的单位默认为 kg/mm^3。

3. 全局载荷作用　加速度力作用于承受线性加速度、角加速度或以稳态角速度旋转的质量上，力与材料的质量成比例。全局载荷对质量为零的材料不起作用。

5.2.4　求解

在求解之前，需要进行预检查，帮助设计师满足最初的建模需求，从而对分析求解。如图 5-13 与图 5-14 所示，如不满足条件，Fusion 360 在求解时，将给出分析以及修改意见。如果出现感叹号，则表示存在潜在问题，可能影响求解结果，此时建议修改输入。

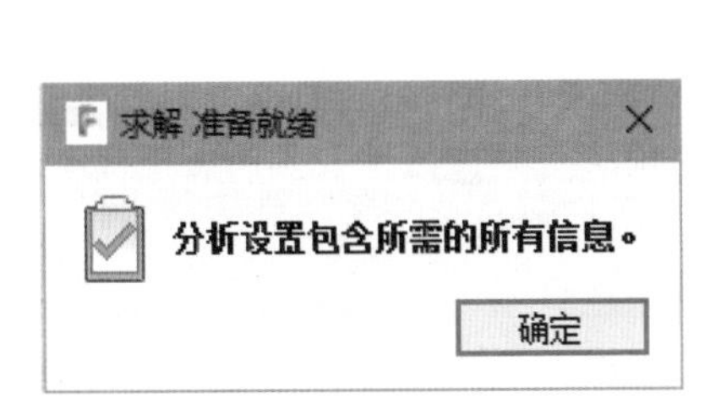

图 5-13　求解

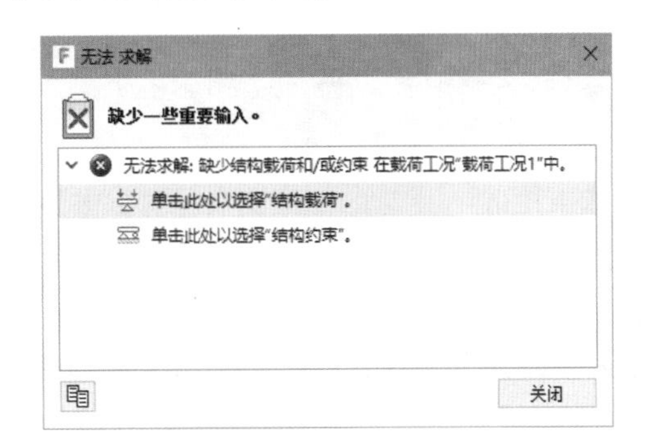

图 5-14　无法求解

预检查完成之后，单击【求解】，弹出【求解】对话框。此处，同样提供云端和本地两种模式（旗舰版 Ultimate 仿真分析都在云端），在分析界面，Fusion 360 提供用于解决常见问题的帮助链接，也可以参考论坛及官网说明，如图 5-15 所示。

① 求解的云积分成本。

② 提示您现有的云积分余额，在此框中也可以显示消息。

③ 用户单击【求解】后，通知账户剩余积分。

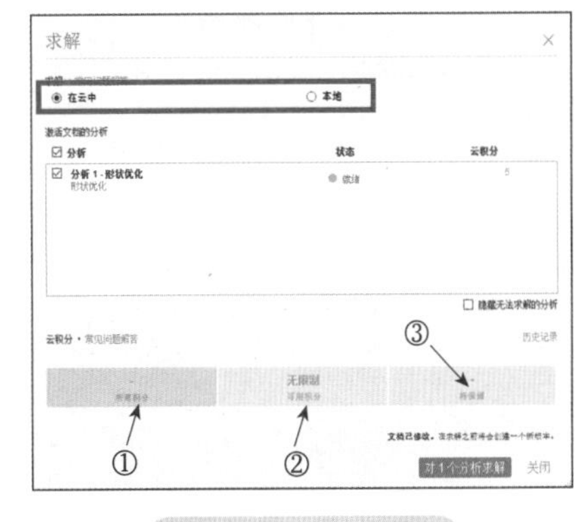

图 5-15　云端求解

> **小提示**
>
> 某些分析类型只能在云端求解，如结构屈曲、非线性静态应力、运动仿真和形状优化（在尝试本地求解时，这些分析将会呈灰色显示，无法选择）。云端分析可以执行多个任务，而本地一次只能执行一个。

5.3　仿真案例分析

5.3.1　静态应力分析

1. 案例流程　绘制模型→新建分析→添加材料→应用约束→应用载荷→自动接触→预检查→求解→分析。

2. 案例目标　通过学习静态应力分析，测试写字桌的承重能力。如图 5-16 所示，在载荷约为 50N 的情况下，检测写字桌的形变过程，以便调整。

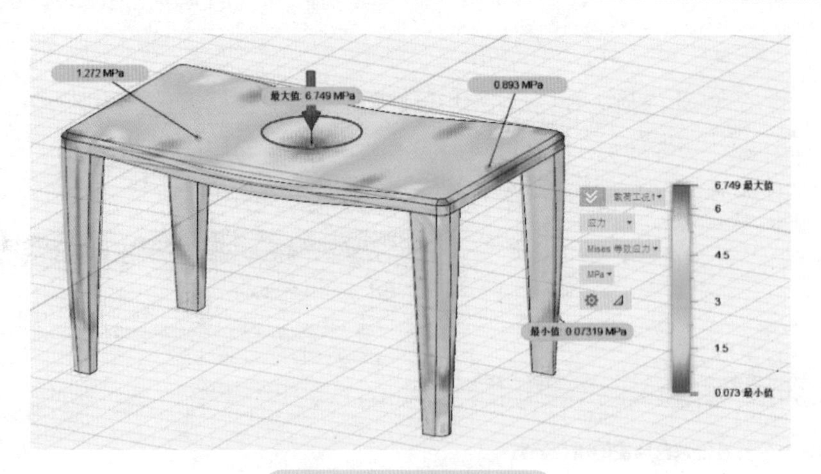

图 5-16　静态应力分析

步骤 1　绘制模型

在模型工作空间中，使用基本草图工具绘制初步模型，如图 5-17 所示。

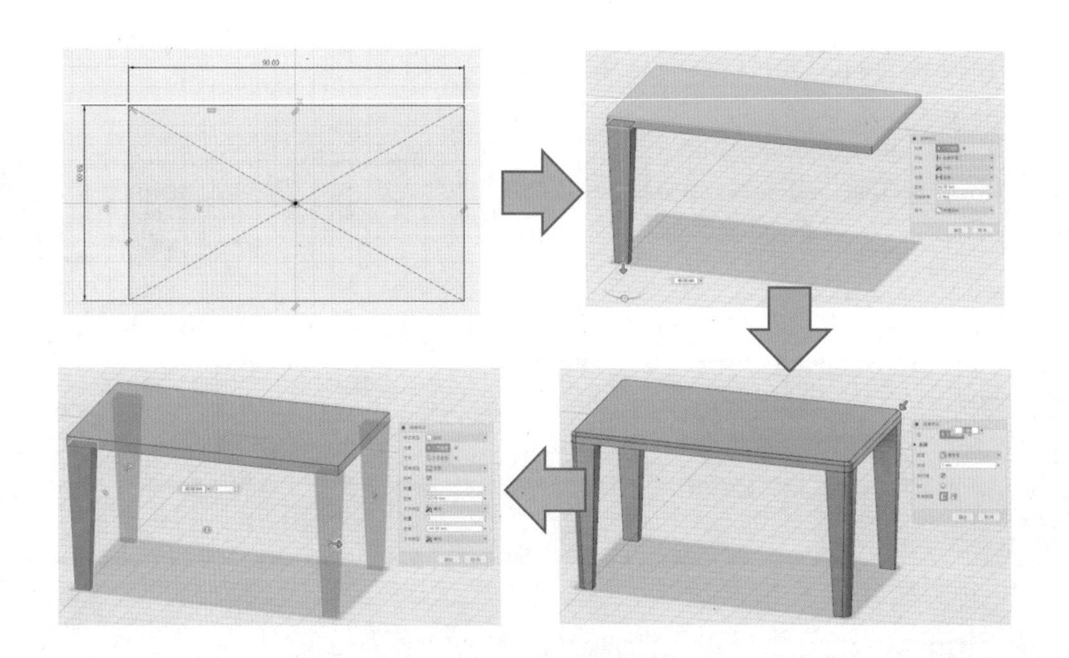

图 5-17　绘制模型

步骤 2　创建静态应力分析

切换至仿真工作空间，单击【分析】，弹出【新建分析】对话框。选择【静态应力】，单击【确定】，如图 5-18 所示。

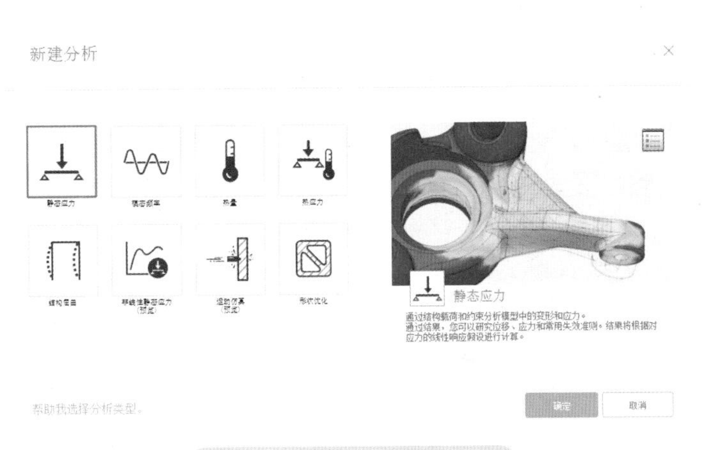

图 5-18　创建静态应力分析

步骤 3　添加材料

单击【材料】/【分析材料】，弹出【分析材料】属性管理器。在【分析材料】选项中，桌面选择【层压板，白色，粗面】，桌腿结构选择【铝 1100-H14】，检查对应特性是否符合要求，单击【确定】，如图 5-19 所示。

图 5-19　添加材料

步骤 4　应用约束

单击【约束】/【结构约束】，弹出【结构约束】属性管理器。【目标】选择 4 个桌腿底面，锁定三个方向的轴，单击【确定】，如图 5-20 所示。

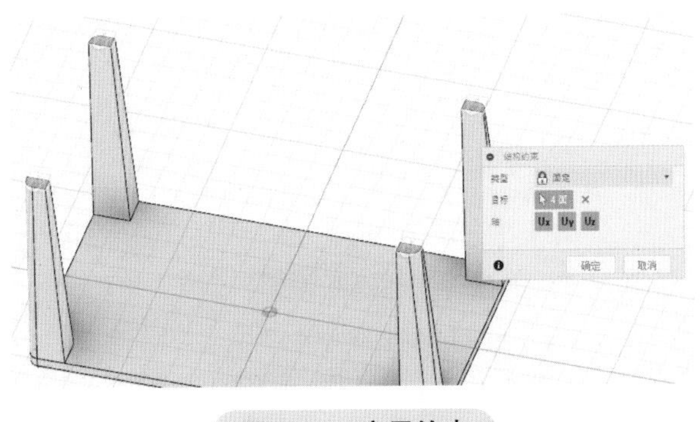

图 5-20　应用约束

步骤 5　应用载荷

单击【载荷】/【结构载荷】，弹出【结构载荷】属性管理器。【类型】选择【力】,【目标】选择添加力的面,【方向类型】选择【角度】，选中【限制目标】,【半径】输入值“10.00mm”,【大小】输入值“50N”，如图 5-21 所示。

步骤 6　自动接触

单击【接触】/【自动接触】，弹出【自动接触】属性管理器。【接触检测公差】设置为“0.10mm”，单击【生成】，如图 5-22 所示。

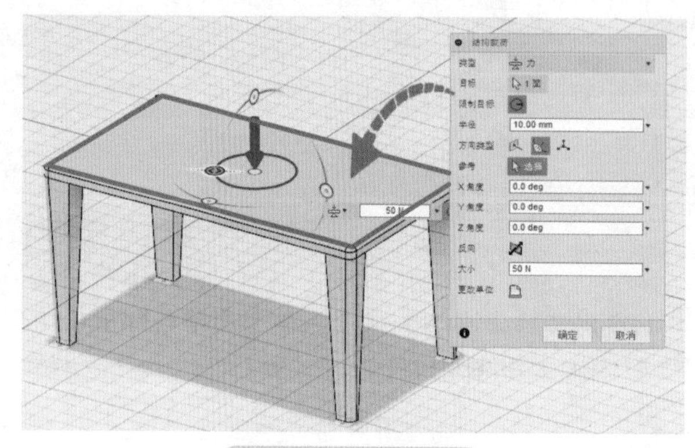

图 5-21　应用载荷

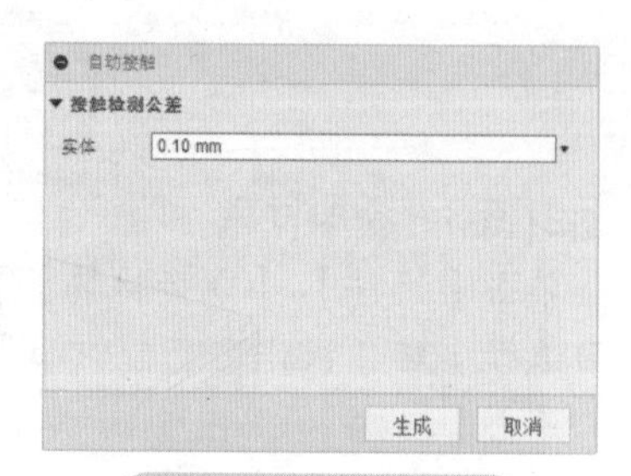

图 5-22　自动接触

小提示

未设置接触前，预检查提示是有问题的，可能影响求解结果，但 Fusion 360 中有列出可能存在的问题及相应的解决办法，如图 5-23 所示。

步骤 7　预检查

单击【求解】/【预检查】，弹出【求解 准备就绪】对话框。预检查完成，如图 5-24 所示。

步骤 8　求解

单击【求解】，弹出【求解】对话框。选择【在云中】选项，当【状态】显示为【就绪】，即可单击【对 1 个分析求解】，如图 5-25 所示。

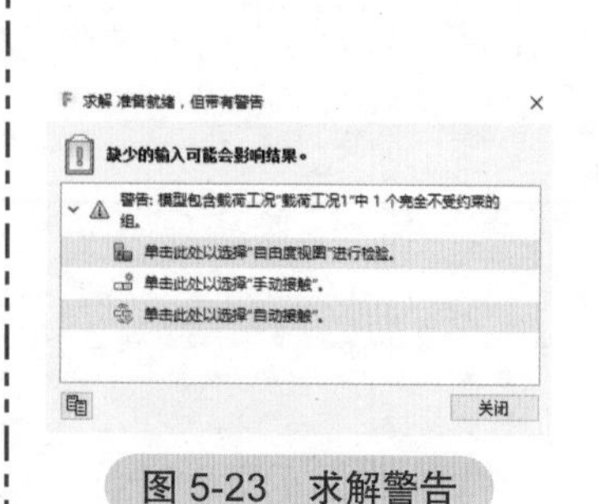

图 5-23　求解警告

图 5-24　预检查

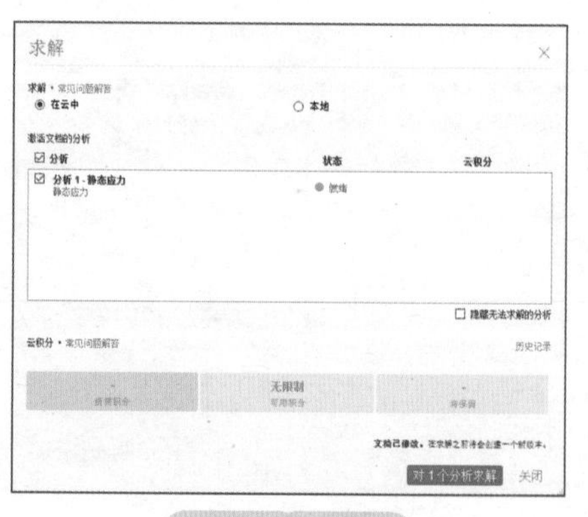

图 5-25　求解

步骤 9　分析结果

得到分析结果后，图 5-26a 所示下拉列表中有安全系数、应力、位移、反作用力、应变、接触压力 6 个选项。设计师可以根据这些参数判断模型是否存在问题，如图 5-26 所示。

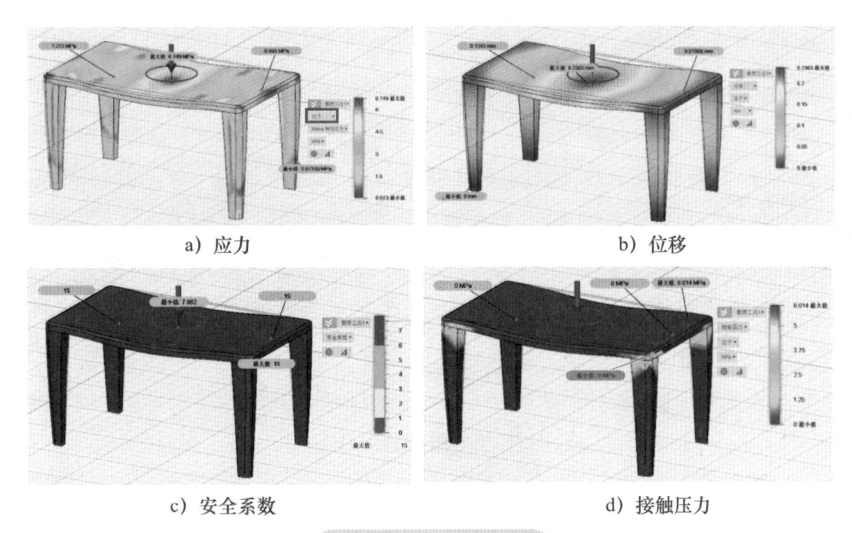

a）应力　b）位移

c）安全系数　d）接触压力

图 5-26　分析结果

就安全系数而言，单击【载荷工况 1】，弹出【结果详细信息】对话框。Fusion 360 建议：对于当前的分析标准，似乎进行了过度设计，请确保安全系数目标满足公司、应用和行业标准，如图 5-27 所示。设计师可以根据以上分析及建议修改零部件，从而更快地投入生产，减少中间环节。

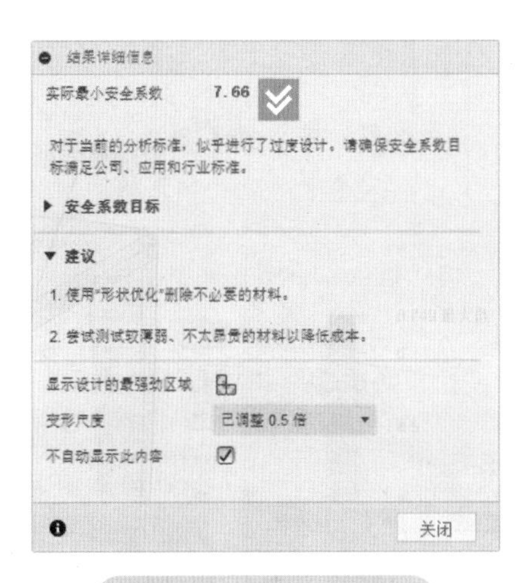

图 5-27　结果详细信息

5.3.2　模态频率分析

1. 案例流程　绘制模型→新建分析→添加材料→应用约束→预检查→求解→分析。

2. 案例目标　通过学习模态频率分析，测试音叉发音与音叉长度的关系。如图 5-28 所示，在载荷约为 10N 的情况下，检测音叉的形变过程，以便调整。

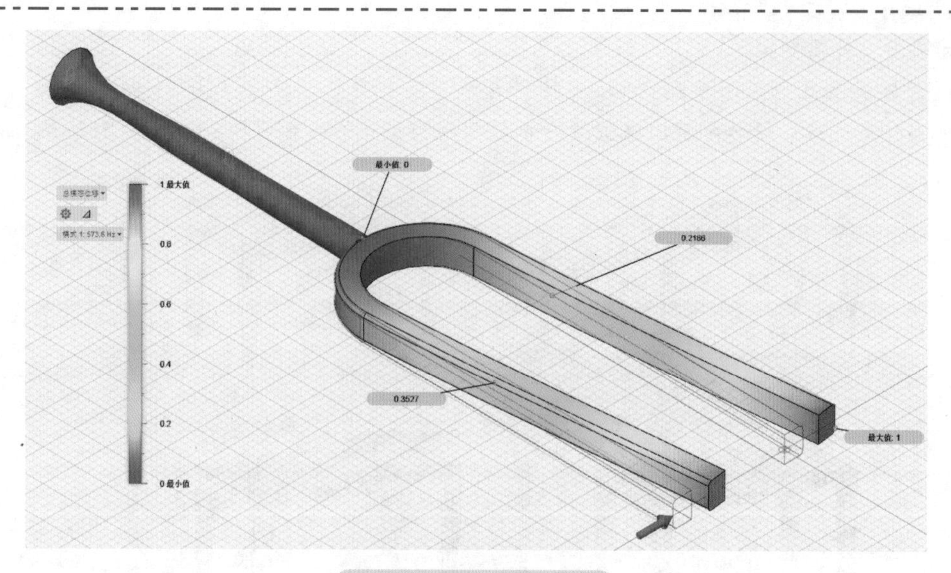

图 5-28　模态频率分析

步骤 1　绘制模型

在模型工作空间中，使用基本草图工具绘制初步模型，如图 5-29 所示。

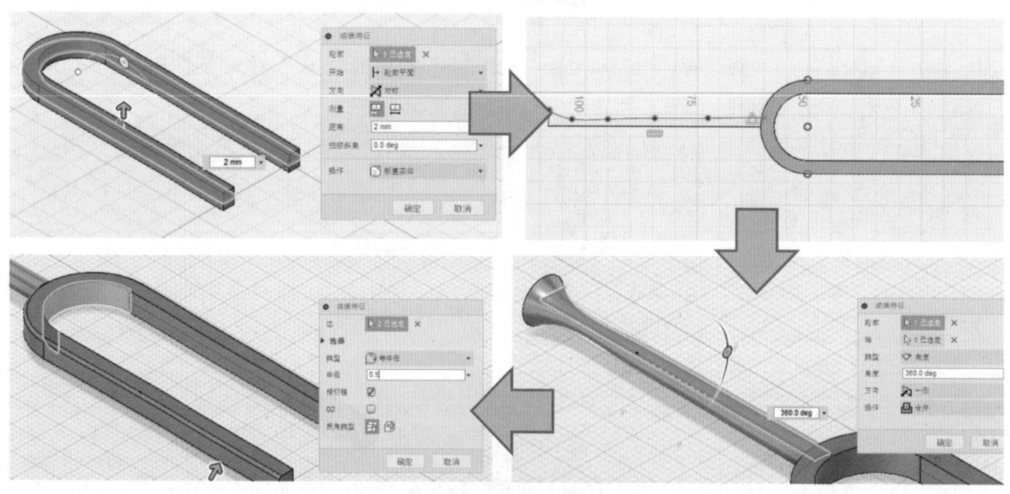

图 5-29　绘制模型

步骤 2　创建模态频率分析

切换至仿真工作空间，单击【分析】，弹出【新建分析】对话框。选择【模态频率】，单击【确定】，如图 5-30 所示。

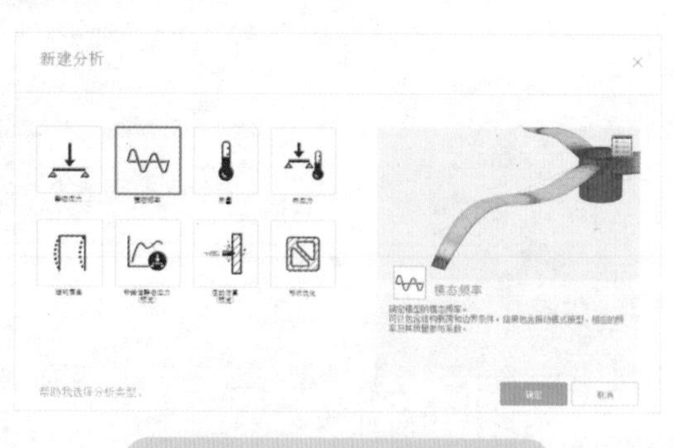

图 5-30　创建模态频率分析

步骤 3　添加材料

单击【材料】/【分析材料】，弹出【分析材料】属性管理器。【分析材料】选项选择【不锈钢】，检查对应特性是否符合要求，单击【确定】，如图 5-31 所示。

图 5-31 添加材料

步骤 4 应用约束

单击【约束】/【结构约束】，弹出【结构约束】属性管理器。【目标】选择音叉底面以及把手部分，从三个方向锁定轴，单击【确定】，如图 5-32 所示。

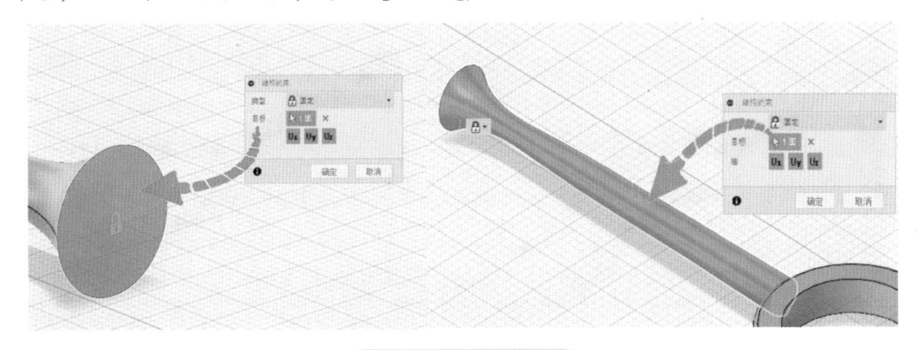

图 5-32 应用约束

步骤 5 预检查

单击【求解】/【预检查】，弹出【求解 准备就绪】对话框。预检查完成，如图 5-33 所示。

步骤 6 求解

单击【求解】，弹出【求解】对话框。选择【在云中】选项，当【状态】显示为【就绪】，即可单击【对 1 个分析求解】，如图 5-34 所示。

图 5-33 预检查

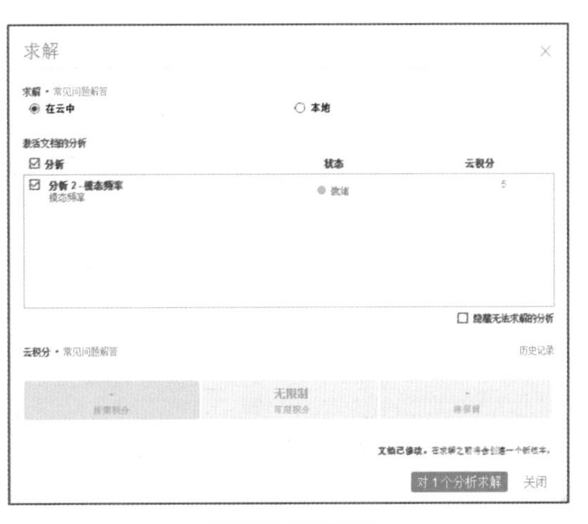

图 5-34 求解

步骤 7　分析结果

得到分析结果后，图 5-35a 所示下拉列表中显示多个模式，各模式频率不同。经过判断，对于其中一些模式并没有什么实质的用途，而在模式 1 中，音叉发出了 573.6Hz 的高音，符合设计师需求的结果即为成功。另外，可通过改变音叉的长度来对比发声频率。

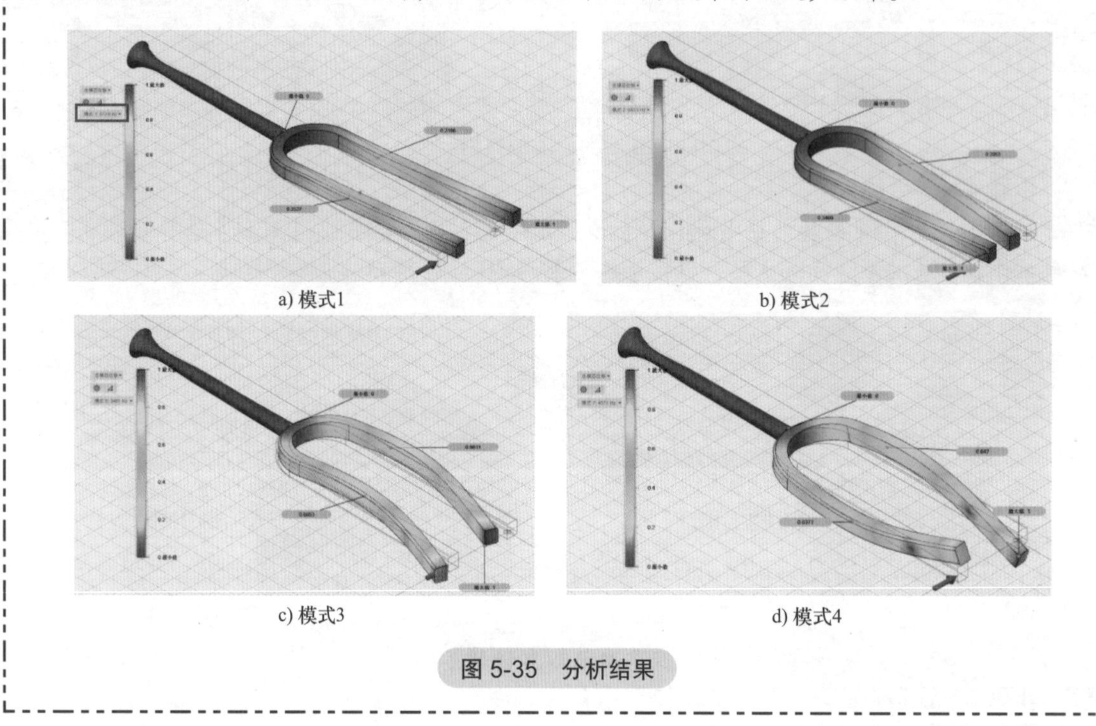

a) 模式1　　b) 模式2

c) 模式3　　d) 模式4

图 5-35　分析结果

5.3.3　结构屈曲分析

1. 案例流程　绘制模型→新建分析→添加材料→应用约束→应用载荷→自动接触→预检查→求解→分析。

2. 案例目标　通过学习结构屈曲分析，测试桌子在承受载荷后的位移效果，检验模型是否合格。如图 5-36 所示，在载荷约为 20N 的情况下，检测写字桌的形变过程，以便调整。

图 5-36　结构屈曲分析

步骤 1　绘制模型

在模型工作空间中，使用基本草图工具绘制初步模型，如图 5-37 所示。

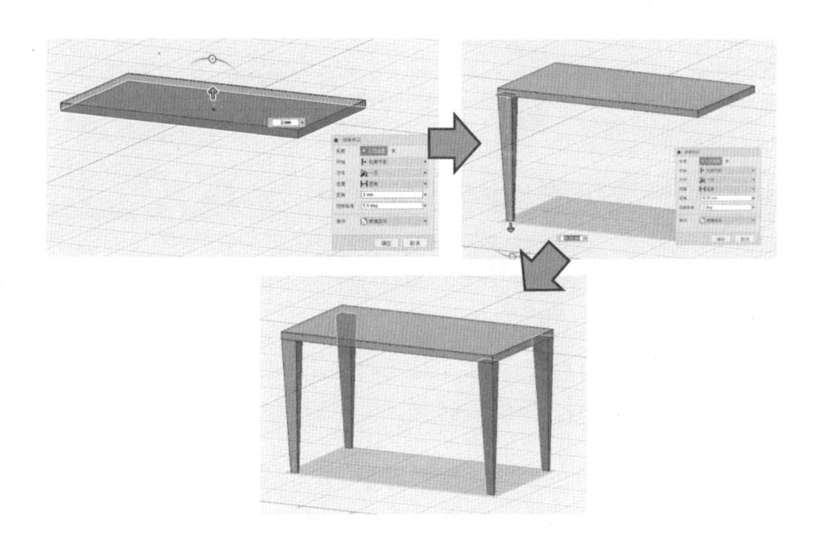

图 5-37　绘制模型

步骤 2　创建结构屈曲分析

切换至仿真工作空间，单击【分析】，弹出【新建分析】对话框。选择【结构屈曲】，单击【确定】，如图 5-38 所示。

图 5-38　创建结构屈曲分析

步骤 3　添加材料

单击【材料】/【分析材料】，弹出【分析材料】属性管理器。【分析材料】选项选择【ABS 塑料】，检查对应特性是否符合要求，如图 5-39 所示。

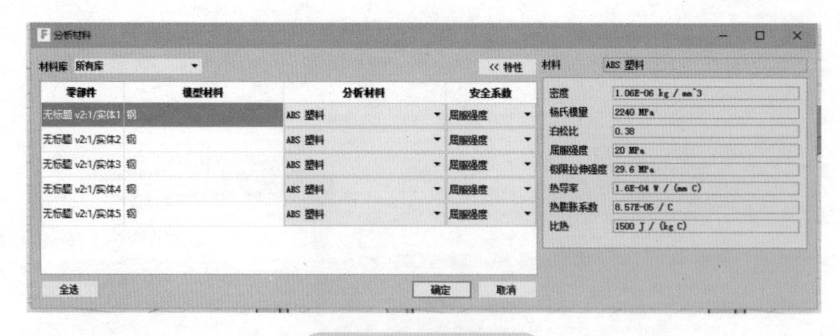

图 5-39 添加材料

步骤 4 应用约束

单击【约束】/【结构约束】，弹出【结构约束】属性管理器。【目标】选择桌腿底面，从三个方向锁定轴，单击【确定】，如图 5-40 所示。

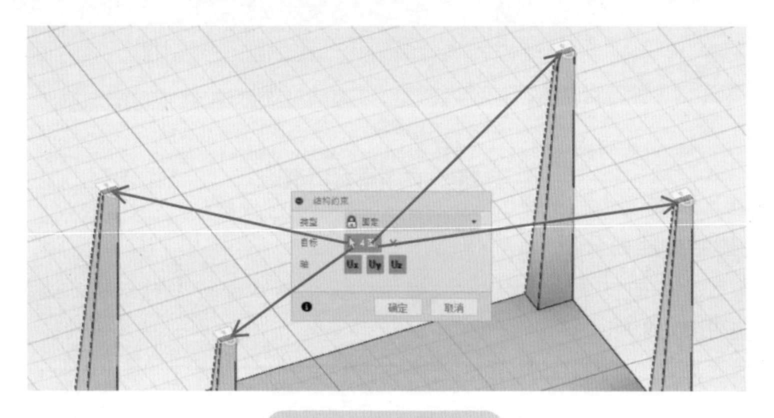

图 5-40 应用约束

步骤 5 应用载荷

单击【载荷】/【结构载荷】，弹出【结构载荷】属性管理器。【类型】选择【力】，【目标】选择添加力的面，【方向类型】选择【法向】，【大小】输入值“20.00N”，如图 5-41 所示。

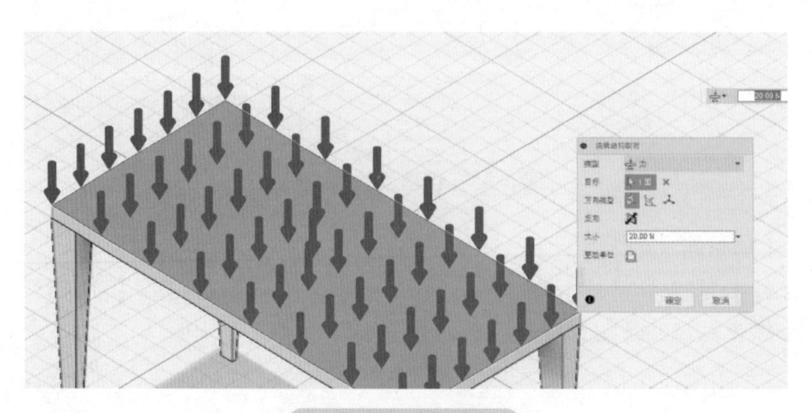

图 5-41 应用载荷

步骤 6　自动接触

单击【接触】/【自动接触】，弹出【自动接触】属性管理器。【接触检测公差】设置为“0.10mm”，单击【生成】，如图 5-42 所示。

步骤 7　预检查

单击【求解】/【预检查】，弹出【求解 准备就绪】对话框。预检查完成，如图 5-43 所示。

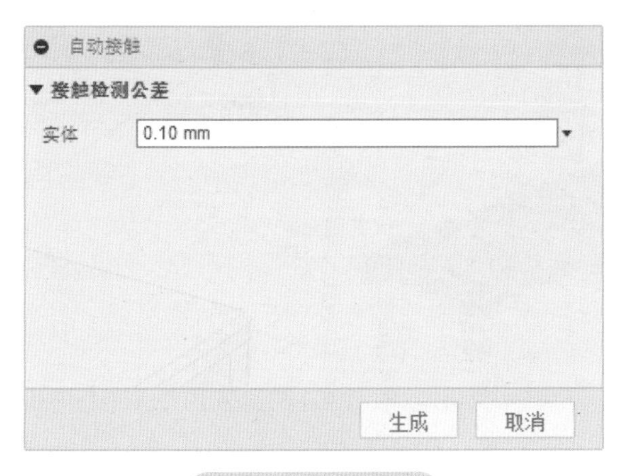

图 5-42　自动接触

图 5-43　预检查

步骤 8　求解

单击【求解】，弹出【求解】对话框。选择【在云中】选项，当【状态】显示为【就绪】，即可单击【对 1 个分析求解】，如图 5-44 所示。

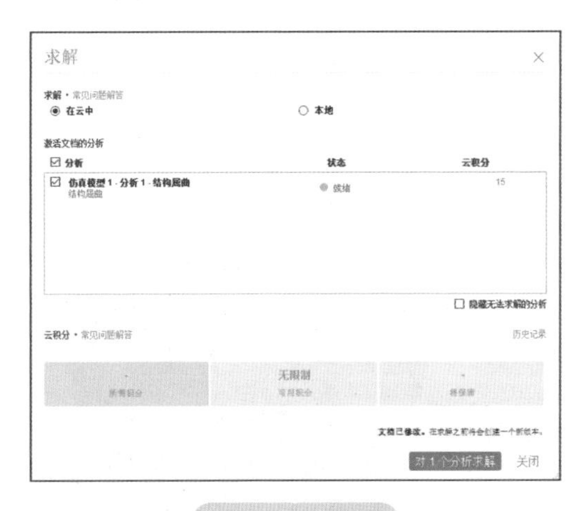

图 5-44　求解

步骤 9　分析结果

对比不同模式下的屈曲位移，可得出在 20N 载荷的情况下，写字桌位移的变化较大。设计师可以通过修改模型材料，再次分析数据检查位移情况，或者使用形状优化分析，将其调整至最优结构模型，如图 5-45 所示。

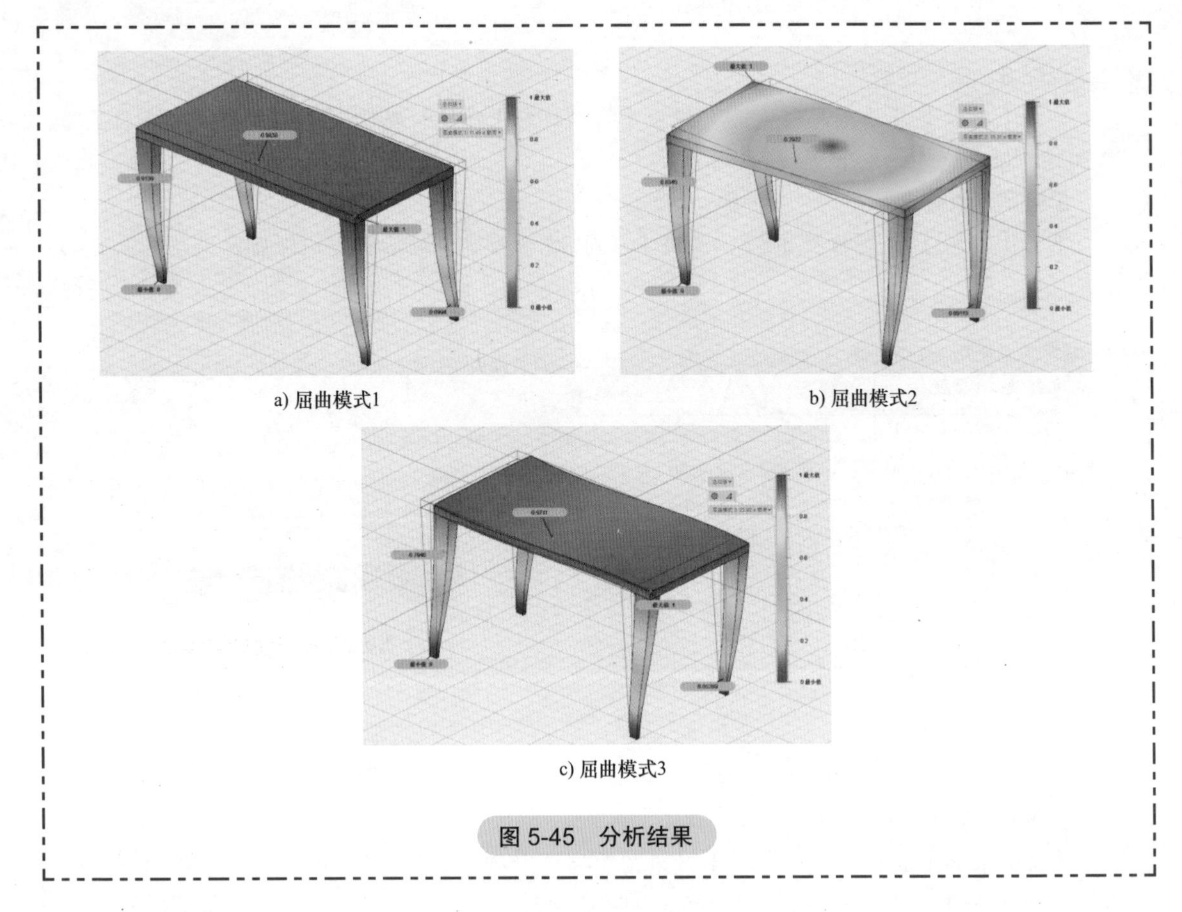

a) 屈曲模式1　　b) 屈曲模式2

c) 屈曲模式3

图 5-45　分析结果

5.3.4　热量分析

1. 案例流程　绘制模型→新建分析→添加材料→热载荷→自动接触→预检查→求解→分析。

2. 案例目标　通过学习热量分析，避免温度对模型产生影响。如图 5-46 所示，分析装有 75℃热水杯子的整体杯身热量分布情况。

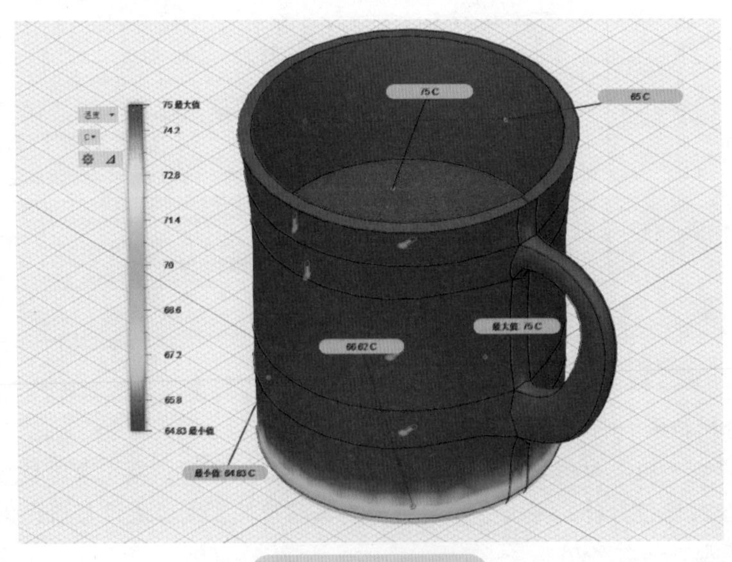

图 5-46　热量分析

步骤 1　绘制模型

在模型工作空间中，使用基本草图工具绘制初步模型，如图 5-47 所示。

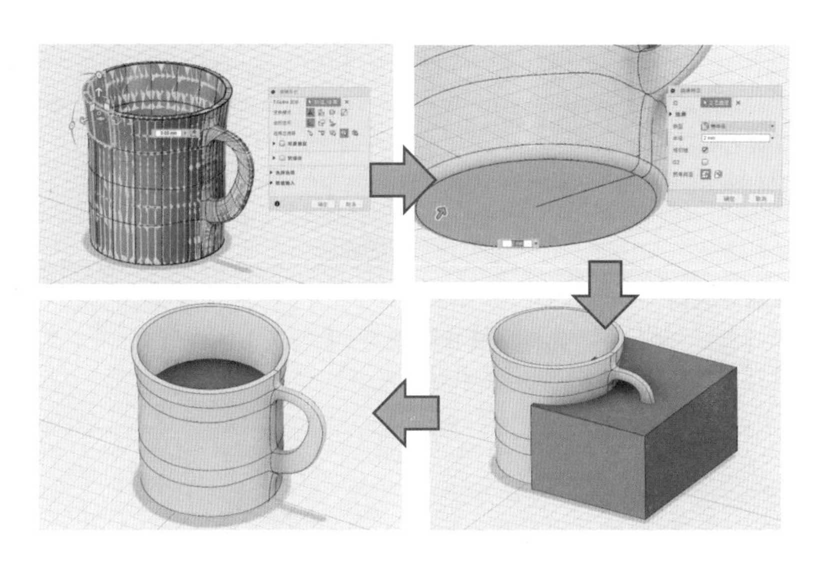

图 5-47　绘制模型

步骤 2　创建热量分析

切换至仿真工作空间，单击【分析】，弹出【新建分析】对话框。选择【热量】，单击【确定】，如图 5-48 所示。

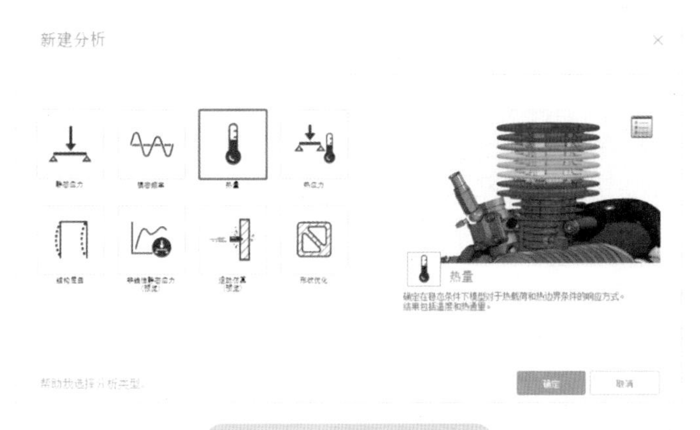

图 5-48　创建热量分析

步骤 3　添加材料

单击【材料】/【分析材料】，弹出【分析材料】属性管理器。【分析材料】选项中，杯身选择【ABS 塑料】，杯中的水选择【水】，检查对应特性是否符合要求，如图 5-49 所示。

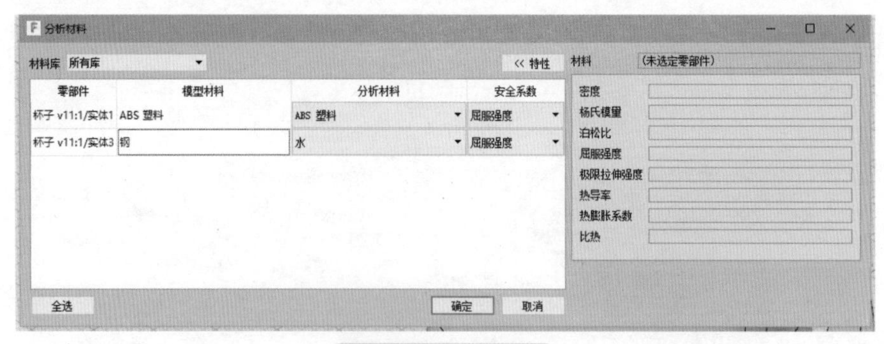

图 5-49　添加材料

步骤 4　加载热载荷

单击【加载】，弹出【热载荷】属性管理器。【选择】选择所需面，【类型】设为【应用温度】，【温度值】输入“75.00℃”，如图 5-50 所示。

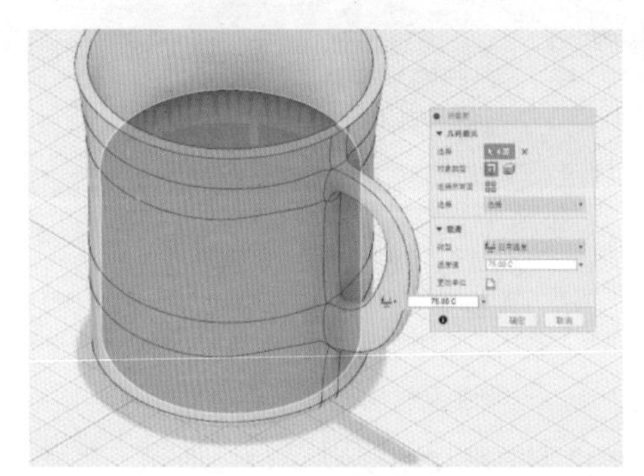

a）选择水　　　　b）选择内壁

图 5-50　加载热载荷

步骤 5　自动接触

单击【接触】/【自动接触】，弹出【自动接触】属性管理器。【接触检测公差】设置为“0.10mm”，单击【生成】，如图 5-51 所示。

步骤 6　预检查

单击【求解】/【预检查】，弹出【求解 准备就绪】对话框。查看是否有问题的存在，如图 5-52 所示。

图 5-51　自动接触

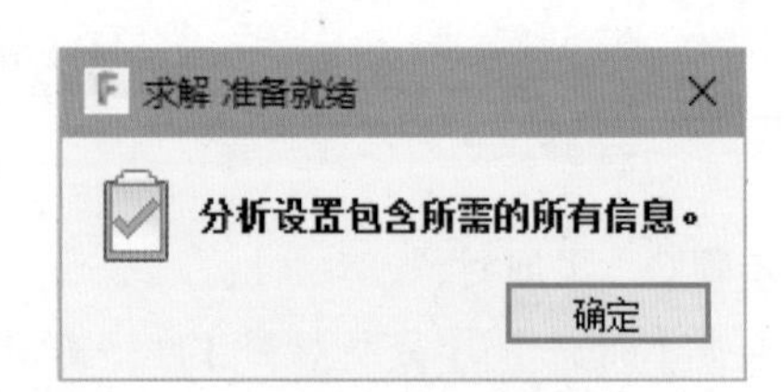

图 5-52　预检查

步骤 7　求解

单击【求解】，弹出【求解】对话框。选择【在云中】选项，当【状态】显示为【就绪】，即可单击【对 1 个分析求解】，如图 5-53 所示。

图 5-53　求解

步骤 8　分析结果

通过分析得到温度布局，可以看出杯底部分具有比较明显的阶梯变化，这说明在日常生活中，杯底具有杯垫的作用。在杯身部分温度同样会高些，但可以通过优化杯子造型改善这一问题，如图 5-54 所示。

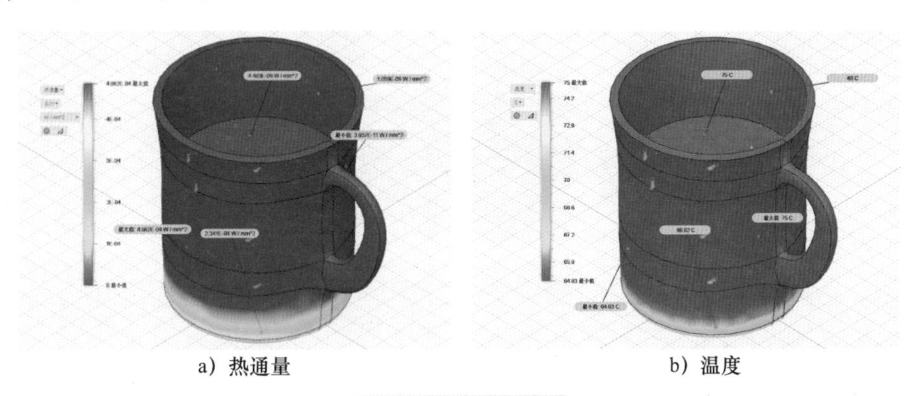

a）热通量　　b）温度

图 5-54　分析结果

5.3.5　热应力分析

1. 案例流程　绘制模型→新建分析→添加材料→应用约束→热载荷→预检查→求解→分析。

2. 案例目标　通过学习热量分析，避免温度对模型产生影响。分析杯垫在接触 75℃物体时形成的温度差异及应力分布情况，如图 5-55 所示。

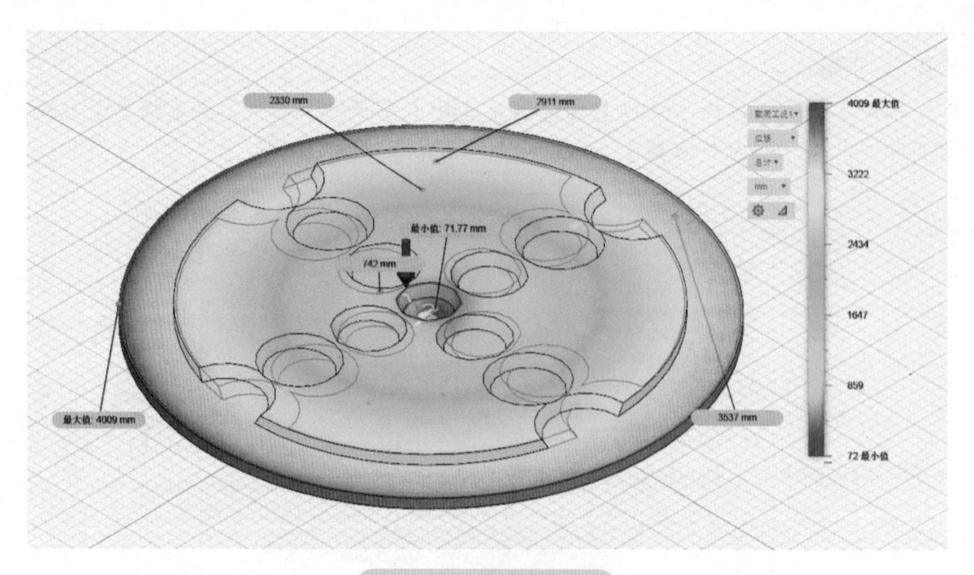

图 5-55　热应力分析

步骤 1　绘制模型

在模型工作空间中，使用基本草图工具绘制初步模型，如图 5-56 所示。

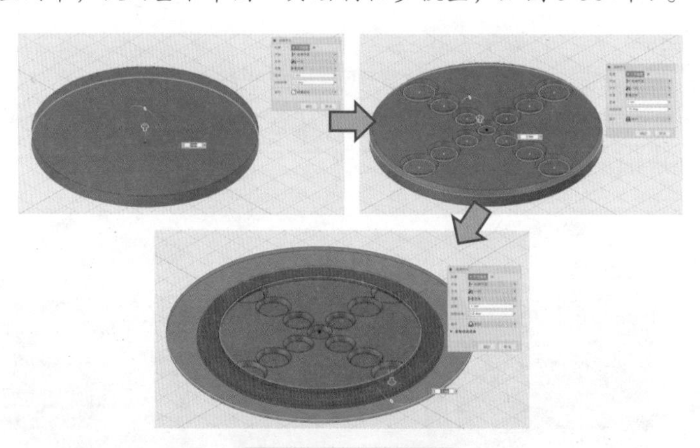

图 5-56　绘制模型

步骤 2　创建热应力分析

切换至仿真工作空间，单击【分析】，弹出【新建分析】对话框。选择【热应力】，单击【确定】，如图 5-57 所示。

步骤 3　添加材料

单击【材料】/【分析材料】，弹出【分析材料】属性管理器。【分析材料】选项选择【(与模型相同)】，检查对应特性是否符合要求，如图 5-58 所示。

步骤 4　应用约束

单击【约束】，弹出【结构约束】属性管理器。【类型】选择【固定】，【轴】选择【Uy】，完成约束添加，如图 5-59 所示。

图 5-57 创建热应力分析

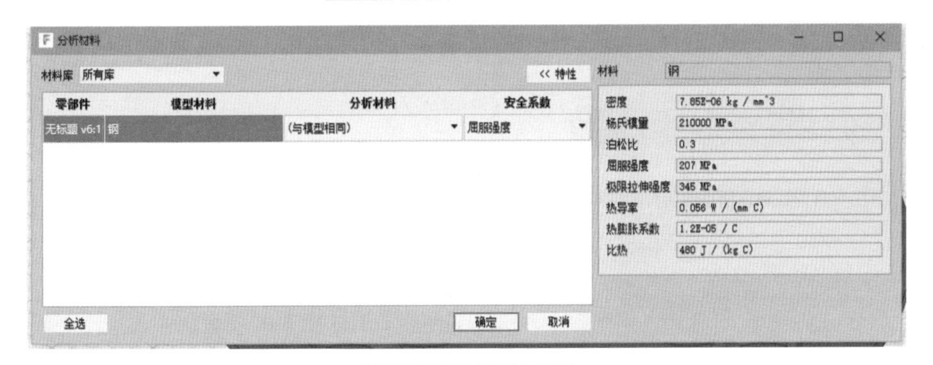

图 5-58 添加材料

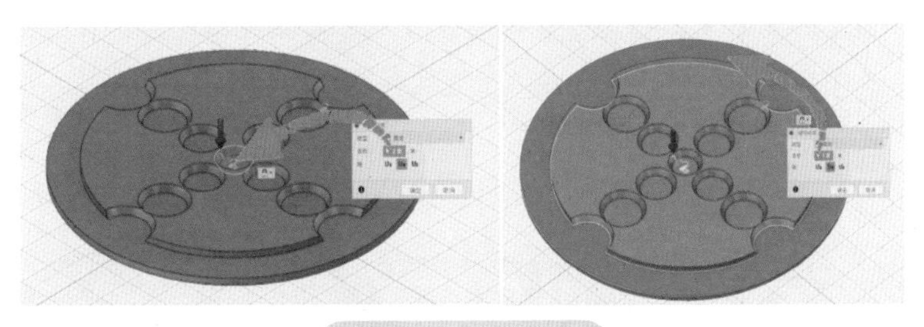

图 5-59 应用约束

步骤 5 加载热载荷

单击【加载】，弹出【热载荷】属性管理器。【选择】选择图 5-60a 所示面，【类型】设为【应用温度】，【温度值】输入“75.00℃”。再次单击【加载】/【热载荷】，将图 5-60b 所示面的【温度值】设为“25.00℃”。

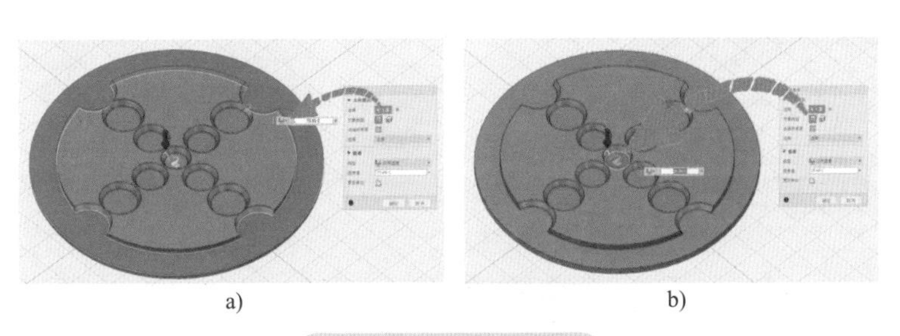

a) b)

图 5-60 加载热载荷

步骤 6　预检查

单击【求解】/【预检查】，弹出【求解 准备就绪】对话框，查看是否存在问题，如图 5-61 所示。

步骤 7　求解

单击【求解】，弹出【求解】对话框。选择【在云中】选项，当【状态】显示为【就绪】，即可单击【对 1 个分析求解】，如图 5-62 所示。

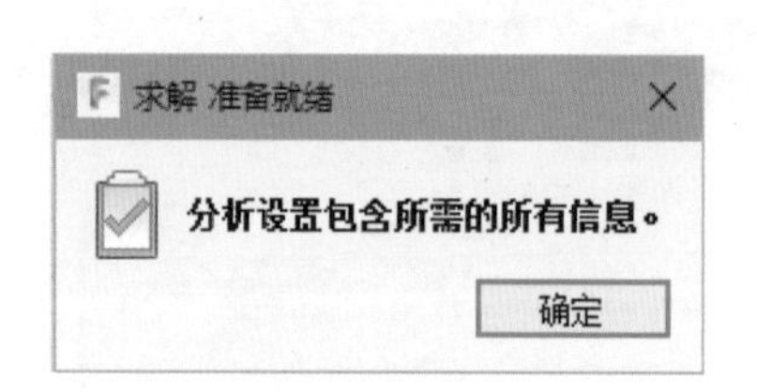

图 5-61　预检查

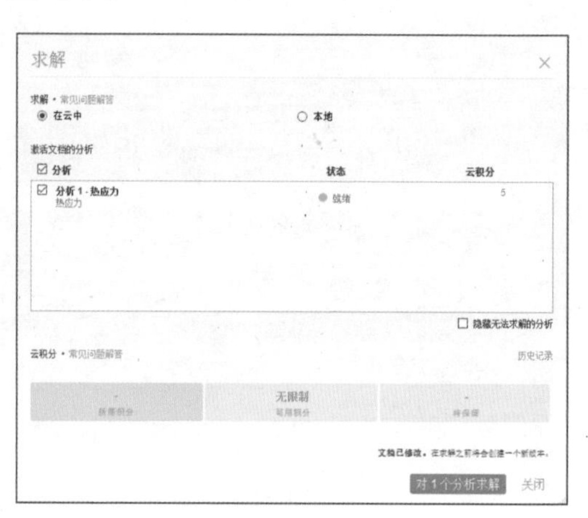

图 5-62　求解

步骤 8　分析结果

从温度分布图中可以看出，杯垫凸台的部分可以有效减缓温度的扩散，使得凸出部分接触桌面或者其他物体表面时降低温度。从应力分析来看，模型载荷为 5N 时，位移范围在安全值以内，如图 5-63 所示。

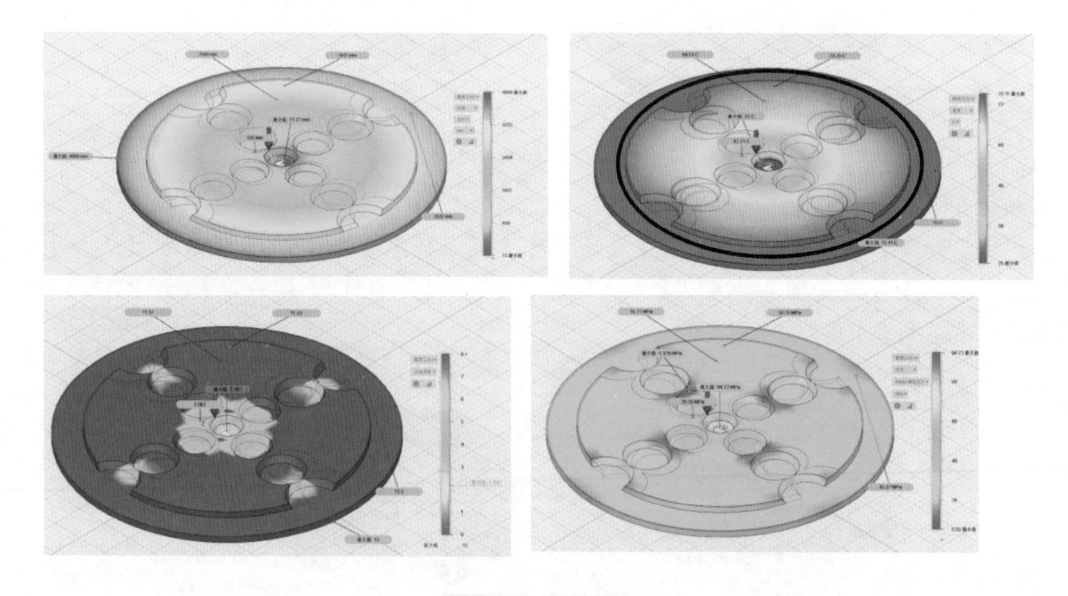

图 5-63　分析结果

5.3.6 形状优化分析

1. 案例流程　绘制模型→新建分析→添加材料→应用约束→应用载荷→保留区域→对称平面→预检查→求解→分析。

2. 案例目标　通过学习形状优化分析，减少连接杆部件的重量。在载荷约为 200N 的情况下，减少 40% 的材料，如图 5-64 所示。

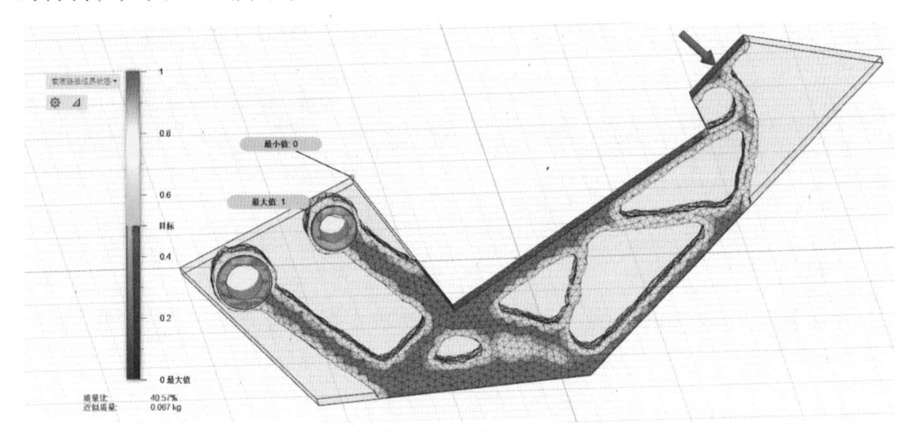

图 5-64　形状优化分析

步骤 1　绘制模型

在模型工作空间中，使用基本草图工具绘制初步模型，如图 5-65 所示。

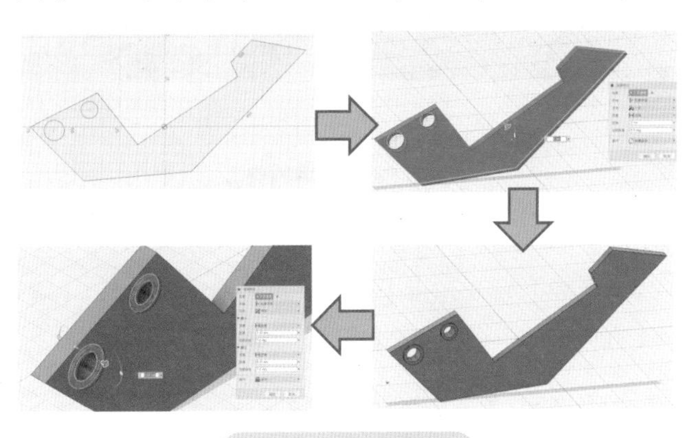

图 5-65　绘制模型

步骤 2　创建形状优化分析

切换至仿真工作空间，单击【分析】，弹出【新建分析】对话框。选择【形状优化】，单击【确定】，如图 5-66 所示。

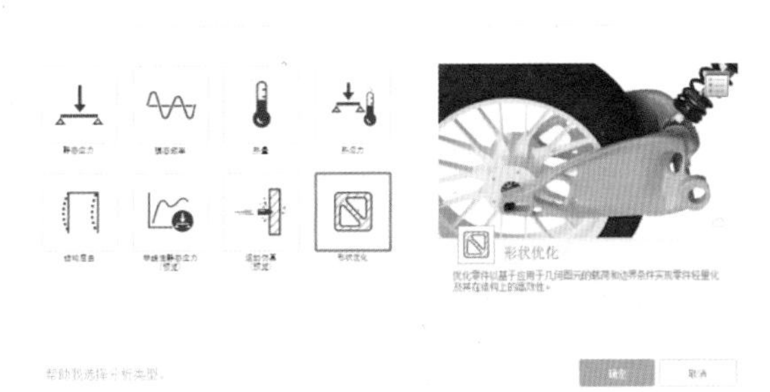

图 5-66　创建形状优化分析

步骤 3　添加材料

单击【材料】/【分析材料】，弹出【分析材料】属性管理器。【分析材料】选项选择【钢】，检查对应特性是否符合要求，如图 5-67 所示。

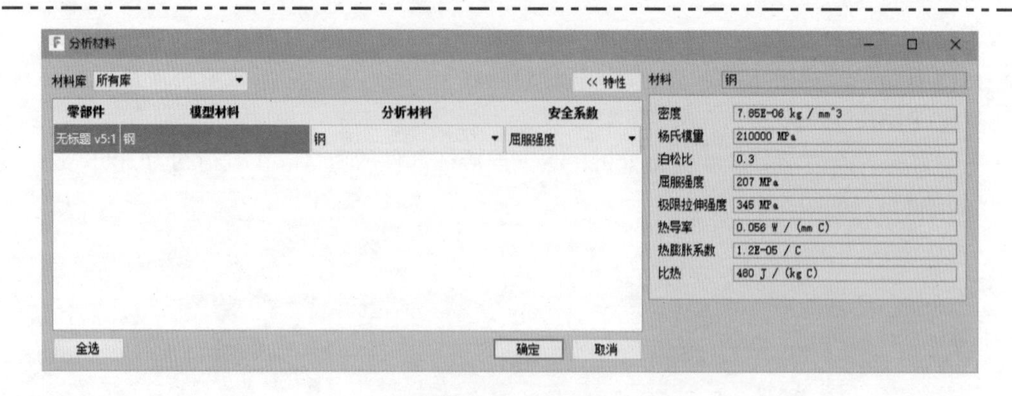

图 5-67　添加材料

步骤 4　应用约束

单击【约束】/【结构约束】，弹出【结构约束】属性管理器。【类型】选择【固定】，确认选择【径向】与【轴向】，完成约束添加，如图 5-68 所示。

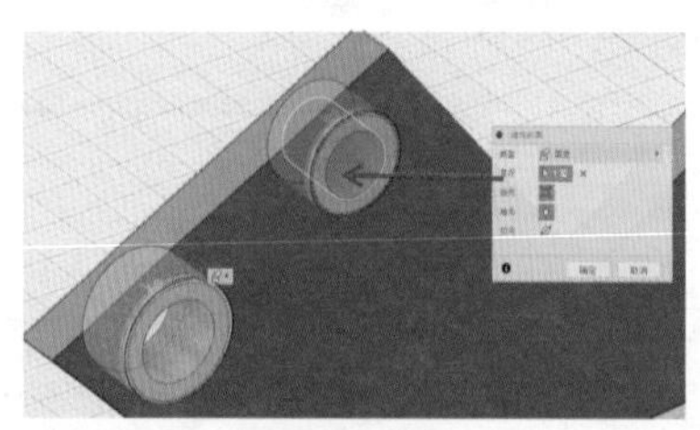

a）添加约束1

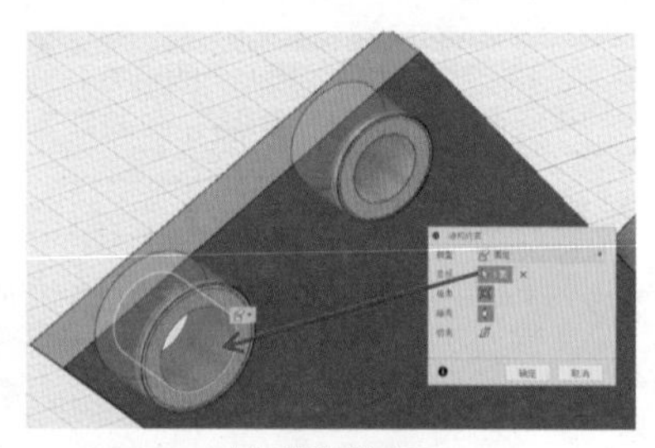

b）添加约束2

图 5-68　应用约束

步骤 5　应用载荷

单击【载荷】/【结构载荷】，弹出【结构载荷】属性管理器。【类型】选择【力】，【目标】选择添加力的面，【大小】输入值“200.00N”，如图 5-69 所示。

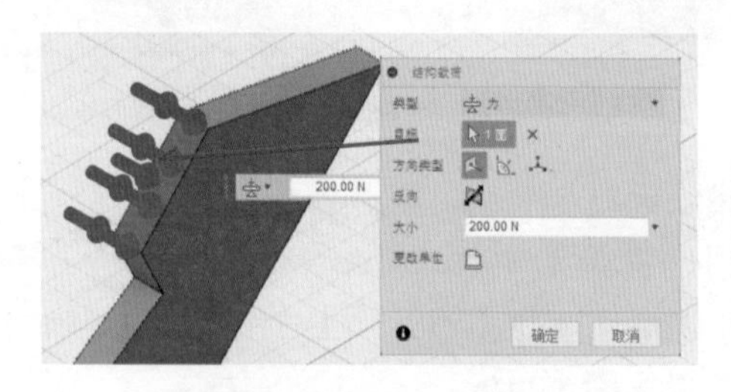

图 5-69　应用载荷

步骤 6　保留区域

单击【形状优化】/【保留区域】，弹出【保留区域】属性管理器。【质心位置】选择需要保留的面，【边界形状】选择【圆柱体】，【成形方向】选择【对齐】，在【边界大小】中，

【X 轴】输入值“7.00mm”,【半径】设为“5.00mm”，如图 5-70a 所示。另一个保留区域将【半径】设为“6.00mm”，其他设置不变，如图 5-70b 所示。

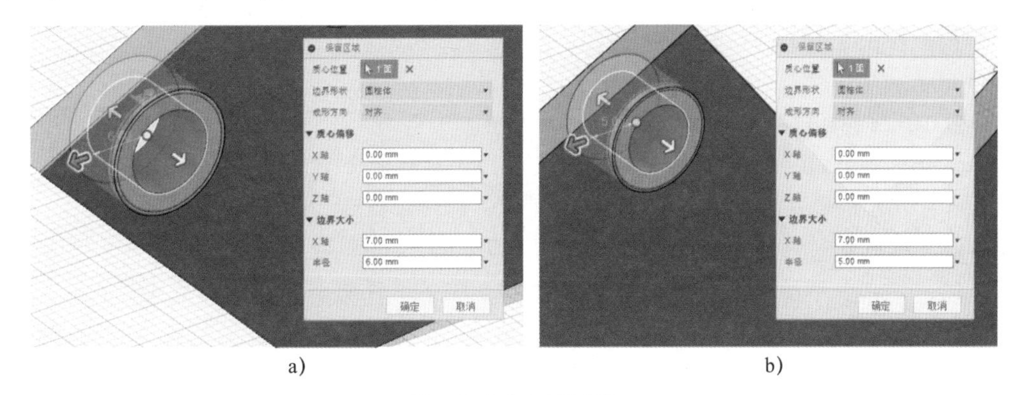

a) b)

图 5-70 保留区域

步骤 7 对称平面

单击【形状优化】/【对称平面】，弹出【对称平面】属性管理器,【活动平面】选择【1】，如图 5-71 所示。

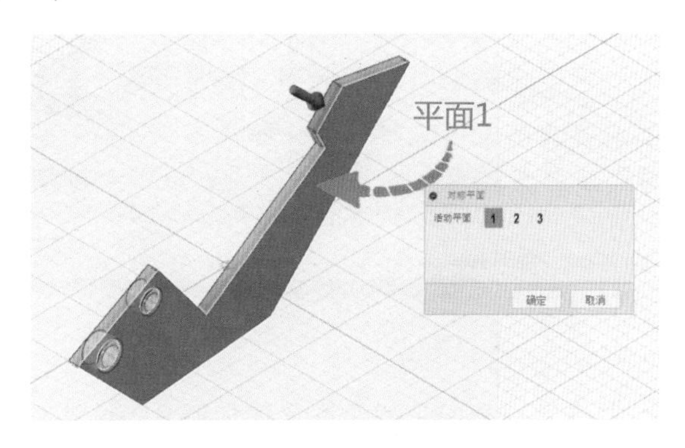

图 5-71 对称平面

步骤 8 预检查

单击【求解】/【预检查】，弹出【求解 准备就绪】对话框，查看是否存在问题，如图 5-72 所示。

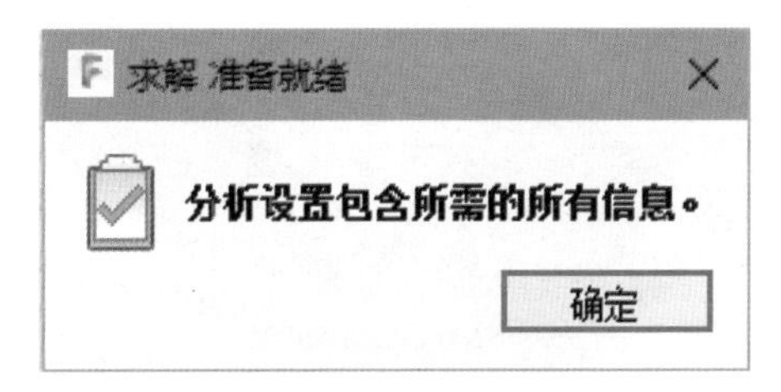

图 5-72 预检查

步骤 9　求解

单击【求解】，弹出【求解】对话框。勾选【在云中】选项，当【状态】显示为【就绪】，即可单击【对 1 个分析求解】，如图 5-73 所示。

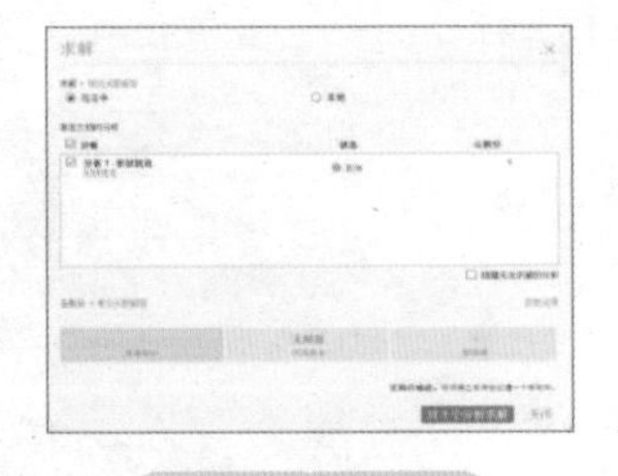

图 5-73　求解

步骤 10　分析结果

得到分析结果前，云端可以计算求解进度，计算时间会受网络情况以及计算机配置的影响，如图 5-74a 所示。得到数据后，设计师可以直观地看到模型被优化后的情况，受力方面，200N 的力没有变化，但在条形图中可以看出质量比为 40.50%。这说明零部件优化后比优化前节省了 40.50% 的材料，超出预期效果，如图 5-74b 所示。

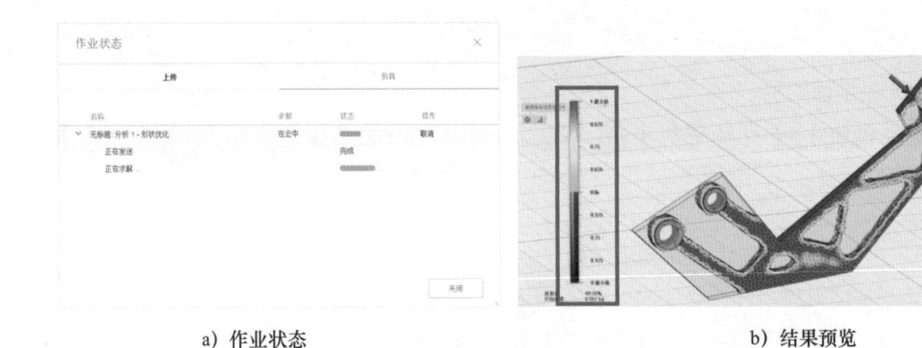

a）作业状态　　　　b）结果预览

图 5-74　分析结果

如图 5-75 所示，设计师也可以拖动鼠标查看被优化部分，通过对比原模型与优化之后的模型来修改设计。

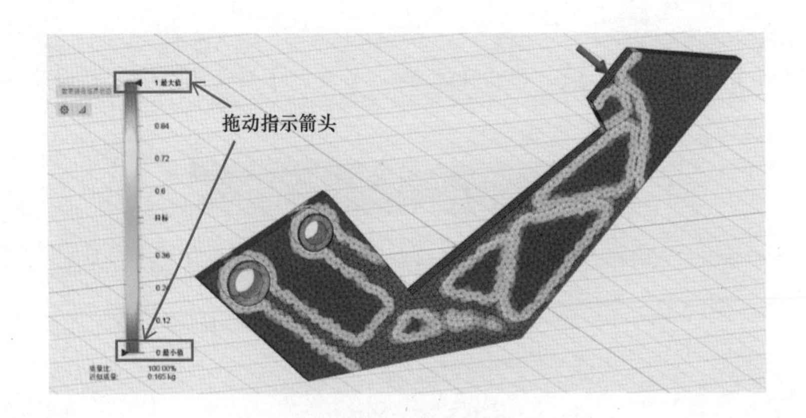

图 5-75　查看优化结果

小提示

Fusion 360 分析后，为更好地让设计师进一步修改模型，可以将分析后的模型转换为网格模型。单击【结果】/【升级】，如图 5-76 所示，操作界面自动转到模型工作空间。在这一模块中，设计师可以参照分析结果，进行模型的实质性修改，转换后的模型不可修改，如图 5-77 所示。

图 5-76　升级命令

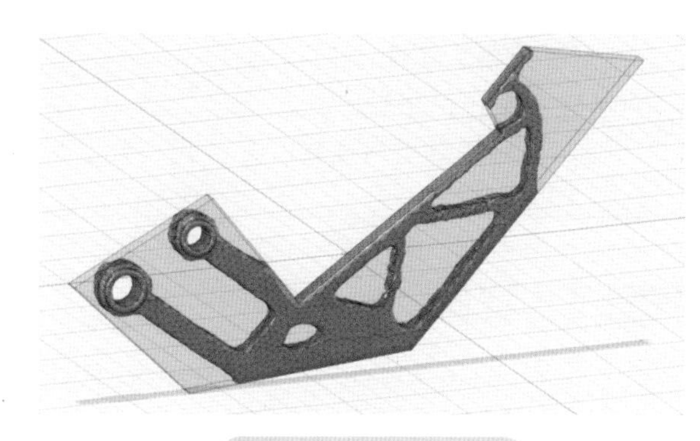

图 5-77　转换后模型

课堂练习

1. 了解仿真工作空间工作原理。
2. 根据学习内容创建零部件。
3. 绘制装配零部件，并进行模拟仿真分析结果。

第 6 章

计算机辅助制造模块

学习目标

1. 了解并绘制工程图。
2. CAM 相关知识介绍。
3. 掌握 CAM 工作空间流程以及 G 代码的生成。

6.1 工程图工作空间

工程图应用于工程中时，又可称为工程图样，是应机械化生产的需要而产生的。平面投影图是指利用平面图形表达空间三维形体，并将其平面图形作为一种规范化图样用于指导生产、装配及技术交流，如图 6-1 所示。

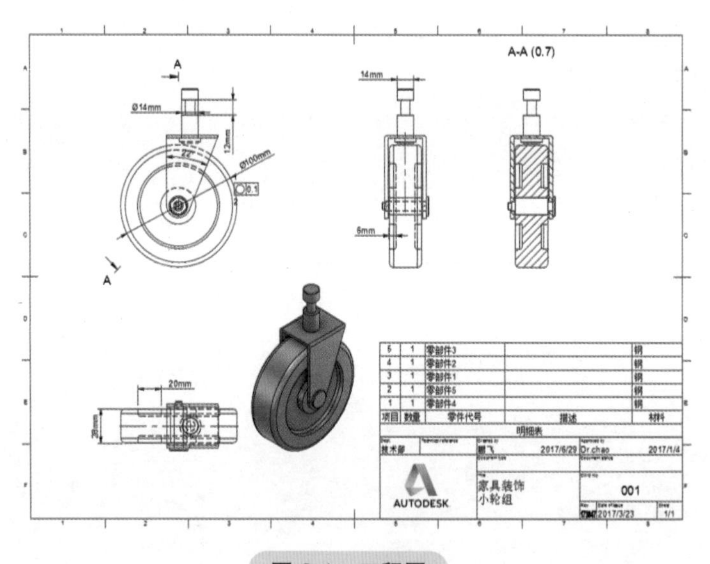

图 6-1 工程图

工程图分为机械工程图与非机械工程图。对于传统加工业而言，快速准确的工程图是机械加工的基础，但在现如今的加工业中，数控加工是主流。众所周知，在数控加工中，是用程序操控机床进行零部件加工的。这个程序，便是通过 CAM 而来，编程也因此孕育而生。

6.1.1 创建工程图流程

创建工程图前，需创建三维模型。完成模型绘制后，单击【模型】处的下拉按钮切换工作界面，选择【工程图】/【从设计】。在弹出的【创建工程图】属性管理器中，可以选择是否全部零部件都要参与工程图创建，如图 6-2 所示。

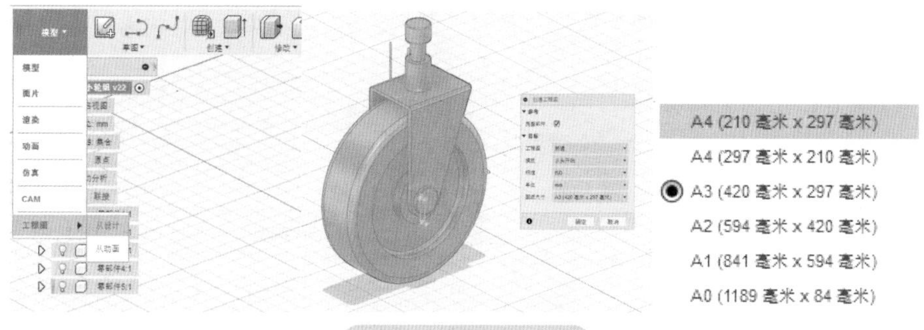

图 6-2 创建工程图

小提示

在【目标】选项中，设计师可以按照 ISO 和 ASME 两种标准来创建工程图。在图纸方面，Fusion 360 提供 6 种规格标准的工程图纸尺寸，默认为 A3 纸。

在 Fusion 360 模型工作空间中创建工程视图时，系统将会生成所选零部件的二维投影，这里，生成的工程视图称为基础视图，如图 6-3 所示。

在图纸中放置基础视图后，可以基于该视图生成正交投影视图和等轴测视图，如图 6-4 所示。

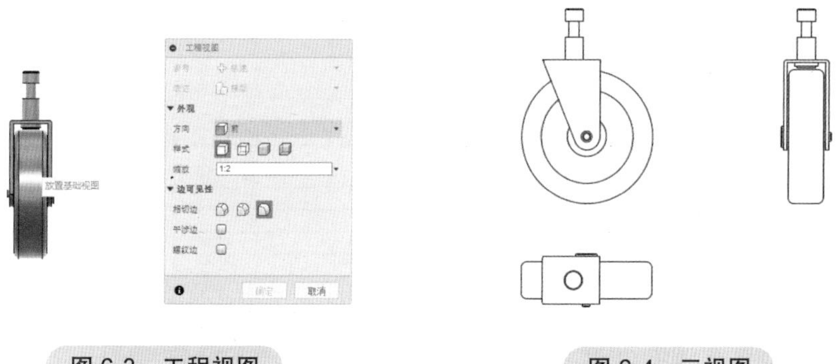

图 6-3 工程视图　　图 6-4 三视图

添加几何图元，包括中心线、中心以及延长边，用于标注各个零部件的基准中心以及加工对称线，如图 6-5 所示。

添加尺寸，尺寸的标注在工程图中较为重要，关系着零部件的成型尺寸，如图 6-6 所示。

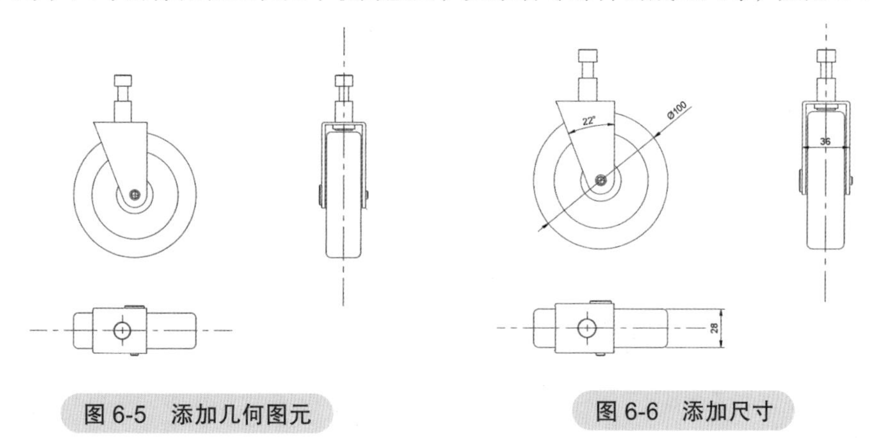

图 6-5 添加几何图元　　图 6-6 添加尺寸

在完成尺寸的标注后，可添加几何公差符号、几何特征符号和表面粗糙度符号，这些符号可附着到零部件，如图 6-7 所示。

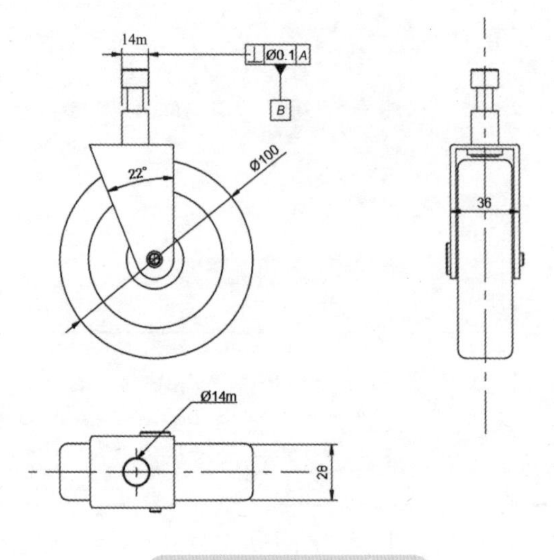

图 6-7　添加符号标注

添加明细表，双击右下方表格会弹出【标题栏】属性管理器，在【属性】选项中，可添加部门名称、创建者和批准者等，同时可标注模型的一级、二级标题，工程图编号与发布日期，如图 6-8 所示。

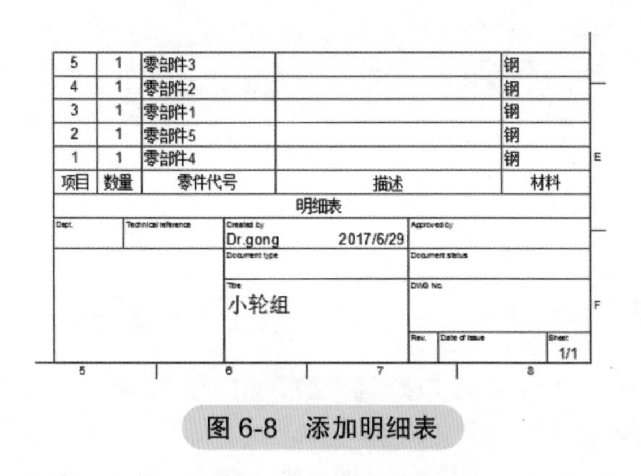

5	1	零部件3		钢
4	1	零部件2		钢
3	1	零部件1		钢
2	1	零部件5		钢
1	1	零部件4		钢
项目	数量	零件代号	描述	材料
明细表				

Dept.	Technical reference	Created by: Dr.gong 2017/6/29	Approved by
		Document type	Document status
		Title: 小轮组	DWG No.
			Rev. / Date of issue / Sheet 1/1

图 6-8　添加明细表

最后输出工程图样，存储标题栏、文本、图样设置和注释首选项，以供在未来的工程图中使用，如图 6-9 所示。

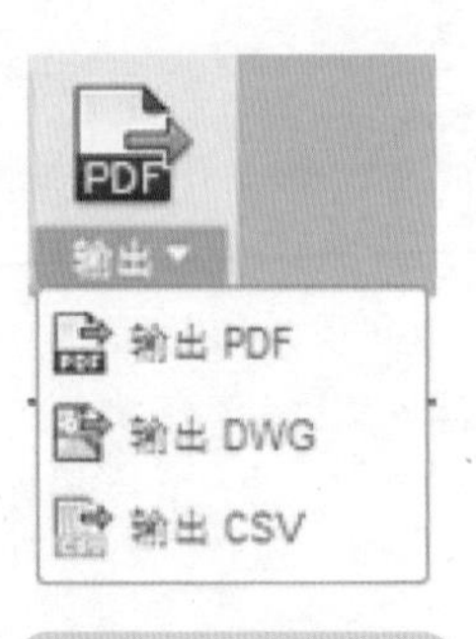

图 6-9　输出图样

6.1.2 工程图命令介绍

1. 工程视图分类

（1）基础视图：作为模型从三维转换到二维的基础图示，是创建工程图的开始。

单击【工程视图】/【基础视图】，弹出【工程视图】属性管理器，如图 6-10 所示。【外观】选项中的【方向】设置决定了模型的视角，如图 6-11 所示。【样式】选项各样式展示如图 6-12 所示。通过【缩放】选项输入比例，可以更改视图大小。【相切边】选项各类型展示如图 6-13 所示。

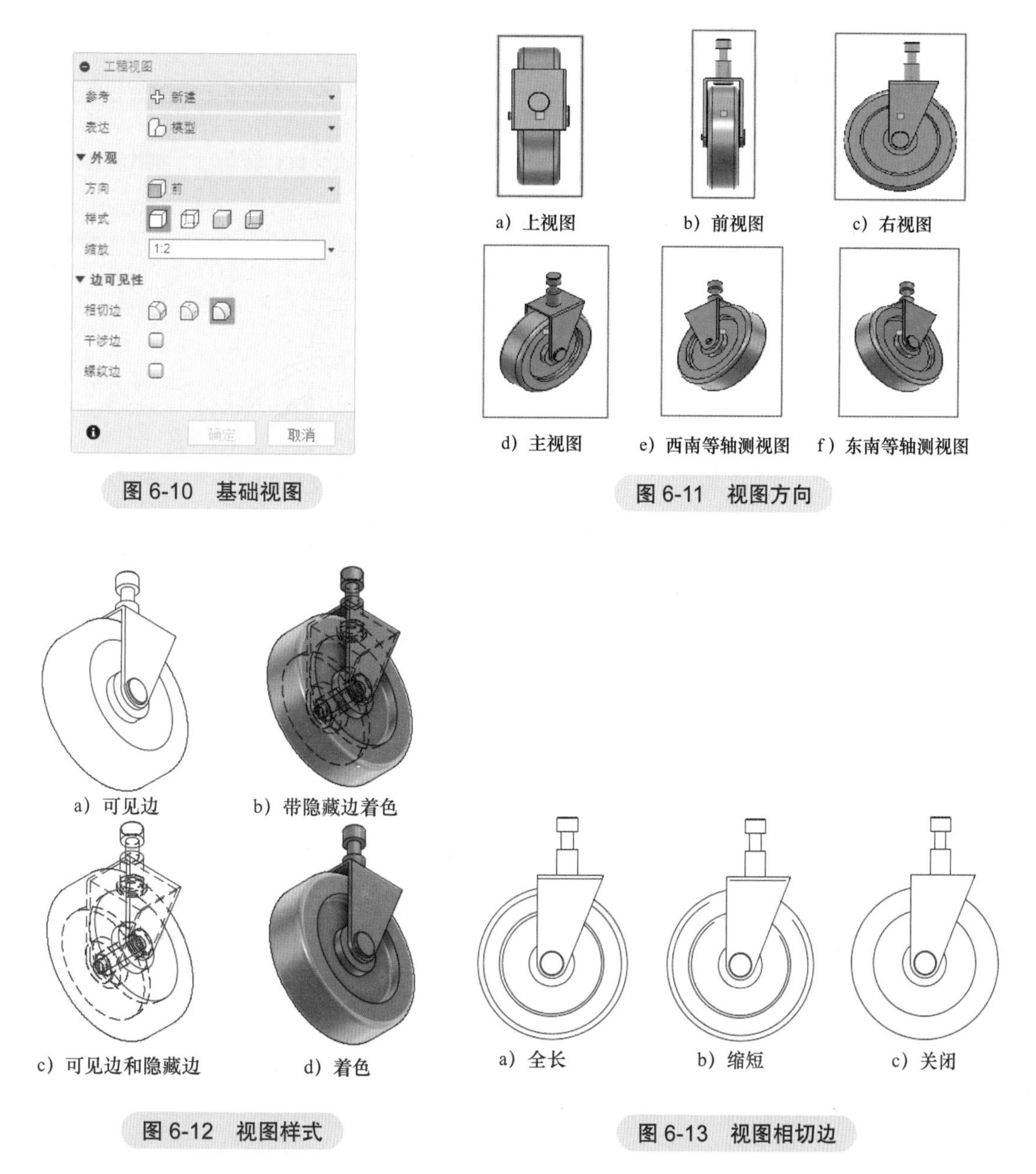

图 6-10 基础视图

图 6-11 视图方向

图 6-12 视图样式

图 6-13 视图相切边

（2）投影视图：通过现有工程视图生成的工程视图。投影视图与生成它的原视图具有同样的参数。在创建视图后双击视图可更改参数，如图 6-14 所示。

（3）剖视图：又称剖切图，指用一个剖切平面将物体剖开，移去介于观察者和剖切平面之间的部分，对于剩余部分向投影面所做的正投影图。同时，双击视图可修改参数，要保持与投影视图参数相同，如图 6-15 所示。

（4）局部放大图：创建一个基于原视图的放大视图，放大比例可以修改。如图 6-16 所示，局部放大图为原视图的 1.5 倍。也可双击视图修改视图参数，保持与投影视图参数相同。

图 6-14　投影视图参数

2. 修改命令

（1）移动：单击【移动】，选择需要移动的视图，单击【变换】，然后指定基点和另一个点，操作如图 6-17 所示。

（2）旋转：单击【旋转】，选择需要旋转的视图，然后指定基点和旋转角度，如图 6-18 所示。

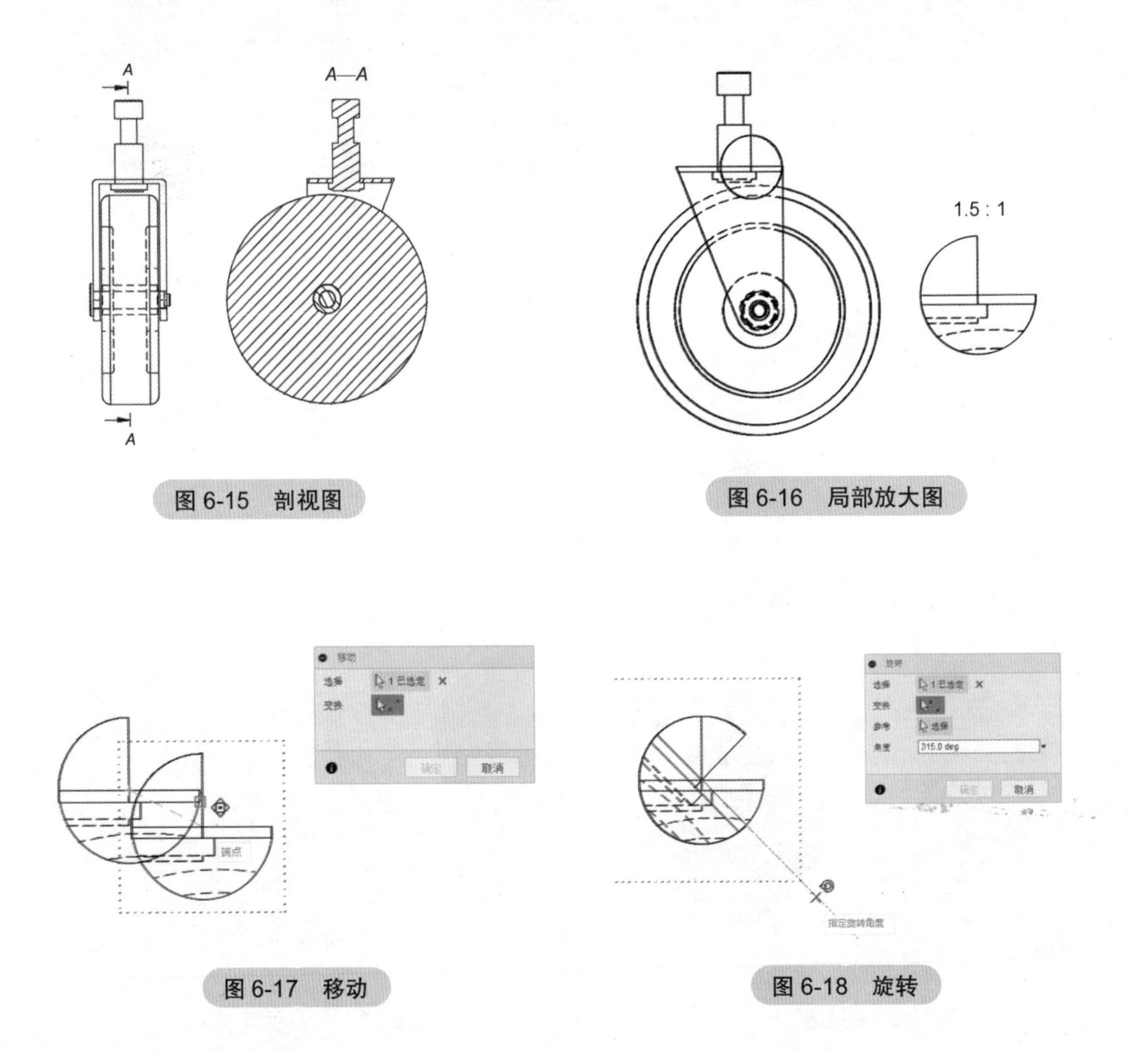

图 6-15　剖视图

图 6-16　局部放大图

图 6-17　移动

图 6-18　旋转

3. 几何图元类型标记

（1）中心线：添加视图中心线。选择两条边线，将在它们之间创建中心线。中心线有其特定的用途，能准确定位物体，如图 6-19 所示。

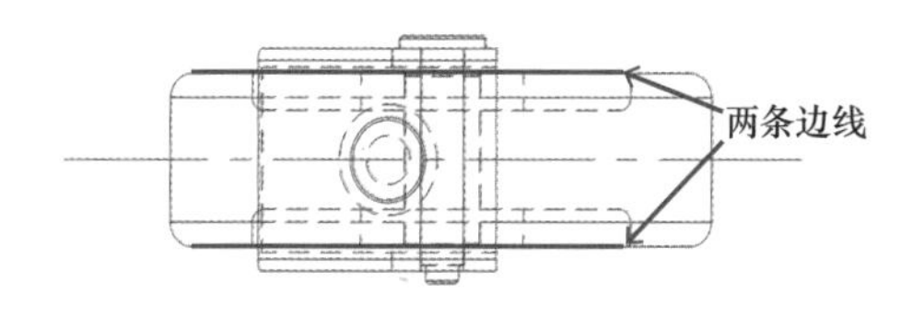

图 6-19 中心线

（2）中心标记：标记圆形中心，定位某些圆孔的位置关系。选择需要添加中心标记的圆，确认添加中心标记，如图 6-20 所示。

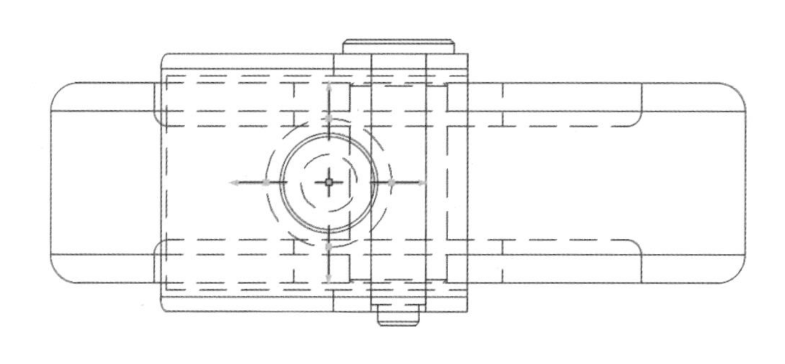

图 6-20 中心标记

（3）边延伸：延伸两条直边直至出现相交点，以方便设计师标注参数时捕捉到这个点。

4. 尺寸标注

（1）尺寸标注：选择对象、点、边、现有尺寸标注或选择两个点，完成尺寸标注，如图 6-21 所示。默认数值单位为 mm。

（2）坐标标注：单击确认的第一个点为视图原点，默认坐标为（0，0），依次单击选点，坐标会根据实际数值标注，如图 6-22 所示。

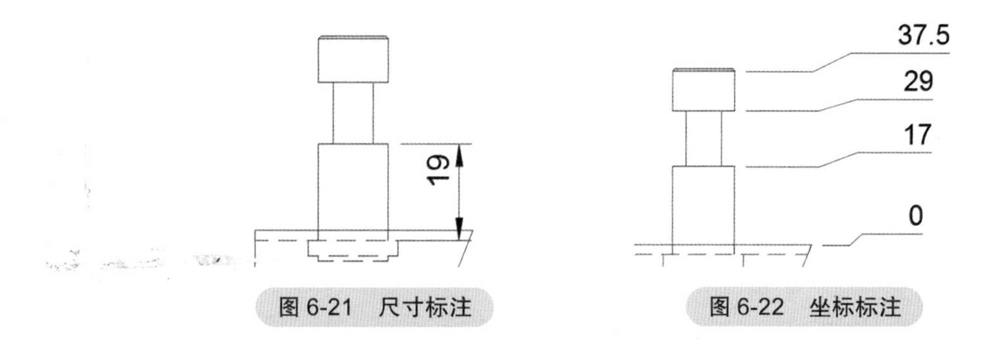

图 6-21 尺寸标注　　图 6-22 坐标标注

> **小提示**
>
> 尺寸标注可以创建线性、角度、直径、半径以及对齐标注。坐标标注中，两个轴向可以分别标注，标注的原点位置默认为（0，0），图 6-22 中“17”实际坐标为（0，17）。

（3）基线标注：选择现有的线性标注，然后指定一个点以创建新尺寸标注。继续指定更多的点，创建以同一基点为起点的多个尺寸标注，如图 6-23 所示。

（4）连续标注：选择现有的线性标注，然后指定一个点以创建新尺寸标注。继续指定更多的点，创建多个并排的尺寸标注，如图 6-24 所示。

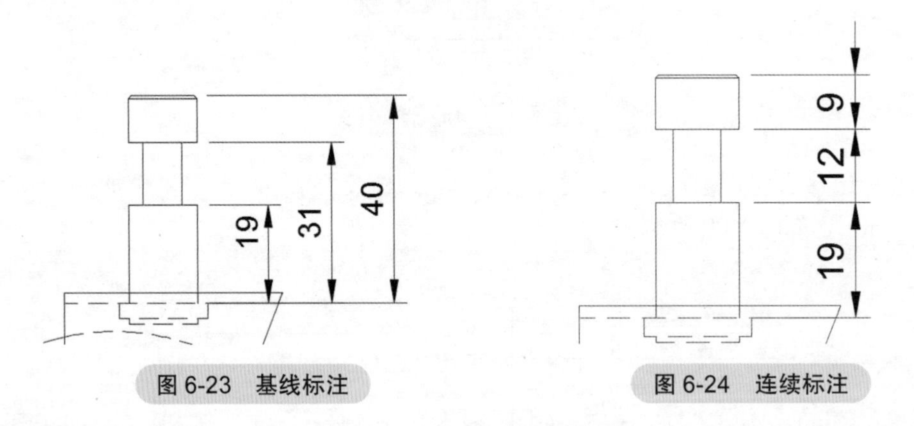

图 6-23　基线标注　　图 6-24　连续标注

> **小提示**
>
> 基线标注和连续标注两类需要在标注前先创建一个线性标注作为基准。其他类型的尺寸标注如图 6-25 所示。

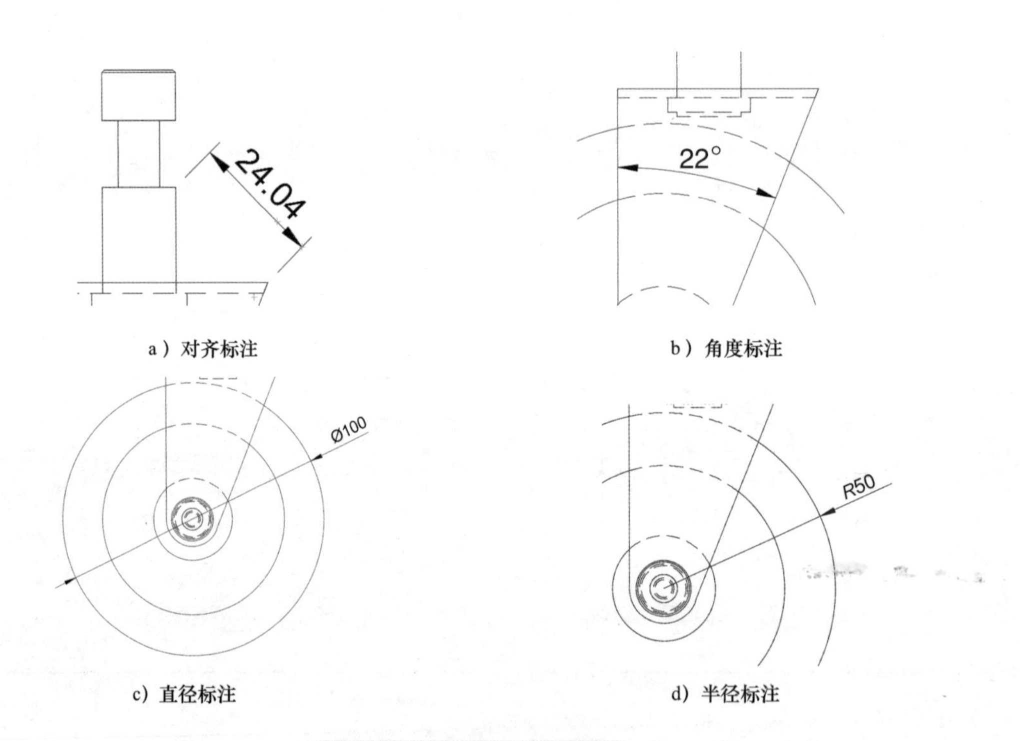

a）对齐标注　　b）角度标注

c）直径标注　　d）半径标注

图 6-25　其他尺寸标注类型

5. 添加文本　单击【文本】，指定文本框的角点，输入零部件名称，如图 6-26 所示。

6. 添加表格　单击【表格】，弹出【表格】属性管理器。【参考】选择【空表格】，表格的预览将会显示，它将随光标一起移动，单击表格可以编辑，如图 6-27 所示。

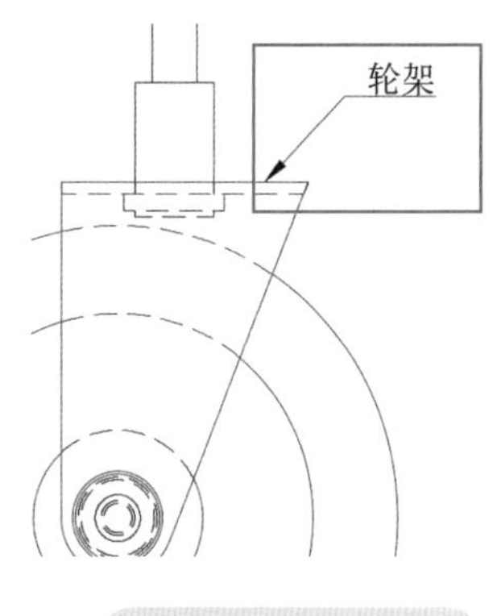

图 6-26　添加文本

	A	B	C	D
1				
2				
3				
4				
5				

图 6-27　添加表格

7. 符号类型

（1）表面粗糙度：单击【符号】/【表面粗糙度】，符号类型如图 6-28 所示。【要求】选项输入表面粗糙度数值即可。

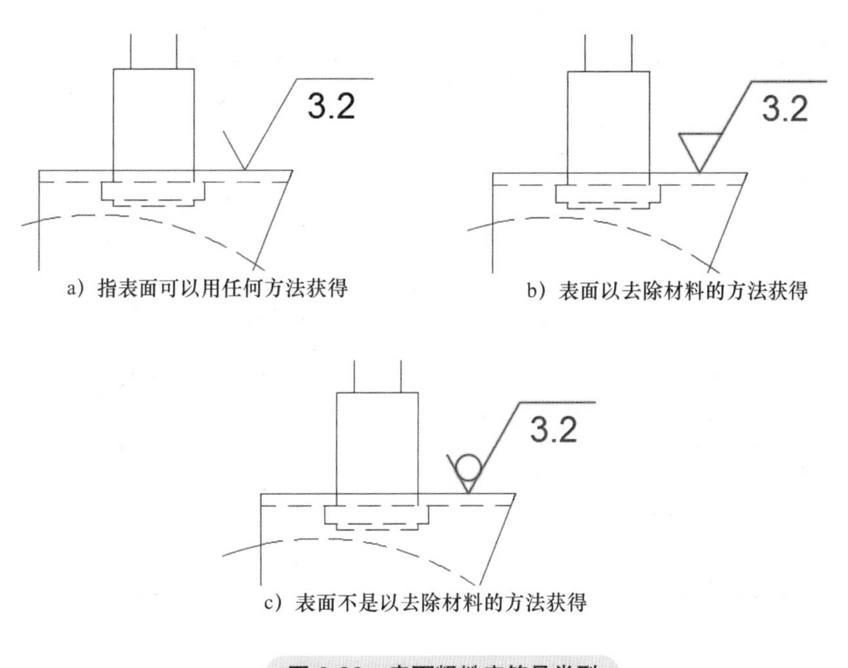

a）指表面可以用任何方法获得

b）表面以去除材料的方法获得

c）表面不是以去除材料的方法获得

图 6-28　表面粗糙度符号类型

注：Fusion 360 中，表面粗糙度符号的标注与我国现行标准不一致，请读者注意。

勾选【全周边】选项后，标注的拐角处会添加一个圆，表示此零部件所有表面具有相同的表面粗糙度，如图 6-29 所示。

（2）几何公差符号：单击【符号】/【形位公差符号】，常见公差符号在【第一帧】中选择，输入公差值和基准，如图 6-30 所示。

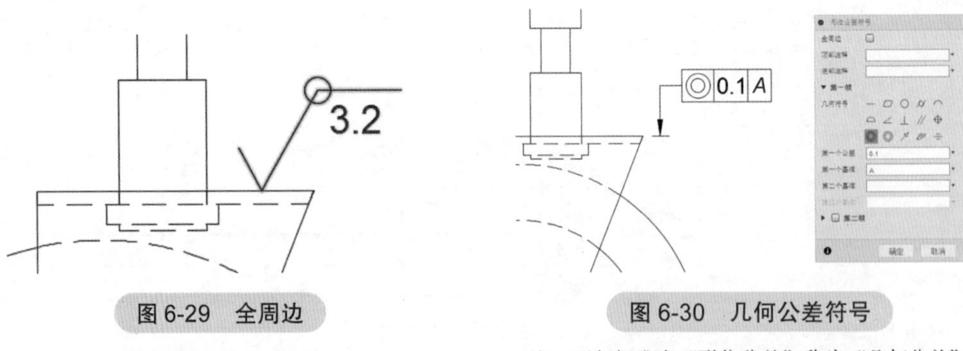

图 6-29　全周边

图 6-30　几何公差符号

注：现行标准中“形位公差”称为“几何公差”。

相关知识

几何公差包括形状公差和位置公差。机械加工后零件的实际要素相对于理想要素可能会出现这类误差，这会影响机械产品的功能。设计时应规定相应的公差，并用标准符号标注在图样上，各类标准符号如图 6-31 所示。

公差		特征项目	符号	公差	特征项目	名称	符号
形状	形状	直线度	—	位置	定向	平行度	//
						垂直度	⊥
		平面度	▱			倾斜度	∠
		圆　度	○		定向	同轴(同心)度	◎
		圆柱度	⌭			对称度	⌯
						位置度	⌖
形状或位置	轮廓	线轮廓度	⌒		跳动	圆跳动	↗
		面轮廓度	⌓			全跳动	⌰

图 6-31　各类标准符号

（3）基准标识符号（即基准要素）：单击【符号】/【基准标识符号】，输入相应值单击【确定】，如图 6-32 所示。

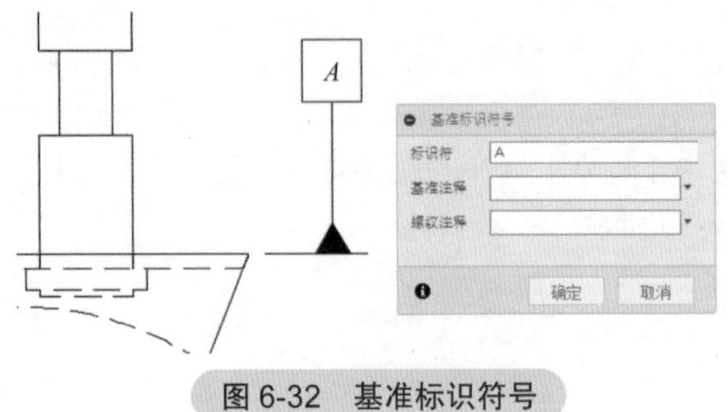

图 6-32　基准标识符号

相关知识

基准分为设计基准和工艺基准两大类：

1）设计基准：设计工作图上所采用的基准。

2）工艺基准：加工过程中所采用的基准。又分为工序基准、定位基准和测量基准等。

机械图样上的基准都是用大写字母 A、B、C、D 等特定的标识符表示的。基准标识符号对准的位置包括面、面的延伸线或该面的尺寸。当基准标识符号以对准的面及面的延伸线为界限时，表示以该面为基准，但当对准的是尺寸线时，表示是以该尺寸标注的实体中心线为基准。

8. 表格

（1）明细表：为设计零部件编制目录的表。明细表逐条列记了工程图中的所有零部件，并包含项目、数量、零件代号、描述和材料信息，见表 6-1。

表 6-1　明细表

明细表				
项目	数量	零件代号	描述	材料
1	1	零部件 4		钢
2	1	零部件 5		钢
3	1	零部件 1		钢
4	1	零部件 2		钢
5	1	零部件 3		钢

（2）引出序号：通过在图形中标记明细表中包含的零部件来对其进行标识。可以插入带有线性引线的引出序号，也可以插入带有弯曲引线的样条曲线引出序号，如图 6-33 所示。

9. 输出命令　输出绘制图样，以便工程加工以及与其他设计师交流。输出格式分别为 PDF、DWG 以及 CSV，如图 6-34 所示。

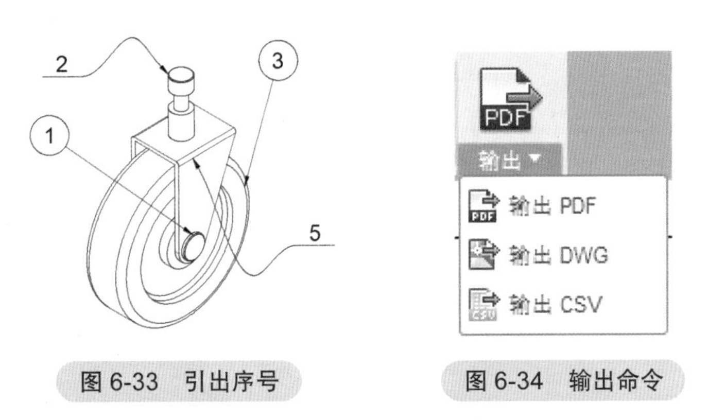

图 6-33　引出序号　　图 6-34　输出命令

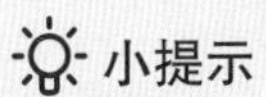
小提示

存为工程图模板后，会保存到云端，方便设计师查看与修改。

6.1.3　实例创建工程图

本节使用小轮组模型创建整体工程图。

步骤 1　创建工程图

更改工作空间为【工程图】/【从设计】来创建工程图，弹出【创建工程图】属性管理器，选择默认参数，单击【确定】，如图 6-35 所示。

步骤 2　设置基础视图参数

单击【工程视图】/【基础视图】，弹出【工程视图】属性管理器。【方向】选择【右】，样式选择【可见边】，【缩放】输入值“0.7”，【相切边】选择【全长】，单击【确定】，如图 6-36 所示。

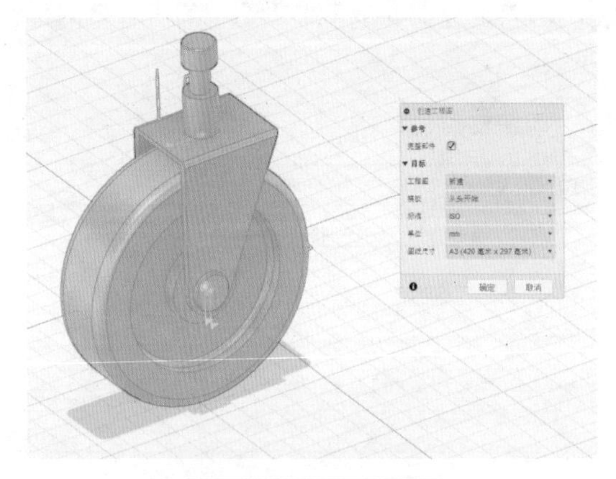

图 6-35　创建工程图

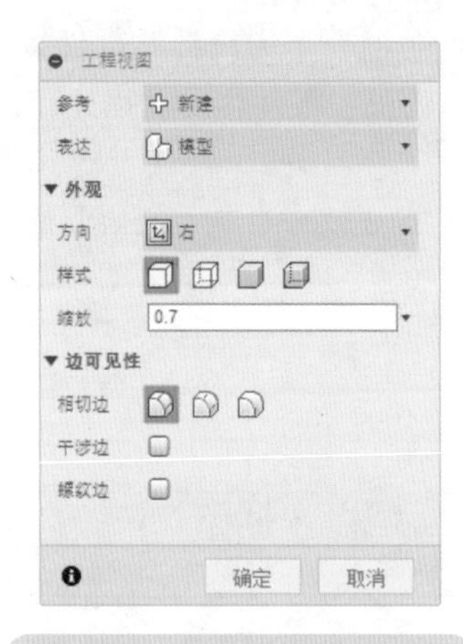

图 6-36　设置基础视图参数

步骤 3　创建投影视图

单击【工程视图】/【投影视图】，单击选择父视图，在图 6-37 所示方向创建上视图以及左视图，单击【确定】。

步骤 4　创建斜剖视图

单击【工程视图】/【剖视图】，单击选择父视图，再次指定图 6-38 所示斜剖切线，创建剖视图 *A*—*A*（0.7），单击【确定】。

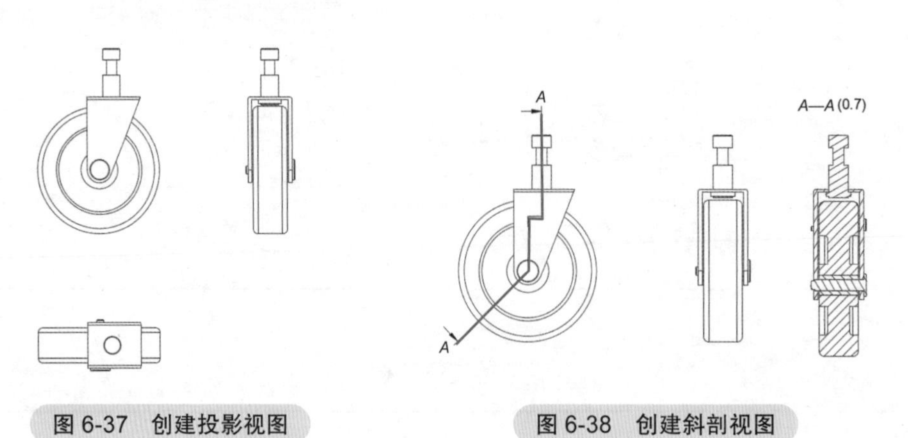

图 6-37　创建投影视图　　图 6-38　创建斜剖视图

步骤5 创建局部放大图

单击【工程视图】/【局部视图】，单击选择父视图，再次指定需要创建局部放大图的部分，创建局部放大图，单击【确定】，如图6-39所示。

步骤6 创建中心线

单击【几何图元】/【切换为中心线】，单击选择两条边线来创建中心线，如图6-40所示。

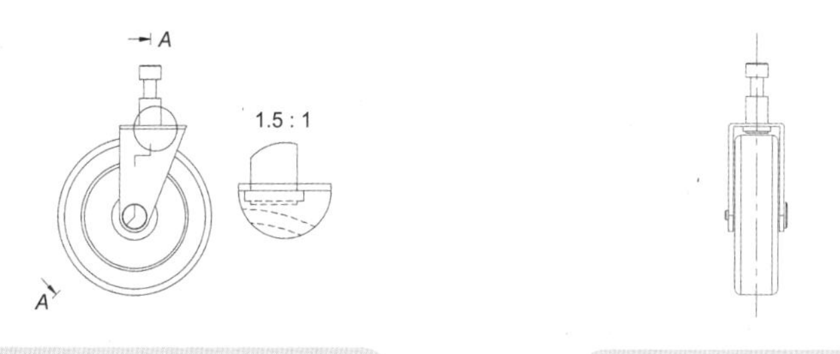

图6-39 创建局部放大图　　图6-40 创建中心线

步骤7 创建中心标注

单击【几何图元】/【中心标记】，单击选择需要标记的圆来创建中心，单击【确定】，如图6-41所示。

步骤8 标注尺寸

单击【尺寸】，根据图6-42所示标注选择【角度标注】、【直径标注】等标注类型，单击选择需要标注的边以及圆，创建尺寸标注。

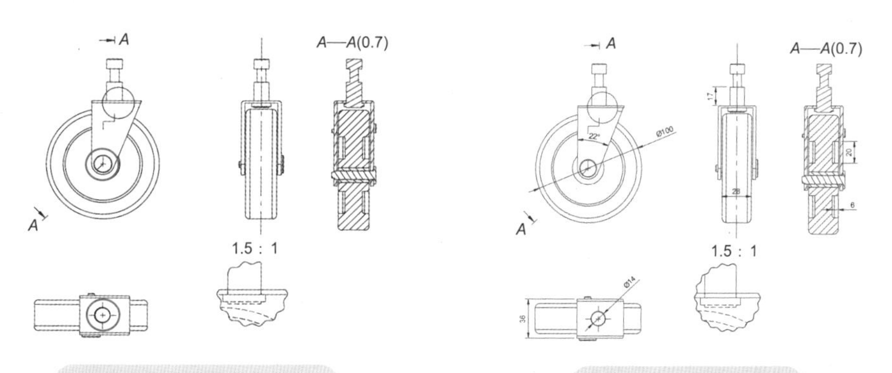

图6-41 创建中心标注　　图6-42 标注尺寸

步骤9 标注符号

单击【符号】，根据图6-43所示符号标注选择【表面粗糙度】、【形位公差】、【基准符号】，单击选择需要标注的对象，创建符号标注。

步骤10 引出序号

单击【表格】/【引出序号】，单击选择零部件创建序号标注，如图6-44所示。

步骤11 创建明细表

单击【表格】，创建明细表，如图6-45所示。

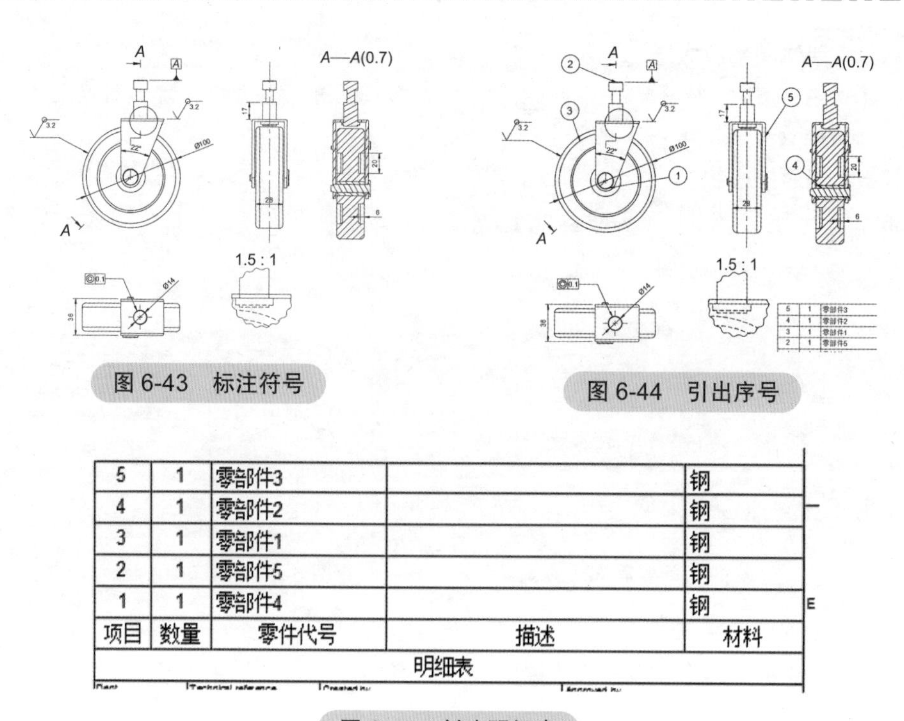

图 6-43　标注符号

图 6-44　引出序号

5	1	零部件3		钢
4	1	零部件2		钢
3	1	零部件1		钢
2	1	零部件5		钢
1	1	零部件4		钢
项目	数量	零件代号	描述	材料
明细表				

图 6-45　创建明细表

步骤 12　输出工程图样

单击【输出】/【输出 PDF】，输出工程图样，如图 6-46 所示。

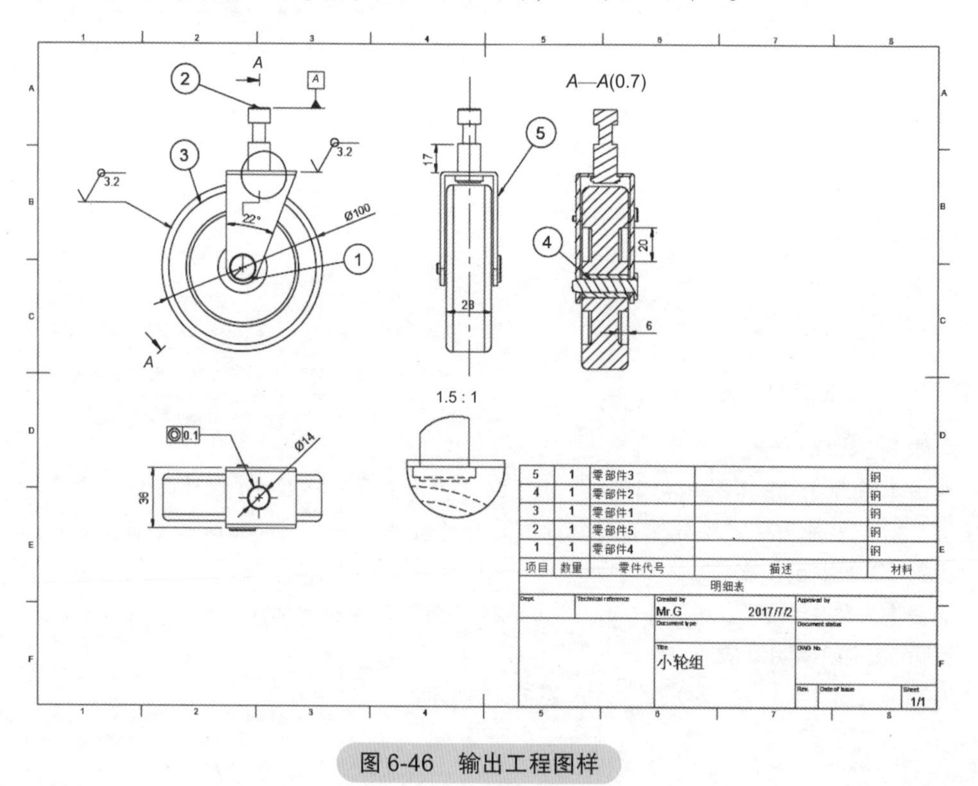

5	1	零部件3		钢
4	1	零部件2		钢
3	1	零部件1		钢
2	1	零部件5		钢
1	1	零部件4		钢
项目	数量	零件代号	描述	材料

图 6-46　输出工程图样

小提示

图 6-46 只是基础工程图演示，在工程图样输出之前，设计师需检查图样是否有不合理的地方，标注位置是否需要调整等，在空白区域可以附加技术说明、要求等，以使设计图完整化。

6.2 CAM 新建设置

CAM 代表计算机辅助制造，是将零件模型转换为可用于制造流程的语言（通常是 G 代码）的步骤。

Fusion 360 的 CAM 工作空间，相比较现有的 CAM 软件，其优势在于与模型设计集成、实现上下游数据关联，当实际模型发生变化时，CAM 中模型会有更新提示，并且其加工模式支持多轴。CAM 工作空间如图 6-47 所示。

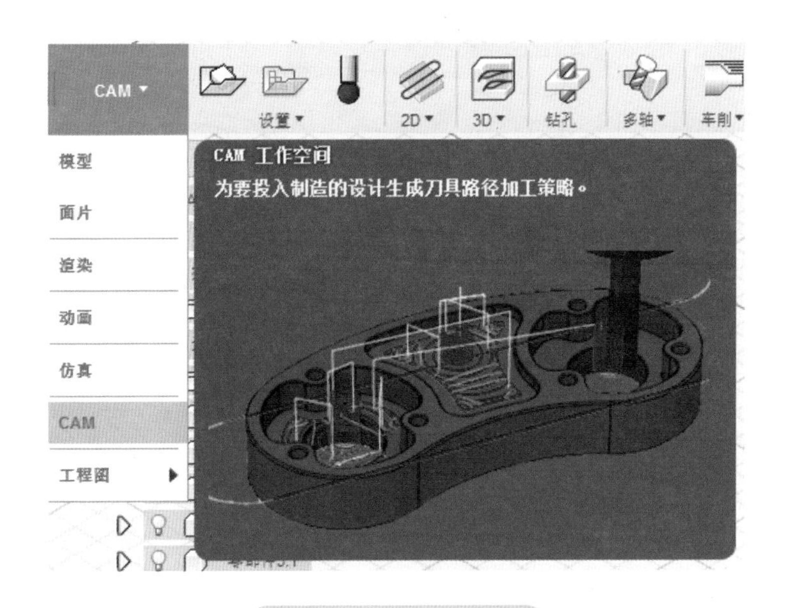

图 6-47 CAM 工作空间

6.2.1 设置毛坯以及坐标系

在此节中，将以小轮组模型中轮子的零部件作为计算机辅助制造实例。在 Fusion 360 中，模型会被自动确定毛坯尺寸。设计师也可按加工方案的不同选择最符合加工项目要求的形状，如图 6-48 所示。

单击【设置】/【新建设置】，弹出【设置：设置 1】属性管理器。【操作类型】选择【铣削】,【朝向】选择【选择 Z 轴 / 平面和 X 轴】,【原点】选择【毛坯边界盒点】，如图 6-49 所示，单击【确定】。

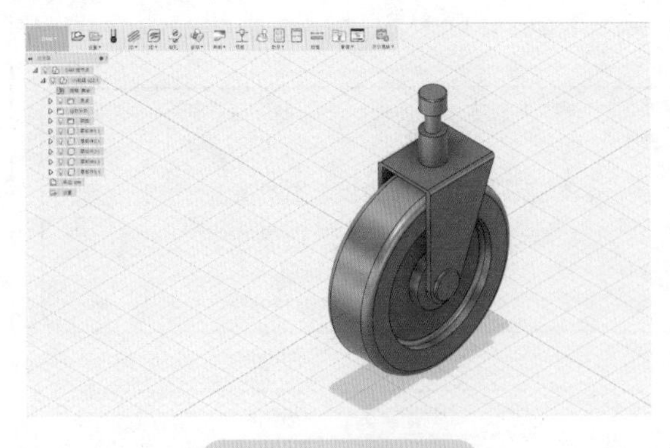

图 6-48　设置毛坯

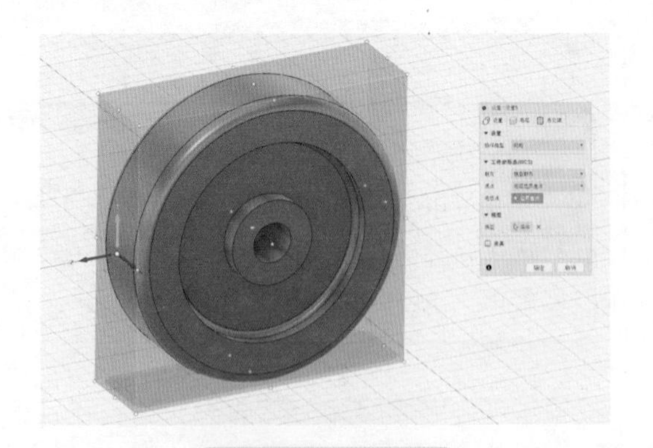

图 6-49　定义毛坯

1. 操作类型

（1）铣削：是以铣刀作为刀具加工物体表面的一种机械加工方法，铣刀是高速旋转的多刃刀具。工作时，毛坯件在工作台被专业夹具夹持，同时工作台移动，铣床主轴电动机高速运转，带动刀轴以及多刃刀具快速切割毛坯，实现加工零部件流程，如图 6-50 所示。

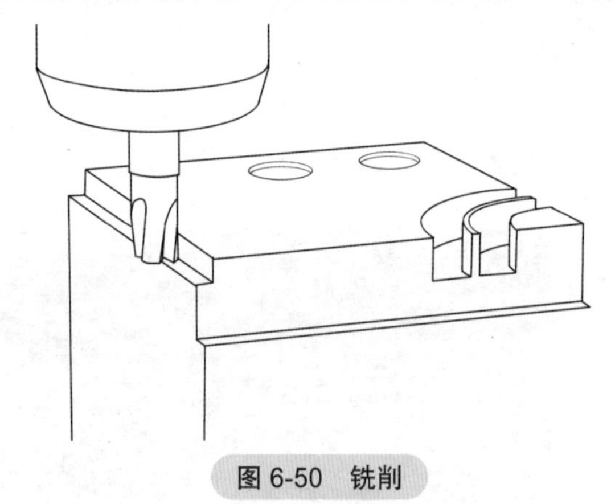

图 6-50　铣削

（2）车削：车削加工也叫车床加工，主要用车刀对旋转的工件进行车削加工。在车床上还可用钻头、铰刀、丝锥和滚花工具等进行相应的加工。与铣床不同的是，车削加工零部件时，车刀不动，夹持零部件的工作台绕轴高速运转，与车刀接触发生切削，如图 6-51 所示。

（3）切削：在 Fusion 360 中，切削工艺包括了水射流切割、激光切割以及等离子配置，如图 6-52 所示。

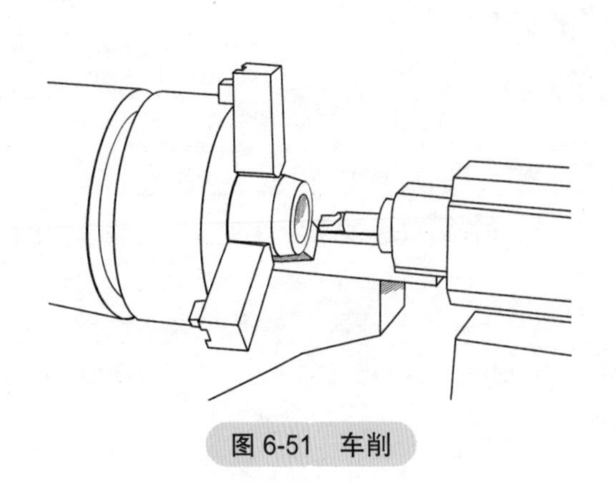

图 6-51　车削

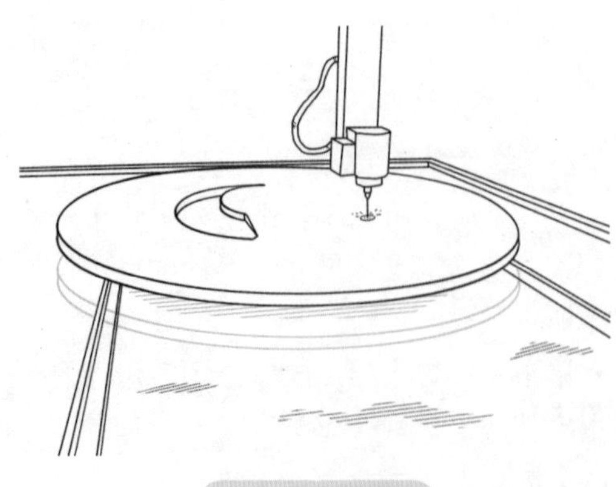

图 6-52　切削

2. 毛坯　CNC 加工时的基础材料及尺寸。

3. 工件坐标系　在选择坐标系时，由于加工工艺的不同以及毛坯大小等因素，需要调整坐标系的设置。Fusion 360 中提供 3 类坐标系选择：一类根据模型坐标系建立，这也是机加工中常用的坐标系定位方法；一类是指定某个轴与平面（选择 *Z* 轴 / 平面和 *X* 轴、选择 *Z* 轴 / 平面和 *Y* 轴、选择 *X* 轴和 *Y* 轴）；最后一类为直接选择坐标系。设计师可以根据需求在建模过程中设立坐标系以便于在 CAM 工作空间使用。

小提示

常用坐标系有毛坯上表面中间位置、毛坯上表面边角位置，在 Fusion 360 中都可以通过工件坐标系选项来设定。在机加工时坐标系必须和软件设计坐标系一致，否则会导致机加工出错。

6.2.2　手动 NC

手动 NC 即手动添加加工指令。在 CAM 工作空间进行软件模拟加工时，手动添加一些加工指令可以使输出程序更加简便高效。常用指令见表 6-2~ 表 6-4。

表 6-2　加工中心常用的 G 代码

G 代码	含义	格式
G00	快速定位	G00 X_Y_Z_
G01	直线插补	G01 X_Y_Z_F_
G02	顺时针圆弧插补	G02 X_Y_Z_R_
G03	逆时针圆弧插补	G03 X_Y_Z_R_
G04	停刀，准确停止	
G15	极坐标系指令取消	
G16	极坐标系指令	
G17	选择 *XY* 平面	
G18	选择 *XZ* 平面	
G40	刀具半径补偿取消	
G41	刀具半径左补偿	
G42	刀具半径右补偿	
G43	正向刀具长度补偿	
G44	负向刀具长度补偿	
G49	刀具长度补偿取消	

表 6-3　M 指令

M 指令	含义	M 指令	含义	M 指令	含义
M00	程序停止	M03	主轴正转	M06	换刀指令
M01	选择停止	M04	主轴反转	M08	切削液开
M02	程序结束	M05	主轴停止转动	M09	切削液关

表 6-4 地址功能表

地址	功能	含义	地址	功能	含义
D	补偿号	刀具半径补偿指令	O	程序号	程序号、子程序号的指定
F	进给速度	进给速度的指令	P		暂停或程序中某功能开始使用的顺序号
G	准备功能	指令动作方式	Q		固定循环终止段号或固定循环中定距
H	补偿号	补偿号的指定	R	坐标字	固定循环中定距或圆弧半径的指定
I	坐标字	圆弧中心 X 轴向坐标	S	主轴功能	主轴转速的指令
J	坐标字	圆弧中心 Y 轴向坐标	T	刀具功能	刀具编号的指令
K	坐标字	圆弧中心 Z 轴向坐标	X	坐标字	X 轴的绝对坐标值或暂停时间
L	重复次数	固定循环及子程序的重复次数	Y	坐标字	Y 轴的绝对坐标
M	辅助功能	机床开 / 关指令	Z	坐标字	Z 轴的绝对坐标
N	顺序号	程序段顺序号			

6.3 刀具路径

在毛坯设置成功后即可创建刀具路径，形成 NC 程序。

6.3.1 2D 与 3D 铣削

1.2D 铣削 Fusion 360 中，2D 加工方式多以平面加工为主，针对特殊的加工方式制定特殊的加工策略进行加工。

（1）镗孔和螺纹策略：设计师可以通过直接选择圆柱形，镗孔铣削和螺纹铣削圆柱挖槽和中心圆盘。所有操作都经过优化以最大限度缩短刀具行程和总体循环时间来加工含螺纹和孔的零部件，如图 6-53 所示。

（2）2D 轮廓加工策略：设计师通过选择需要加工的轮廓边，生成对应的轮廓加工路径。在零部件加工过程中，粗加工完成后往往需要进一步精加工，使用轮廓加工策略适用于竖直面的精加工，如图 6-54 所示。

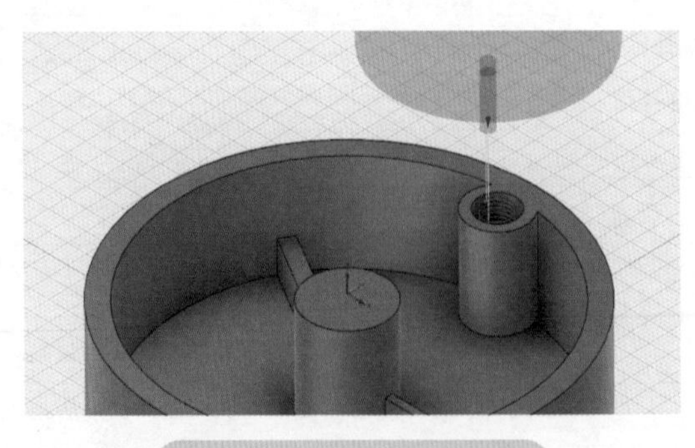
图 6-53 镗孔和螺纹策略

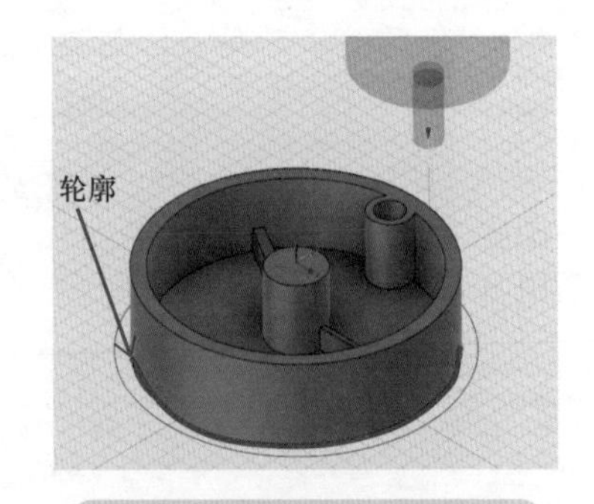

图 6-54 2D 轮廓加工策略

（3）2D 挖槽策略：根据零部件形状选择需要的挖槽面，添加所选平面，更换切削直径较小的刀具进一步加工。此策略同样适用于粗加工之后的精加工，如图 6-55 所示。

（4）面加工策略：执行快速零件面加工，以为将来的加工准备原始毛坯。通常，该策略还可用于清除扁平区域，如图 6-56 所示。

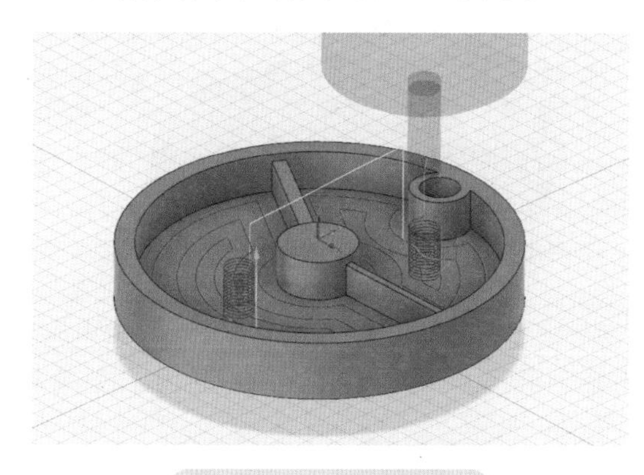

图 6-55　2D 挖槽策略

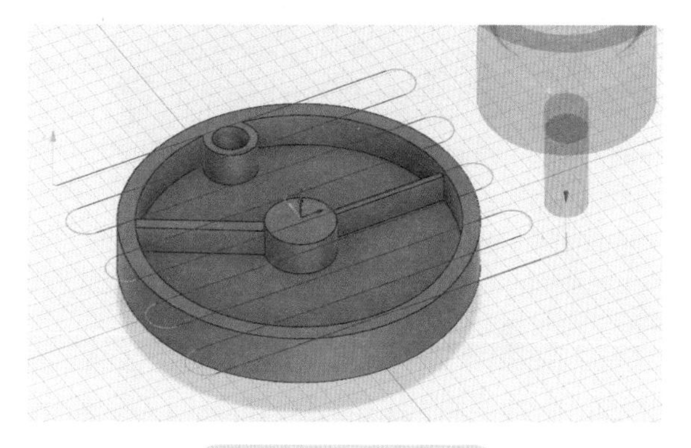

图 6-56　面加工策略

（5）2D 自适应清除策略：绕过凸出部分或者以掠过方式，清除闭合曲线内的刀具路径。该策略可从剩余毛坯中逐步削除材料，避免进行全宽度切削，如图 6-57 所示。

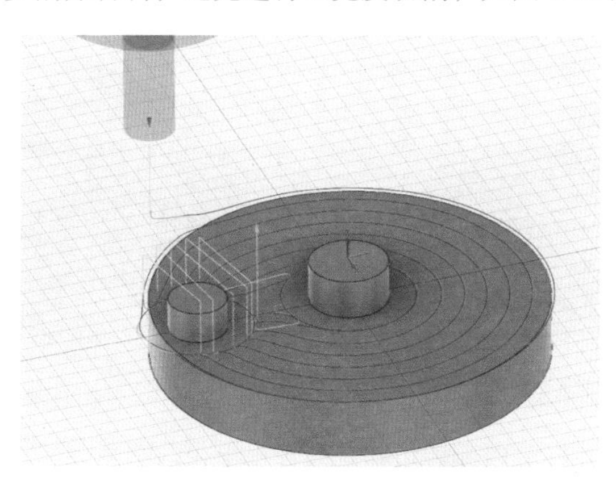

图 6-57　2D 自适应清除策略

> **小提示**
>
> 所有加工方式，在选择刀具时要注意下切深度（即每次加工刀具下行深度），需根据材料、刀具硬度以及刀具直径设置数值。

2. 3D 铣削　最为常用的加工策略，对模型外形进行立体三轴加工，适用于粗加工以及精加工。

（1）平行策略：加工路径在某一平面中是平行的，并且在曲面上沿 *Z* 方向延伸。平行加工路径最适合加工浅平面区域和向下铣削。通过选择向下铣削，在加工复杂曲面时可将刀具变形减至最小，如图 6-58 所示。

（2）轮廓策略：精加工陡峭壁的最佳加工策略，但也可用于对零件较为垂直的区域进行半精加工和精加工。如果指定了斜坡角度，例如 30° ~ 90° ，将加工陡峭面区域，而留下 30° 以内的较浅平区域，以选择更合适的策略进行加工，如图 6-59 所示。

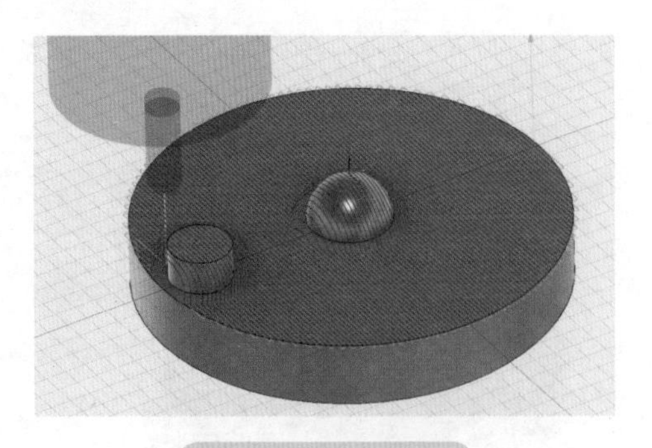

图 6-58　平行策略

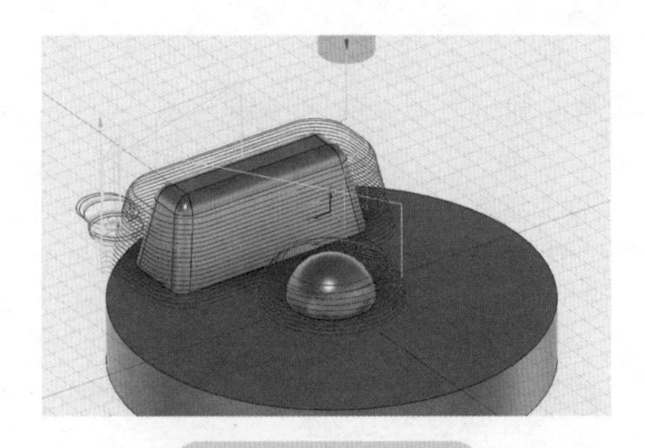

图 6-59　轮廓策略

（3）斜插策略：用于加工陡峭面区域，与轮廓加工策略类似，但斜插策略是从上往下沿着斜坡加工，而不同于轮廓策略是恒定的 Z 值加工，如图 6-60 所示。

（4）水平策略：可自动检测零件的所有扁平区域，并使用偏移路径进行相应加工。如果扁平区域高于周边区域，则刀具会移至扁平区域以外清洁边缘。使用可选的最大下刀步距时，可以分阶段加工水平面，这样可使水平加工适用于半精加工和精加工，如图 6-61 所示。

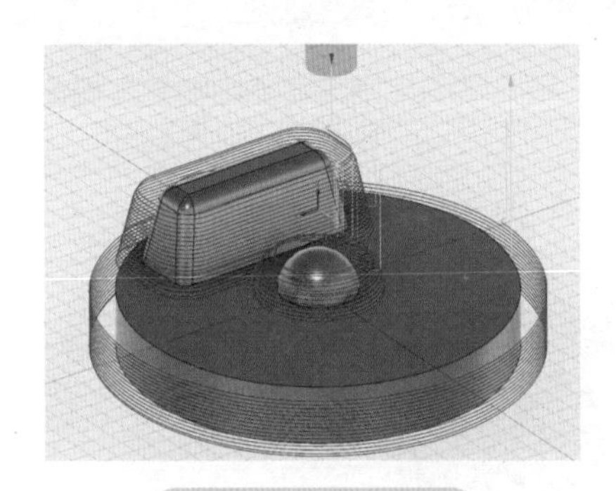

图 6-60　斜插策略

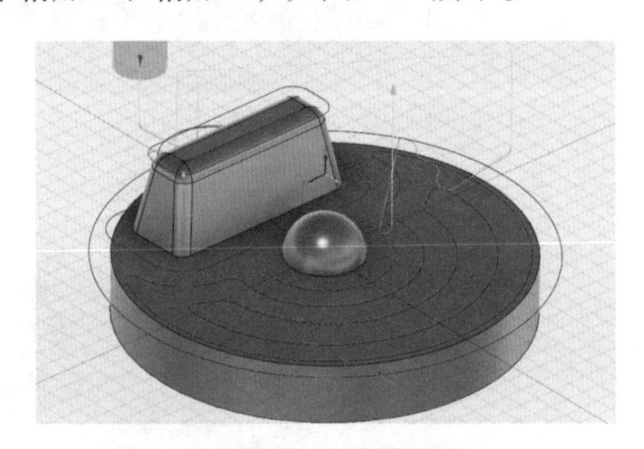

图 6-61　水平策略

（5）交线清角策略：可沿内部转角和具有较小半径的圆角创建刀具路径，从而移除其他刀具无法接触的材料。无论使用单个还是多个加工路径，此策略都非常适合于精加工策略完成之后执行的清洁操作，如图 6-62 所示。

（6）环绕等距策略：通过设置沿曲面向内的偏移，创建彼此之间保持恒定距离的刀具路径。加工路径沿着斜坡和垂直壁，以保持步距。与其他精加工策略一样，可通过接触角范围来限制加工，如图 6-63 所示。

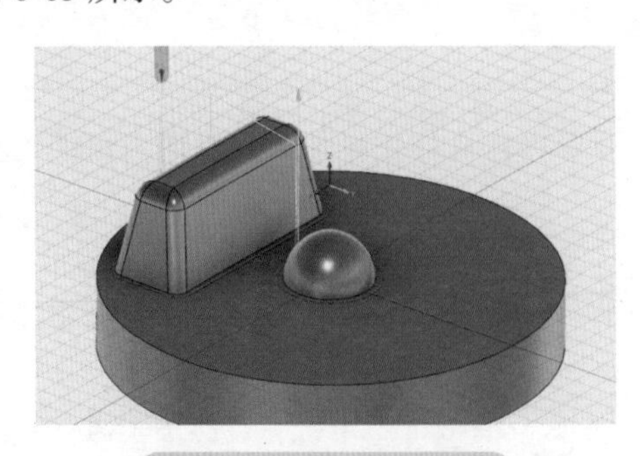

图 6-62　交线清角策略

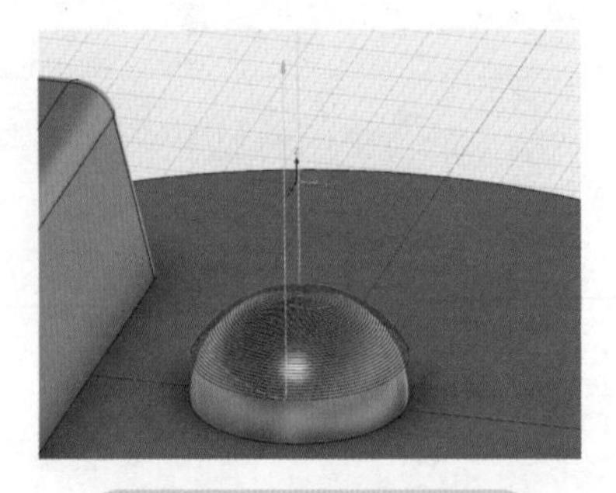

图 6-63　环绕等距策略

（7）径向策略：与环切加工类似，径向加工同样从中心点开始，支持加工径向零件。同时，还提供了在径向密集刀具路径位置禁用中心选项。所加工的详图中心点是自动放置的，也可以由用户指定放置，如图 6-64 所示。

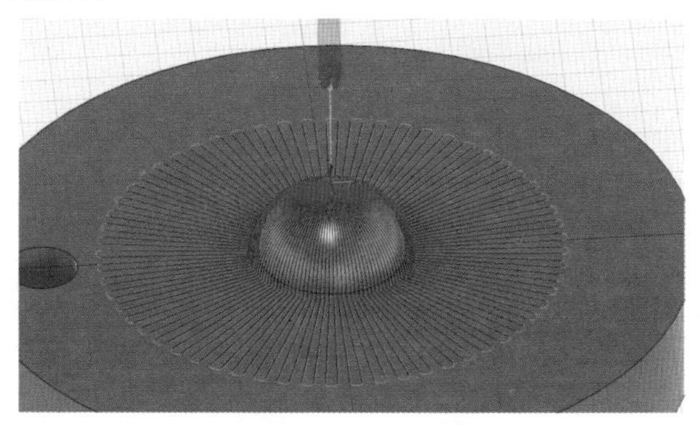

图 6-64 径向策略

（8）挖槽清洁策略：常用的粗加工策略之一，可以有效地加工大量材料。零件通过平滑的偏移轮廓逐层加工。

（9）依外形环切策略：与环切加工非常类似。但是，依外形环切操作可从选定边界生成环切，而环切操作会将生成的加工路径修整到加工边界。这意味着，可对环切操作不适用的其他曲面使用依外形环切。该策略在加工自由造型时也非常实用。

小提示

粗加工是以快速切除毛坯余量为目的，在粗加工时应选用大的进给量和尽可能大的切削深度，以便在较短的时间内切除尽可能多的切屑。精加工去除材料少，切削速度快、进给量和吃刀量小，可以保证最终尺寸的精度及表面质量。

6.3.2 钻孔与多轴加工

1. 钻孔工艺　钻孔是在工件中创建孔的常用加工工艺。通常用于基本钻孔、深钻孔、深镗孔、镗孔和攻螺纹的固定循环等，如图 6-65 所示。

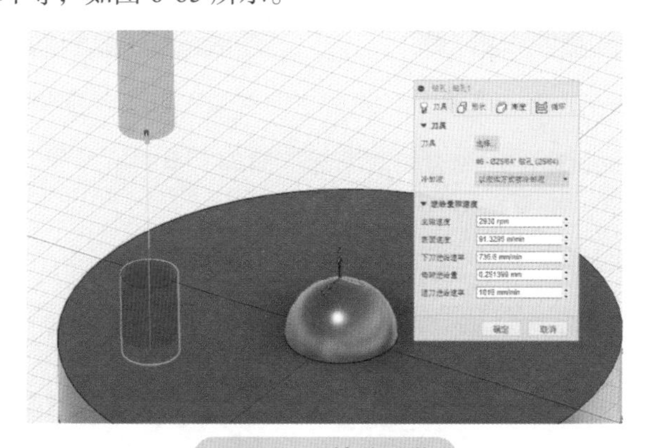

图 6-65 钻孔工艺

在刀具的选择上，钻头直径往往要小于钻孔大小。例如 M10 × 1.25 的孔，在使用钻头时，如果是硬质合金钻头，直径为 8.9mm，如果是 HSS 材质钻头，直径为 8.8mm，如图 6-66 所示。在【进给量和速度】选项中，每一个钻头对应的速度和进给都有所不同，设计师可以依据要求设定或者按照默认参数进行设置。

在【形状】选项卡中，再次选择孔内表面创建钻孔程序，单击【确定】，如图 6-67 所示。

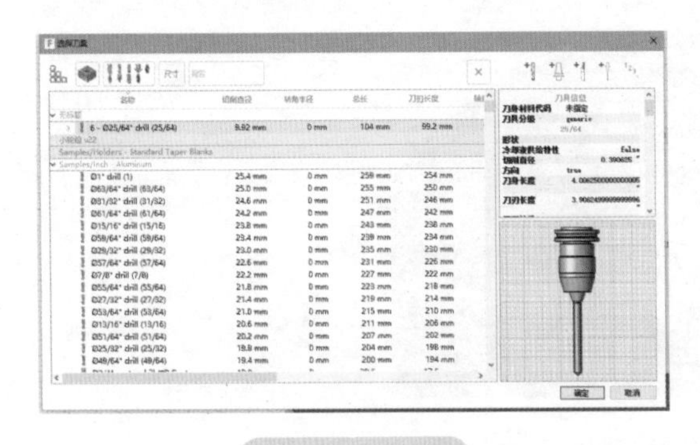

图 6-66 刀具

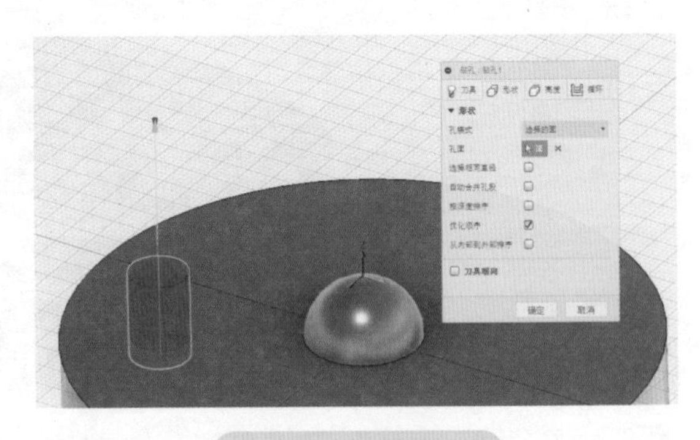

图 6-67 创建钻孔

2. 多轴加工　多轴加工对于机床来说，由铣床的 3 轴加工变为 3 轴以上。加工过程中，多轴加工的刀轴可以沿着零部件表面进行空间移动，而普通三轴机床的刀轴只能上下移动。多轴加工可以提供更为精准的加工效果。

6.3.3 车削工艺

（1）车削轮廓策略：最为基本的车削工艺，适用于粗加工和精加工。如果是粗加工零部件，可以在任意角度应用，如图 6-68 所示。

（2）车削凹槽策略：使用凹槽刀具加工零部件凹槽。适用于粗加工和精加工，如图 6-69 所示。

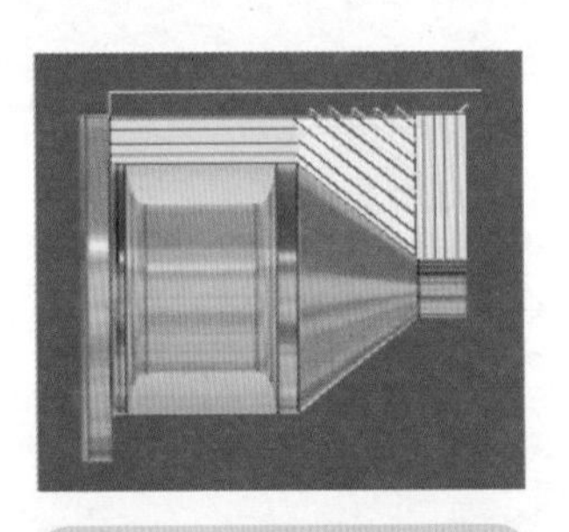

图 6-68 车削轮廓策略

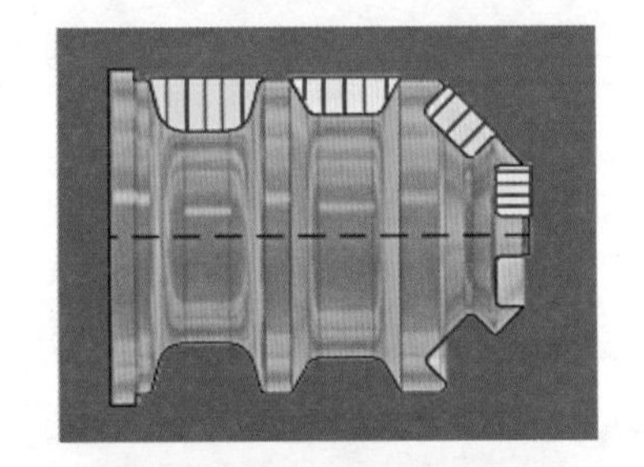

图 6-69 车削凹槽策略

（3）车削面策略：此策略使用车刀切削零部件前端，也叫平端面。毛坯料前端面不平整时，此策略是车削加工的第一步，如图 6-70 所示。

（4）车削单凹槽策略：用于限定位置的开槽，如图 6-71 所示。

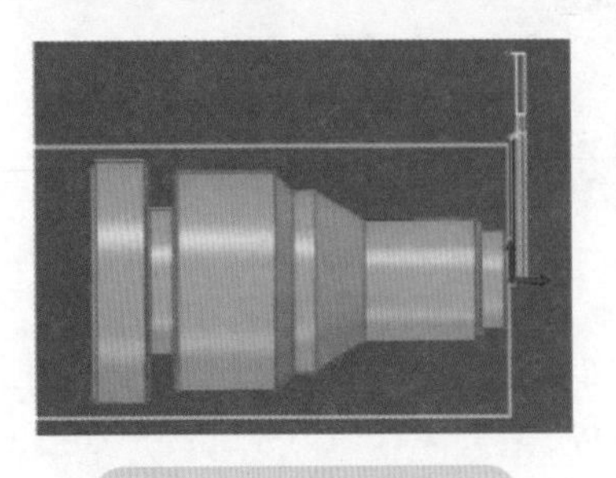

图 6-70 车削面策略

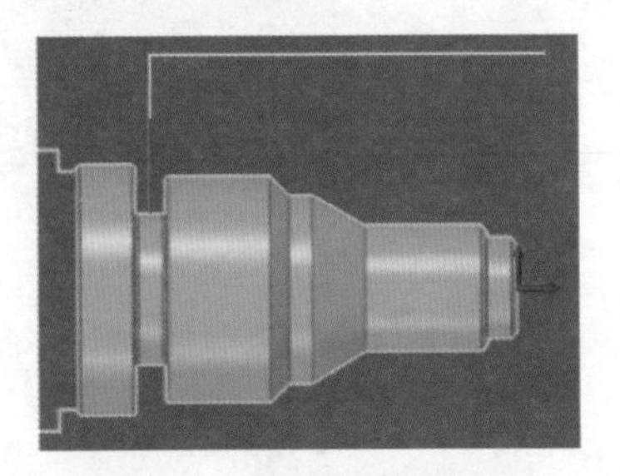

图 6-71 车削单凹槽策略

（5）车削倒角策略：用于对设计中尚未创建倒角的锐角创建倒角，如图 6-72 所示。

（6）车削零件策略：切断零部件与主轴的连接。一般这一步是零部件加工完成时，或者车削工艺后，需要取下零部件时使用，如图 6-73 所示。

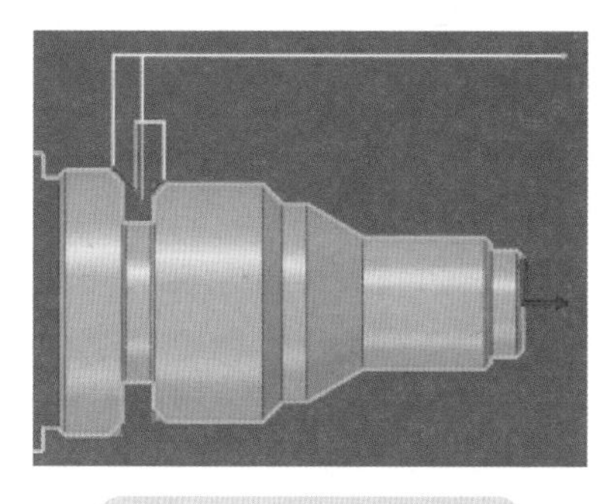

图 6-72　车削倒角策略

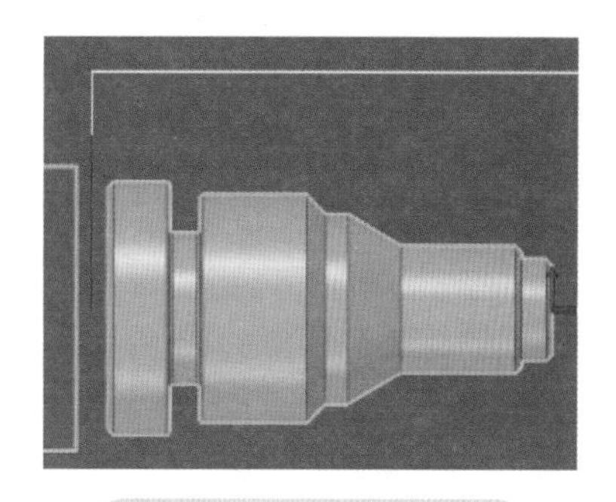

图 6-73　车削零件策略

6.3.4　切削工艺

（1）激光切割：利用高功率密度激光束照射被切割材料，使材料很快被加热至汽化温度，蒸发形成孔洞，随着光束在材料上的移动，孔洞连续形成宽度很窄的切缝，完成对材料的切割。

（2）水切割：即高压水射流切割技术，是一种利用高压水流切割的机器。在计算机的控制下能任意雕琢工件，受材料质地影响小。

（3）等离子切割：等离子切割是利用高温等离子电弧的热量使工件切口处的金属局部熔化（和蒸发），并借高速等离子的动量排除熔融金属以形成切口的一种加工方法。

切削工艺与车削工艺类似，刀具共有三种，如图 6-74 所示。

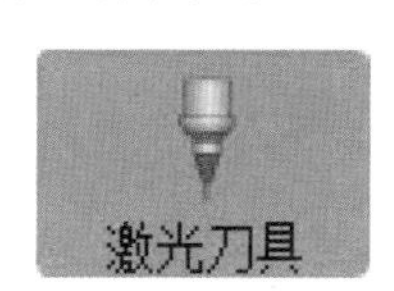

图 6-74　切削刀具

6.4　后处理

在小轮组零部件中轮子的加工路径创建完成之后，进行后处理，如图 6-75 所示。单击【动作】/【后处理】，弹出【后处理】属性管理器，如图 6-76 所示。

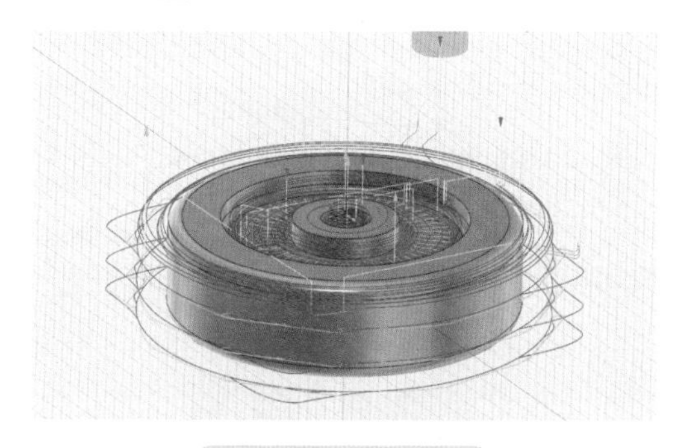

图 6-75　加工路径

图 6-76　后处理设置

小提示

后处理过程是把软件程序变换为加工指令的过程。设计师在后处理时切记选择机床型号以及操作系统。每个系统具有特定的指令代码。

6.5 加工仿真

设计师可以检验生成的刀具路径是否符合预期。在设置完成刀具路径后，可逐步仿真，也可以对某个零部件的整体加工方案进行仿真。

6.5.1 参数设置

单击【动作】/【仿真】，弹出【仿真】属性管理器。勾选【刀具】选项，仿真界面显示刀具，勾选【毛坯】选项，仿真界面显示毛坯，如图 6-77 所示。【毛坯】选项包含用于控制毛坯仿真模式、着色、材料和毛坯透明度的各种选项。在默认的“标准”模式下运行时，勾选【碰撞时停止】选项，可在下一次碰撞时停止仿真，如图 6-78 所示。

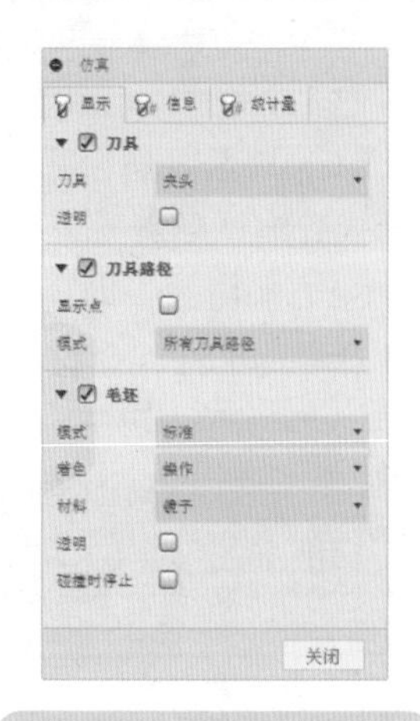

图 6-77 仿真参数设置

（1）操作：显示策略的特定操作信息，包括当前刀具位置或亮显的位置。

（2）位置：包含有关当前刀具位置的信息。这些信息包括当前位置、主轴速度、进给速率和移动。在非动画模式中，如果该组处于激活状态，则信息适用于当前亮显的位置，否则，适用于当前刀具位置；在动画模式中，将始终显示当前刀具的位置。

（3）验证：显示轴或夹头与工件（如果有）之间的碰撞次数，并且报告起始量，即原始毛坯的总量。量值显示了仿真中移除的毛坯，如图 6-78 所示。

▼ 验证	
碰撞	无
体积	209.001 cm^3 (69.3%)
初始体积	301.716 cm^3
距离	不可用

▼ 位置	
X 位置	0.24187 毫米
Y 位置	1.08187 毫米
Z 位置	15 毫米
主轴速度	10000 rpm 顺时针
进给速率	快速
移动	快速

▼ 操作	
描述	斜插1
类型	斜插
刀具	#5 - Ø5/16" 球 (5/16" Ball Endmill)
工件偏移	#0
设置	设置5
时间	0:02:37 (34.6%) 新建刀具

图 6-78 属性

统计量包含正在模拟的整个刀具的路径信息。当前信息包括总加工时间、总加工距离、执行的操作数量以及换刀次数，如图 6-79 所示。注意，加工时间是一个粗略估计值，可能与进行后处理之后的实际加工时间有很大差距。

图 6-79 统计量

6.5.2 仿真过程

仿真动画过程如图 6-80 所示。

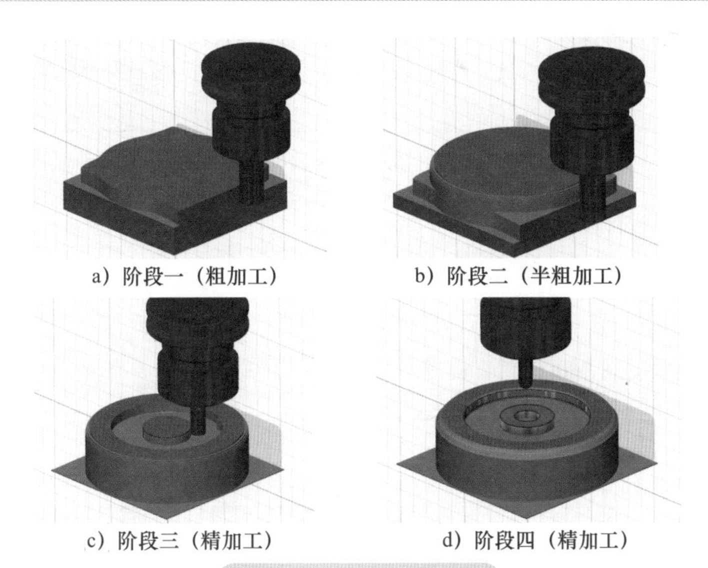

图 6-80 仿真动画过程

仿真动画播放条如图 6-81 所示。

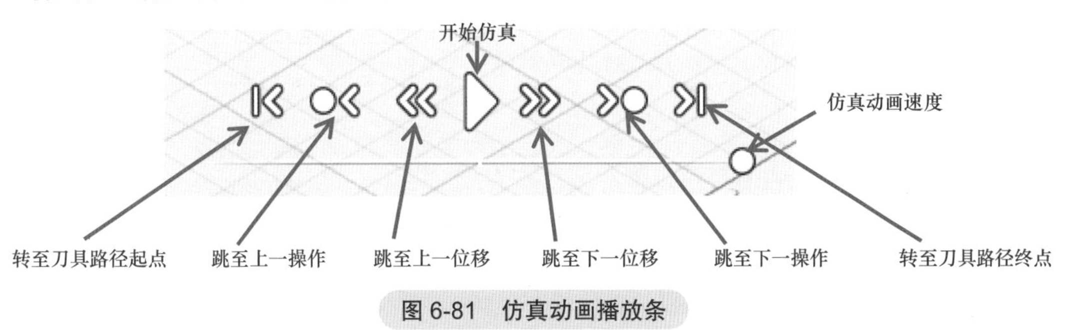

图 6-81 仿真动画播放条

课堂练习

1. 根据提供案例，创建铣床、车床相关零部件模型。
2. 创建毛坯并且生成刀具路径。
3. 检查刀具路径，创建仿真动画。

第 7 章

3D 打印与数字制造

学习目标

1. 学习 Fusion 360 模型导出流程。
2. 学习数字化 3D 打印制造流程。
3. 结合家装场景，学习制作流程。

扫码观看视频

7.1 模型转换导出

在 Fusion 360 中完成建模设计后，需要导出模型，默认为 STL 格式。本小节主要介绍模型优化与导出后，如何通过 3D 打印机完成虚拟三维模型增材制造加工。

7.1.1 模型优化

建模完成后，为方便查看，可以保存到云端存储器，也可以导入 3D 打印软件，进行三维打印制造。

在导入打印软件之前，首先需要保存设计模型。单击【保存】，弹出【保存】对话框。选择保存位置，输入模型名称，单击【保存】，上传云端服务器，如图 7-1 所示。

图 7-1 保存模型

保存完成之后，进行下一步，生成 3D 打印数据。在模型工作空间，单击【生成】/【3D 打印】，弹出【3D 打印】属性管理器，如图 7-2 所示，勾选【预览网格】选项可以按照网格格式查看模型。

【优化】选项中共有 4 类，包括高、中等、低、自定义。设计师选择【自定义】选项时，会出现【优化选项】，在这里，可以根据需求进行参数修改，如图 7-3 所示。

【优化选项】中，模型的高、中等、低设置代表面片的数量，高代表相对较高的面片数量，图 7-4a 所示的模型是由数量为 256864 的三角形面组成的。

小提示

三维模型的面数越多，计算机的承载量就会越大，从而影响操作的流畅度。我们建议用最少的三角形面进行构建，从而优化数据模型。

a）【生成】菜单

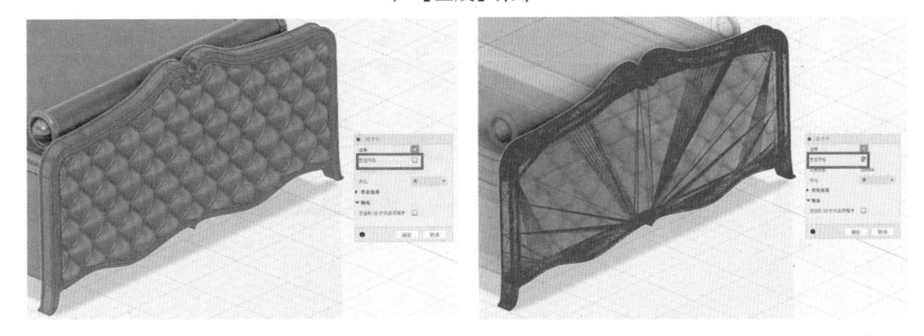

b）勾选【预览网格】前　　c）勾选【预览网格】后

图 7-2 预览网格

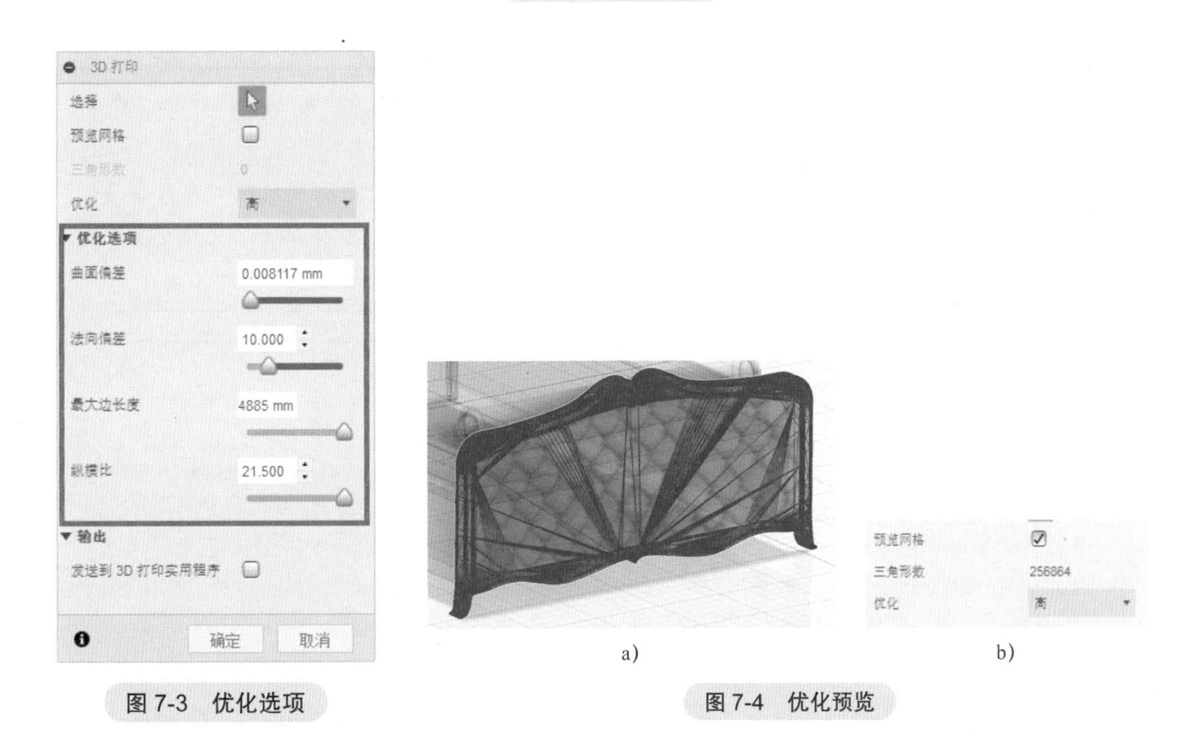

a）　b）

图 7-3 优化选项　　图 7-4 优化预览

7.1.2 模型导入 3D 打印软件

为方便展示从 Fusion 360 软件到 3D 打印的转换，实现实体模型的打印制作，我们选择了市面上较为推崇的 FDM 技术，使用 UPBOX 的 3D 打印机和 UPStudio 三维切片软件给大家进行演示。

（切片软件下载地址：https://www.tiertime.com/zh-CN/downloads/）

优化结束后，在【输出】属性管理器中，可以指定位置（切片软件）来导出模型，如图 7-5 所示。Fusion 360 可以在默认设置的切片软件中打开模型，如图 7-6 所示。

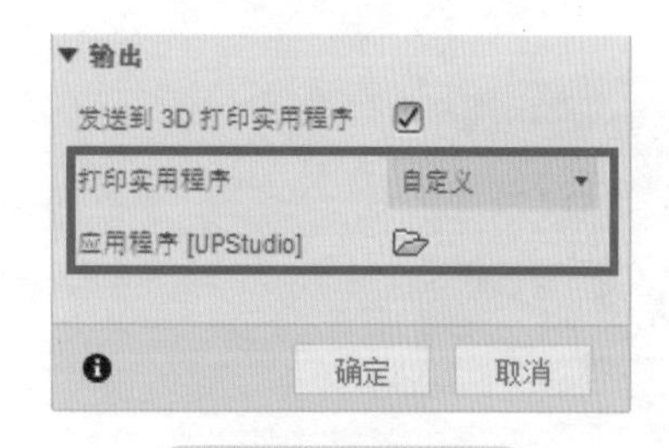

图 7-5　指定位置

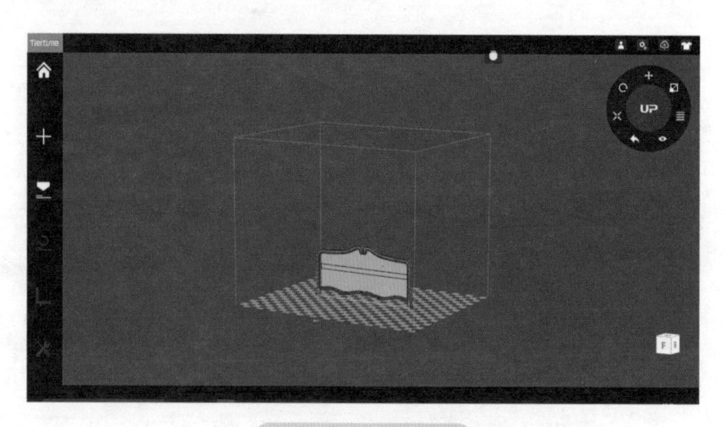

图 7-6　打开模型

3D 打印数字制造的一般流程，是将三维设计软件中的虚拟三维模型导入三维切片软件（在 Fusion 360 中，设计后可以直接导入切片软件），再将模型分割成一层一层的切片，切片的厚度越大，打印出来的模型精度就越低，反之，打印出来的模型精度就越高。不同的切片技术对应着相同的 3D 打印制作材料和工艺。Fusion 360 的最大特色就是将这些流程整合在一个流程下完成。

小提示

FDM 3D 打印技术，指利用高温将材料（通常为 ABS、PLA 材料）熔化成液态，通过打印喷头挤出，材料在挤出的瞬间遇空气冷凝固化，之后按照打印机计算好的路径，在打印平台上以层层堆积（即把模型切为具有一定厚度的薄片，再把每一层薄片堆积在一起）的方式进行立体打印。

相关知识

现阶段 3D 打印技术类型：

1）FDM：熔融沉积快速成型技术，主要材料为 ABS 和 PLA。

2）SLA：光固化成型技术，主要材料为光敏树脂。

3）3DP：三维粉末粘接技术，主要材料为粉末材料，如陶瓷粉末、金属粉末、塑料粉末。

4）SLS：选择性激光烧结技术，主要材料为粉末材料。

5）LOM：分层实体制造技术，主要材料为纸、金属膜、塑料薄膜。

6）DLP：数字光处理技术，主要材料为液态树脂。

7）FFF：熔丝制造技术，主要材料为 PLA、ABS。

小提示

本节所使用的切片软件 UPStudio 出自北京太尔时代科技有限公司。

优化过程不仅仅体现在打印前，在切片软件中，打印参数的设置也决定着打印模型的质量。如图 7-7 所示，【层片厚度】指模型每一层的厚度，这里，共有“0.1mm”“0.15mm”“0.2mm”“0.25mm”“0.3mm”“0.35mm”6 种选择。【填充方式】表示模型内部结构的疏密。

【质量】选项，较好的质量意味着打印时间会较长；相反，较快的质量意味着打印速度会加快，打印时间缩短。质量的选择，要依据不同的模型和要求而定，如图 7-8 所示。

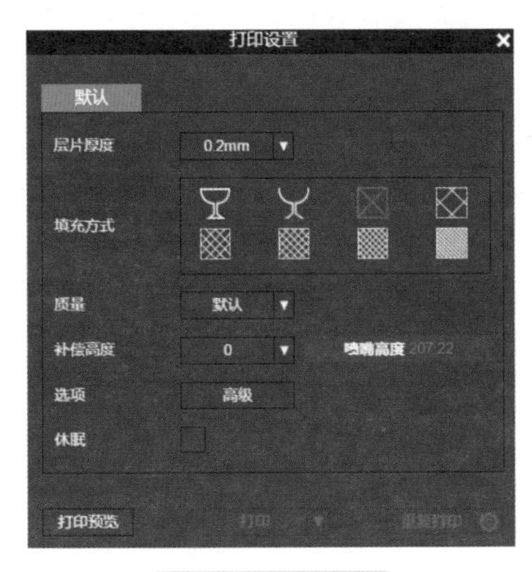

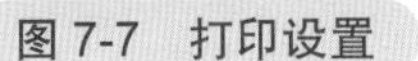
图 7-7 打印设置

图 7-8 质量选项

【高级】选项相关设置如图 7-9 所示。

（1）密闭层数：密封打印物体顶部和底部的层数。

（2）角度：该值决定表面层开始打印的角度。

（3）支撑层数：选择支撑结构和被支撑表面之间的层数。

（4）角度：决定产生支撑结构和致密层的角度。

（5）支撑面积：决定产生支撑结构的最小表面面积。小于该值的面积将不会产生支撑结构。

（6）支撑间隔：决定支撑结构的密度。值越大，支撑密度越小。

（7）无底座：无基底打印。

（8）无支撑：无支撑打印。

（9）稳固支撑：支撑结构坚固难以移除。

（10）非实体模型：软件将自动优化非实体模型。

（11）薄壁：对于太薄以致无法打印的壁厚，软件自身可以进行调整优化。

（12）加热：在开始打印之前，预热打印平台不能超过 15min。

模型支撑的设置如图 7-10 所示。

（1）支撑层：实心支撑结构确保所支撑表面保留其形状和表面光洁度。

（2）填充物：打印物体的内部结构。填充物的密度可以调整。

（3）底座：协助物体黏附至平台的厚实结构。

（4）密闭层：打印物体的顶层和底层。

> **小提示**
>
> 对于模型而言，并不是面越多越好，某六面体或者带有棱角分明的模型细节并不需要大量的面片来构架，少一些反而会更加突出模型特征。

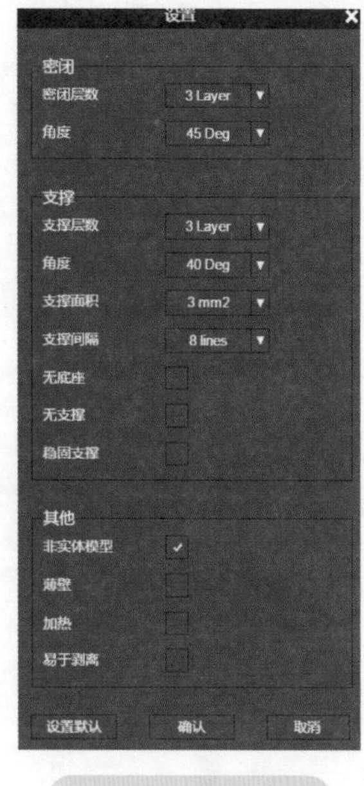

图 7-9　高级设置

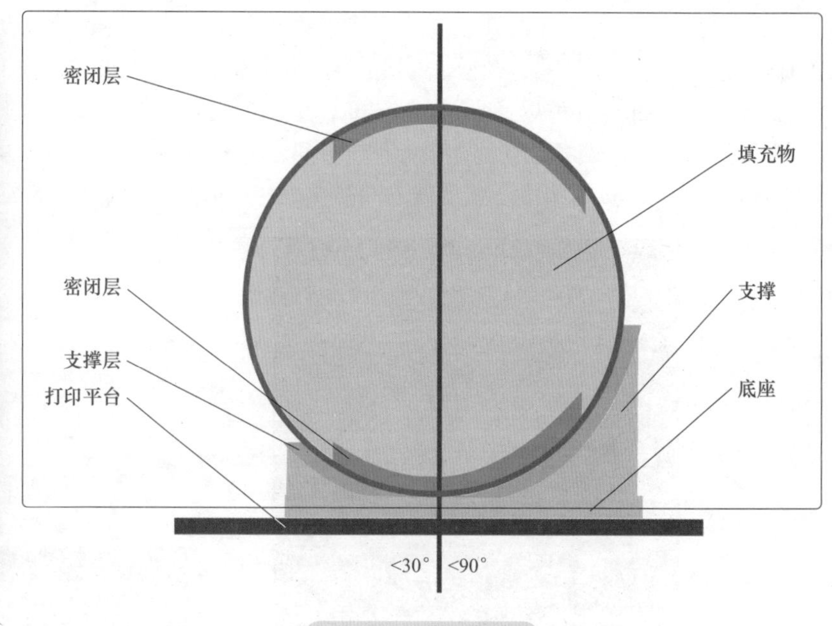

图 7-10　支撑设置

7.2　打印制造过程

连接打印机，执行打印命令，开始打印。此处，以打印床头柜外壁模型为例。设置参数完成后，单击【打印】，显示打印信息。软件计算模型分层数，计算完成后显示打印时长以及材料使用量，如图 7-11 所示。

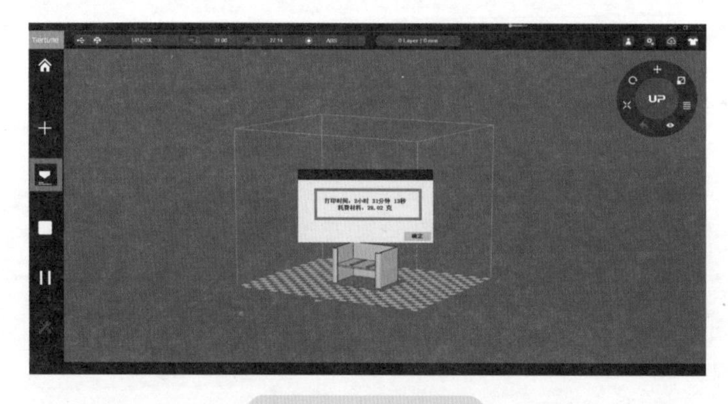

图 7-11　开始打印

各时段打印状态如图 7-12 所示。

小提示

FDM 在打印过程中，机器内部环境会较为稳定（包括平台温度、模型温度、机器内环境），使得打印出的模型更加完美。模型打印完成的质量与打印参数有着密切联系，因此，在设置打印参数时一定要参考模型本身，例如，模型特征较明显时需加以支撑角度，突出表现模型用途时需改变填充率等。

a）打印内部支持结构

b）打印 20min 时

图 7-12　打印状态

7.3　3D 打印后处理

3D 打印制作的完成并不完全意味着最终作品的完成，绝大多数 3D 打印制作完成后，需要对模型进行后处理。因为受 3D 打印技术限制，模型表面并不光滑，所以后期需要人工用一些特殊方式，使模型更加完美。

（1）拆除支撑物：打印结束并等打印平板温度冷却后，将打印平板连同模型取下；使用拆除工具（小铲）从平板上拆除模型。打印完成图如图 7-13 所示。

3D 打印作品时，使用有基底模式（即在打印平台上先打出一个支撑底座）十分实用。底座将作品与平台分离，有助于保持作品底面平整，平台上任何痕迹、不平整等问题都不会影响到作品。

（2）拆除过程：在铲下模型后，使用斜口剪钳从斜侧拆除支撑物。可以从一个边缘开始，然后缓慢撕起支撑物，使之剥离模型表面，最后剪下支撑物，如图 7-14 所示。

图 7-13　打印完成图

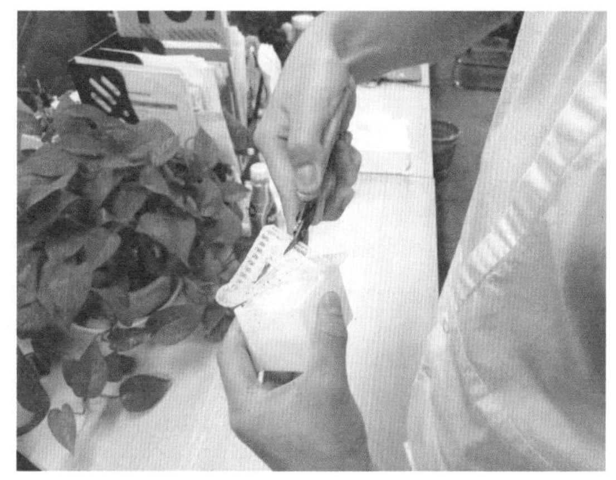

图 7-14　修剪支撑物

小提示

在拆除支撑物时，注意剪钳使用安全。或者佩戴专业手套，避免受伤。

3D 打印机基于 FDM 技术，由喷头挤出的加热材料逐层堆积形成三维产品模型，因此会在模型表面形成层与层之间连接的纹路。纹路的粗细取决于层厚，层厚越小，纹理越不明显，表面越光滑，如图 7-15 所示。

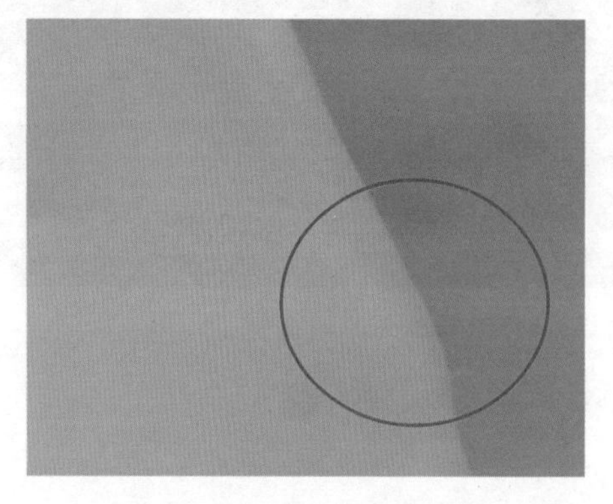

a）层片厚度为0.1mm

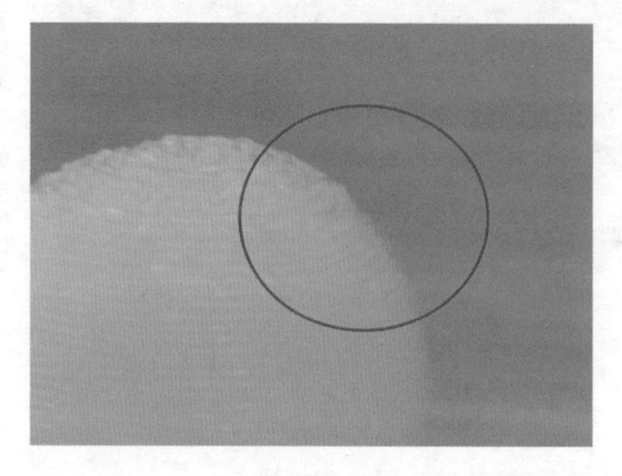

b）层片厚度为0.35mm

图 7-15　层厚设置

相关知识

在日常打印中，当打印的模型较为精细（打印层厚小）时，会增加打印时长。因此，可以选用较大的层厚进行打印，然后通过表面处理光整表面纹路，以实现较短的打印时间和较佳的模型外观质量。

1）溶剂熏蒸：溶剂熏蒸与蒸气熏蒸类似，都是利用有机溶剂对 ABS 的溶解性，对 3D 打印模型进行表面处理。不同之处在于，蒸气熏蒸首先将有机溶液加热形成蒸气，然后将 3D 打印模型放置在蒸气中，由高温蒸气均匀溶解模型表层的材料，从而获得光洁表面，如图 7-16 所示。

a）熏蒸前

b）熏蒸后

图 7-16　溶剂熏蒸

2）砂纸打磨：是一种廉价且行之有效的方法，一直是 3D 打印零部件后期抛光最常用、使用范围最广的技术。砂纸打磨处理起来还是比较快的。打磨过程中，可以适量用水加以湿润，打磨效果会更好。打磨前后，顶部位置阶梯感相对不是太明显，而且手感更加光滑。

7.4 欧式卧室拍摄

使用云端渲染功能，用时 16min，如图 7-17 所示。

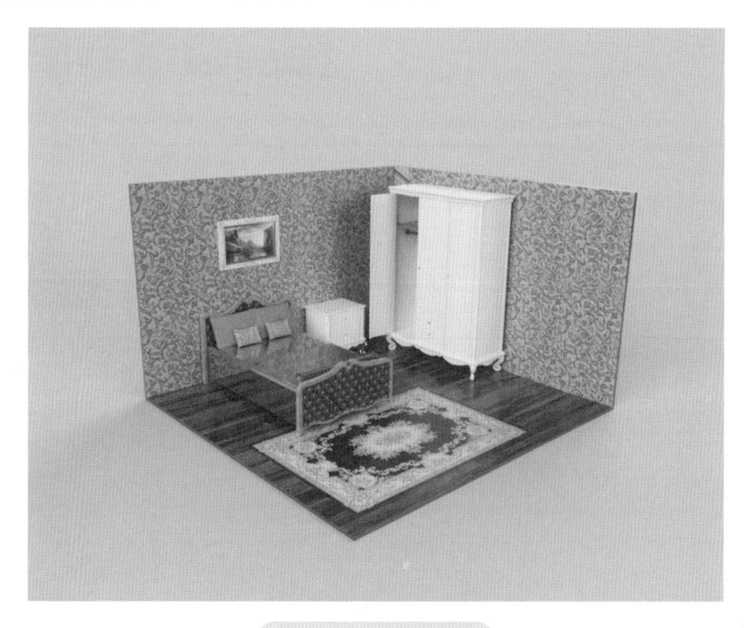

图 7-17 场景渲染

打印成品共计用时 24h，比例大小为 1:10，如图 7-18 所示。

图 7-18 打印后场景图

课堂练习

1. 使用 Fusion 360 绘制模型。
2. 导出模型并实现 3D 打印过程。
3. 后处理模型以及摆设小型场景。

第 8 章 综合案例制作

学习目标

1. 模拟生活家具，搭建户型设计场景。
2. 综合运用数字制造流程制作户型展示场景。
3. 着重学习镜头展示语言，使用动画预演制作动画。

本章节通过制作整体场景案例——洗漱间，学习综合建模命令应用以及场景设置。制作出预演动画与渲染图，有效地呈现出实物效果。

8.1 手绘草图过程

首先构思平面设计图，手绘平面区域，展示区域整体面积以及布局，如图 8-1 所示。

手绘整体场景及细节，作为建模样图，完成后如图 8-2 所示。

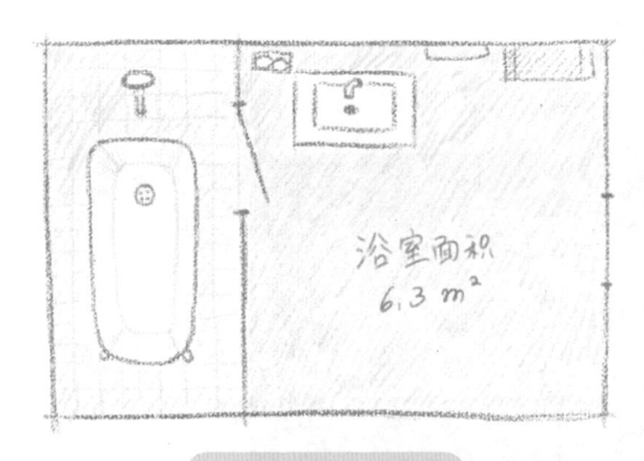

图 8-1 手绘平面图

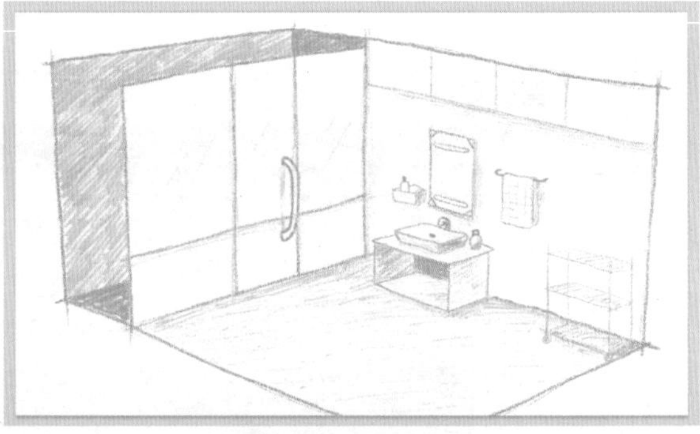

图 8-2 手绘整体图

8.2 三维建模及布局规划

建模过程在模型工作空间下完成。建模以洗漱间为例，其中，洗漱池以及洗漱台的建模过程前文有所提及，此处不详解。此外，洗漱间模型还包括镜子以及浴室间，简易现代风格，建模难度适中，设计师可以根据需求添加模型以及修改布局，如图 8-3 所示。

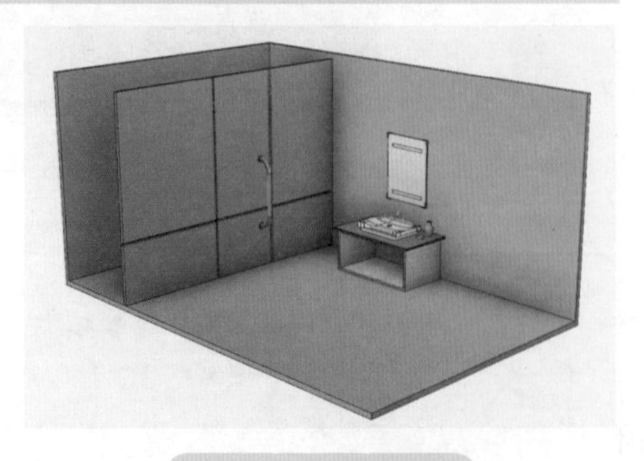

图 8-3 洗漱间模型

步骤 1　选择草图平面

首先选择 *XZ* 平面绘制草图，如图 8-4 所示。

步骤 2　绘制草图 1

单击【草图】/【矩形】/【中心矩形】，绘制矩形。单击【草图】/【草图尺寸】，标注矩形的长为 400.00，宽为 260.00，如图 8-5 所示。

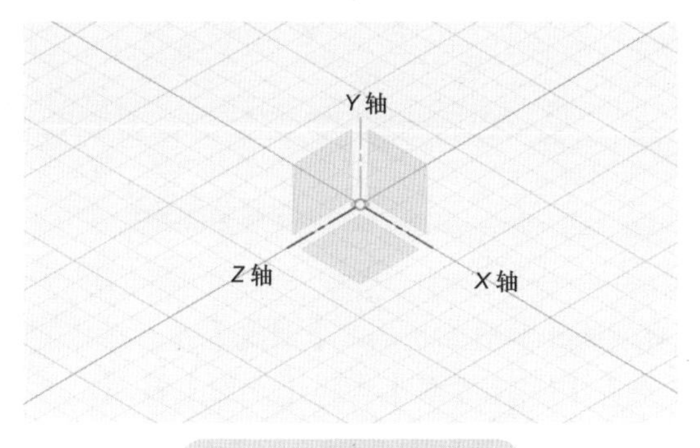

图 8-4　选择 *XZ* 平面

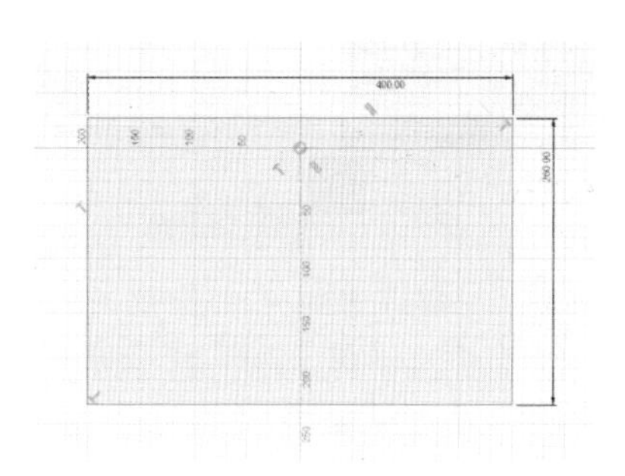

图 8-5　绘制草图 1

步骤 3　拉伸草图 1

单击【终止草图】，退出草图绘制界面。选择草图 1 并单击【创建】/【拉伸】，弹出【拉伸】属性管理器。【开始】选择【轮廓平面】，【方向】选择【一侧】，【范围】选择【距离】，【距离】设为“5mm”，单击【确定】，如图 8-6 所示。

步骤 4　绘制草图 2

选择模型拉伸后的后面平面，单击【草图】/【直线】绘制草图 2。单击【草图】/【草图尺寸】进行尺寸标注，如图 8-7 所示。

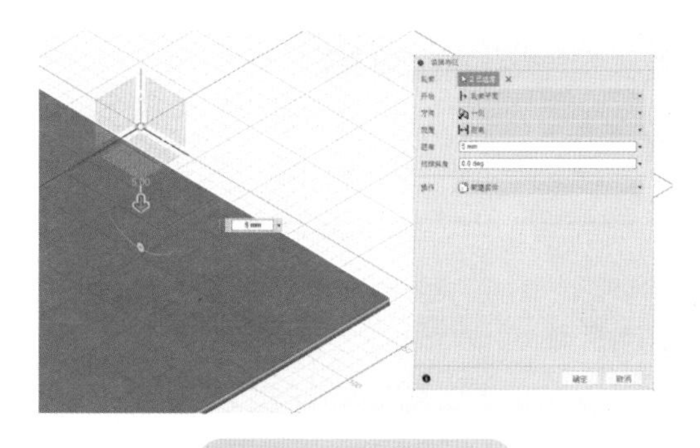

图 8-6　拉伸草图 1

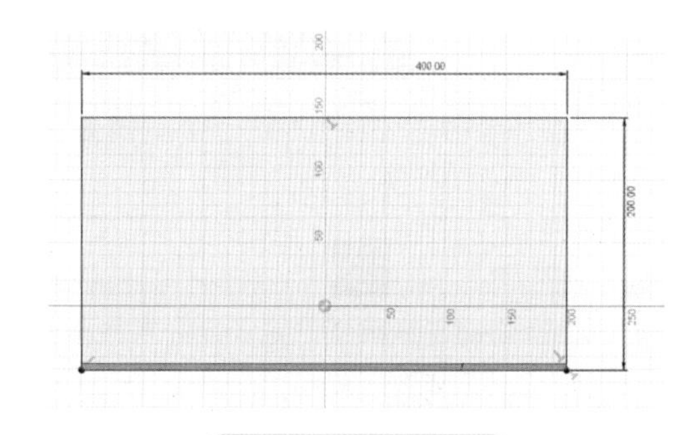

图 8-7　绘制草图 2

步骤 5　拉伸草图 2

单击【终止草图】，退出草图绘制界面。选择草图 2 并单击【创建】/【拉伸】，弹出【拉伸】属性管理器。【开始】选择【轮廓平面】，【方向】选择【一侧】，【范围】选择【距离】，【距离】设为“4mm”，单击【确定】，如图 8-8 所示。

步骤 6　绘制草图 3

选择模型拉伸后竖直平面，单击【草图】/【直线】绘制草图 3，如图 8-9 所示。

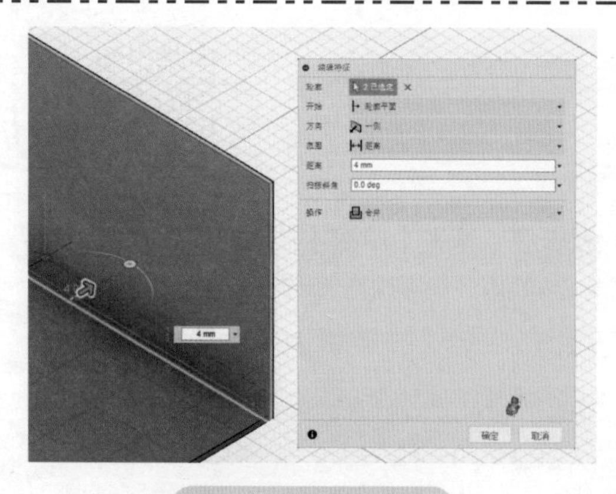

图 8-8　拉伸草图 2

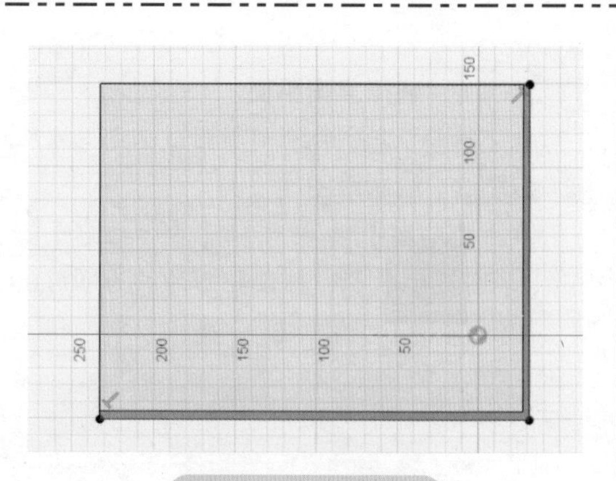

图 8-9　绘制草图 3

步骤 7　拉伸草图 3

单击【终止草图】，退出草图绘制界面。选择草图 3 并单击【创建】/【拉伸】，弹出【拉伸】属性管理器。【开始】选择【轮廓平面】，【方向】选择【一侧】，【范围】选择【距离】，【距离】设为“4mm”，单击【确定】，如图 8-10 所示。

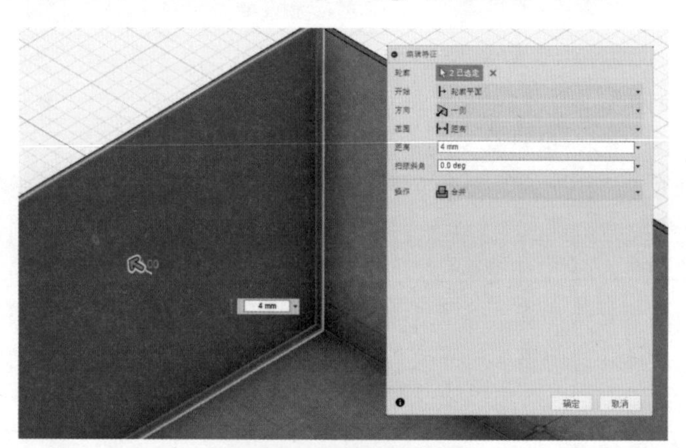

图 8-10　拉伸草图 3

小提示

至此墙面与底板搭建完成，导入洗漱台和洗漱池模型。

步骤 8　绘制草图 4

选择模型背墙平面，单击【草图】/【直线】绘制草图 4。单击【草图】/【草图尺寸】进行尺寸标注，如图 8-11 所示。

步骤 9　拉伸草图 4

单击【终止草图】，退出草图绘制界面。选择草图 4 并单击【创建】/【拉伸】，弹出【拉伸】属性管理器。【开始】选择【轮廓平面】，【方向】选择【一侧】，【范围】选择【距离】，【距离】设为“1mm”，单击【确定】，如图 8-12 所示。

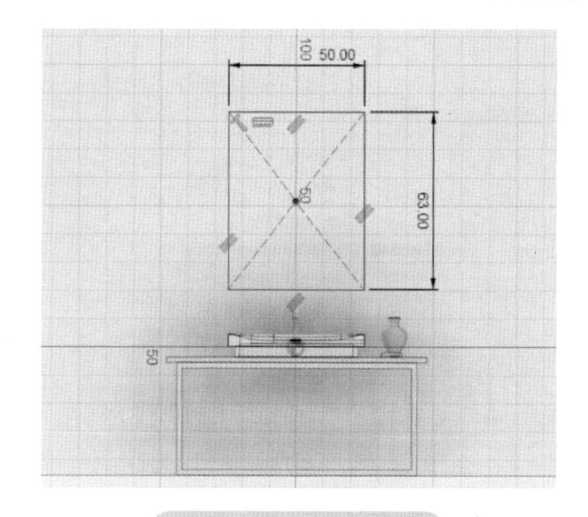

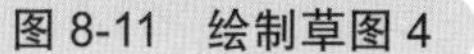
图 8-11 绘制草图 4

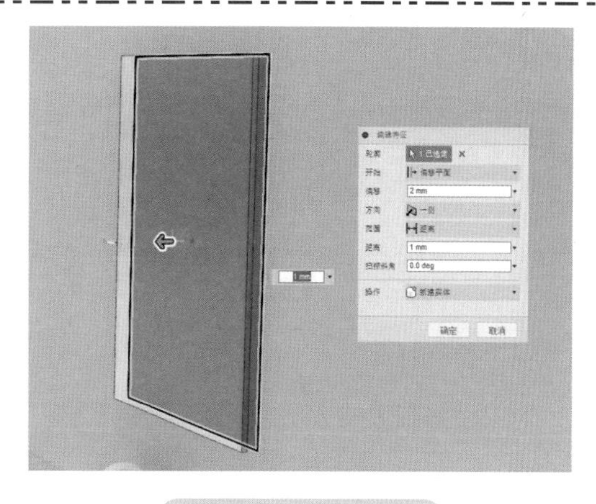

图 8-12 拉伸草图 4

步骤 10 绘制并拉伸草图 5

绘制草图 5（镜子护角），如图 8-13a 所示。选择草图 5 并单击【创建】/【拉伸】，弹出【拉伸】属性管理器。【开始】选择【轮廓平面】，【方向】选择【一侧】，【范围】选择【距离】，【距离】设为“1mm”，单击【确定】，如图 8-13b 所示。

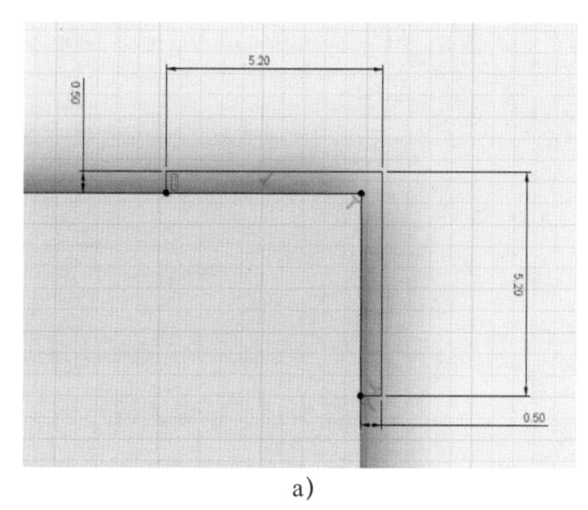

a)

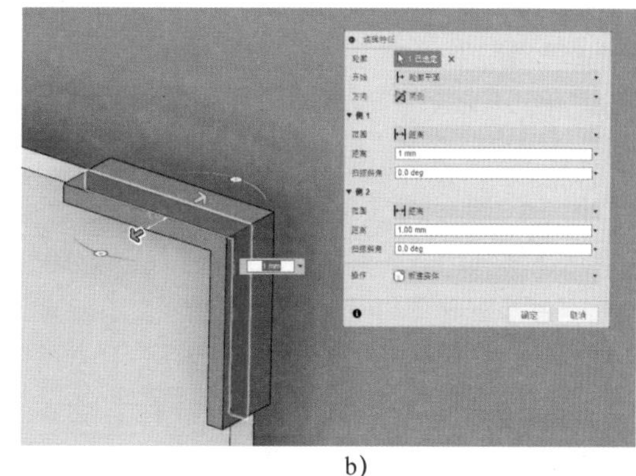

b)

图 8-13 绘制并拉伸草图 5

步骤 11 绘制并拉伸草图 6

绘制草图 6，如图 8-14a 所示。选择草图 6 并单击【创建】/【拉伸】，弹出【拉伸】属性管理器。【开始】选择【轮廓平面】，【方向】选择【一侧】，【范围】选择【距离】，【距离】设为“–1mm”，【操作】选择【剪切】，单击【确定】，如图 8-14b 所示。

步骤 12 镜像模型

单击【创建】/【镜像】，弹出【镜像】属性管理器。【样式类型】选择【实体】，【对象】选择镜子护角模型，【镜像平面】选择中间平面（单击【构建】/【中间平面】，选择两个面，创建中间平面），效果图如图 8-15 所示。

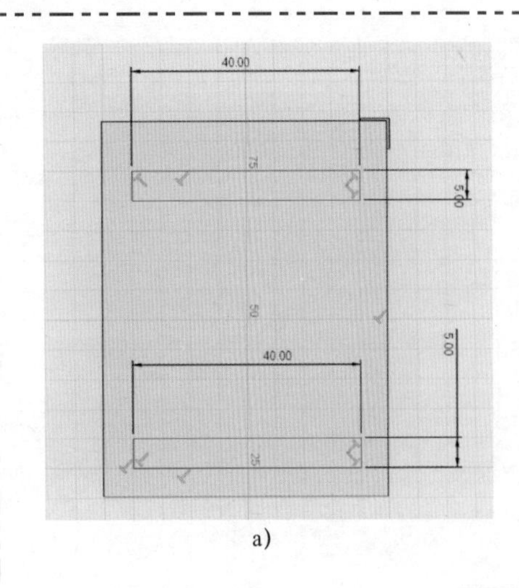

a)

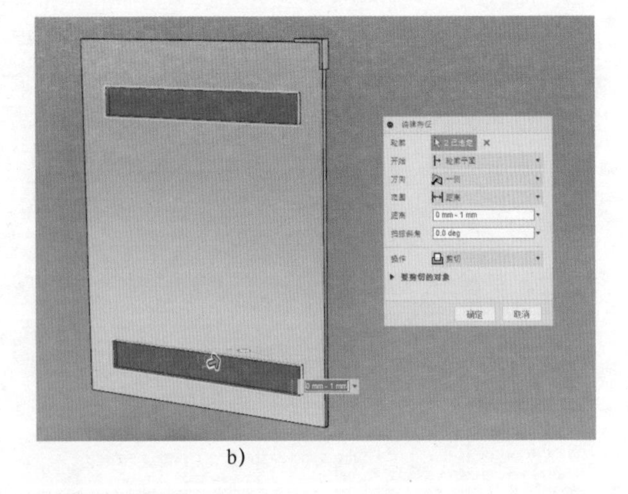

b)

图 8-14 绘制并拉伸草图 6

步骤 13 绘制并拉伸草图 7

绘制草图 7(镜子灯)，如图 8-16a 所示。选择草图 7 并单击【创建】/【拉伸】，弹出【拉伸】属性管理器。【开始】选择【轮廓平面】，【方向】选择【对称】，【测量】选择【半长】，【距离】设为“18mm”，【操作】选择【新建实体】，单击【确定】，如图 8-16b 所示。

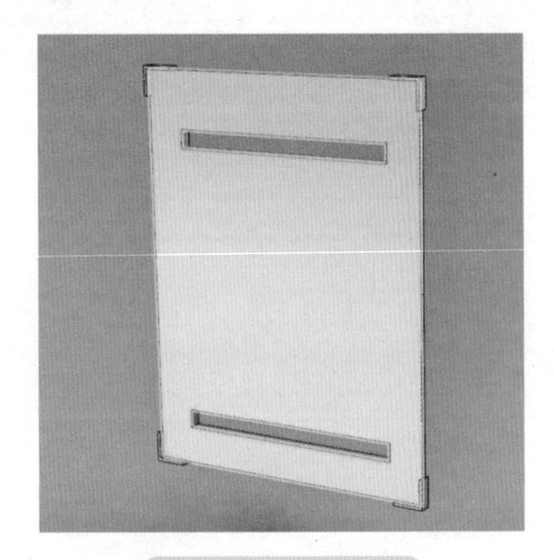

图 8-15 镜像模型

步骤 14 绘制并拉伸草图 8

绘制草图 8(灯盖板)，如图 8-17a 所示。选择草图 8 并单击【创建】/【拉伸】，弹出【拉伸】属性管理器。【开始】选择【轮廓平面】，【方向】选择【一侧】，【范围】选择【距离】，【距离】设为“–0.5mm”，【操作】选择【新建实体】，单击【确定】，如图 8-17b 所示。

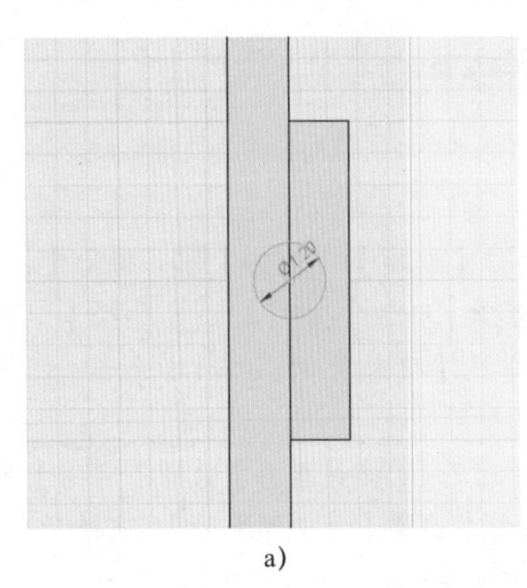

a)

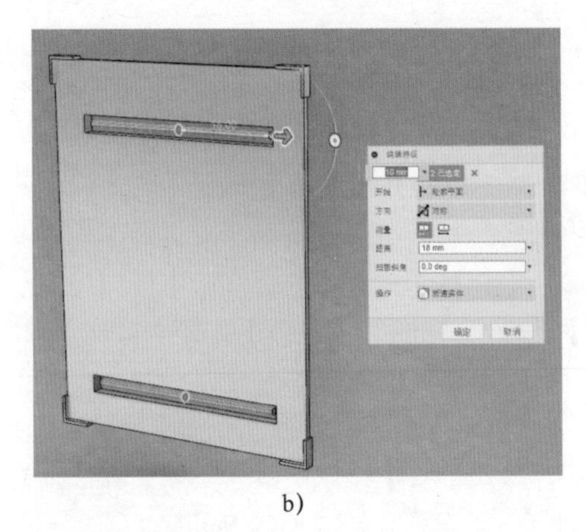

b)

图 8-16 绘制并拉伸草图 7

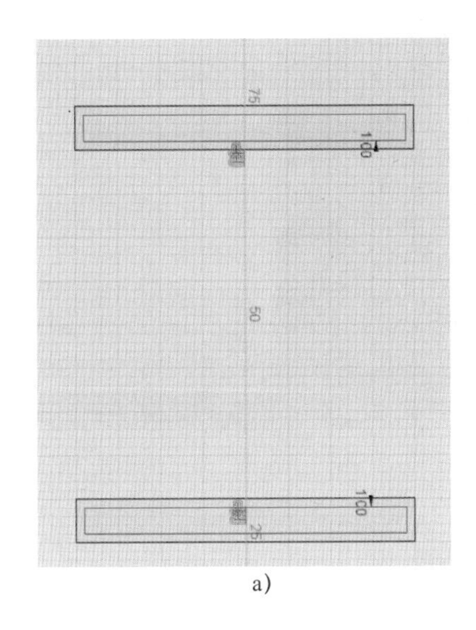

a)

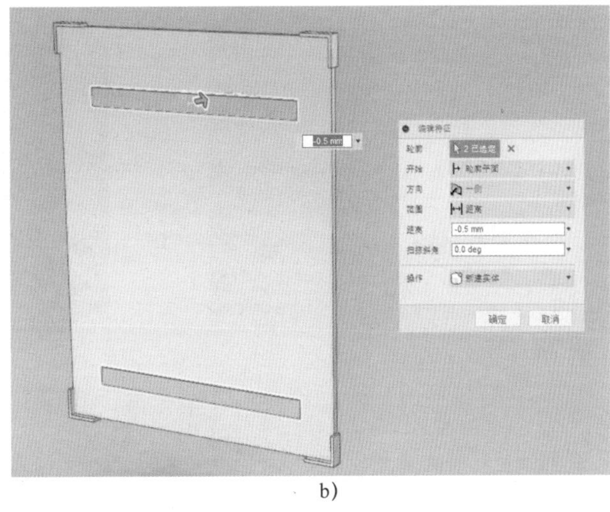

b)

图 8-17　绘制并拉伸草图 8

步骤 15　创建隔板

绘制隔板草图，如图 8-18a 所示。单击【创建】/【拉伸】，弹出【拉伸】属性管理器。【开始】选择【轮廓平面】，【方向】选择【一侧】，【范围】选择【距离】，【距离】设为“190.00mm”，如图 8-18b 所示。

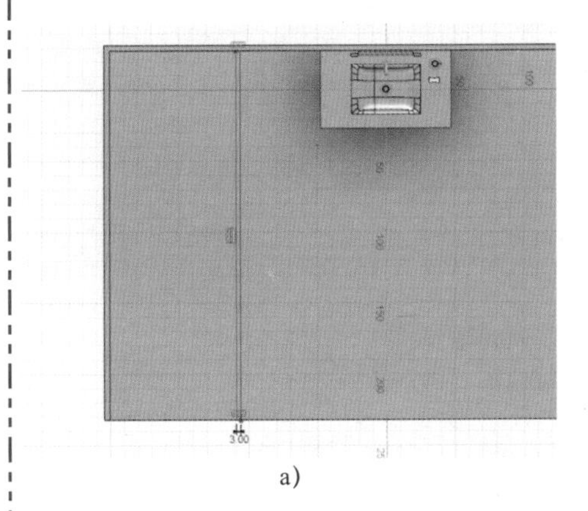

a)

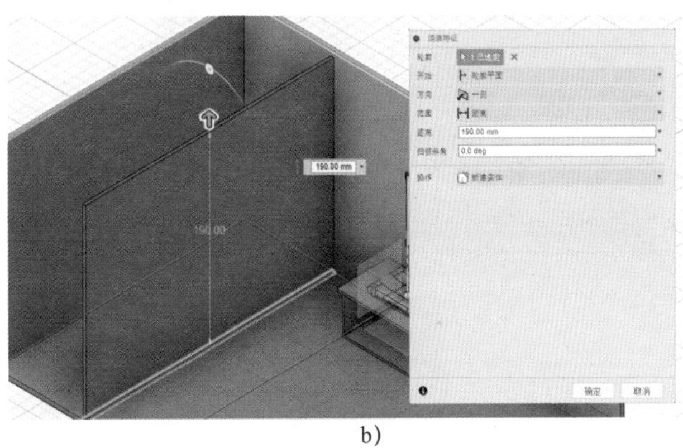

b)

图 8-18　创建隔板

步骤 16　分割隔板

分割隔板草图如图 8-19a 所示。单击【创建】/【拉伸】，弹出【拉伸】属性管理器。【开始】选择【轮廓平面】，【方向】选择【一侧】，【范围】选择【距离】，【距离】设为“–20.00mm”，如图 8-19b 所示。

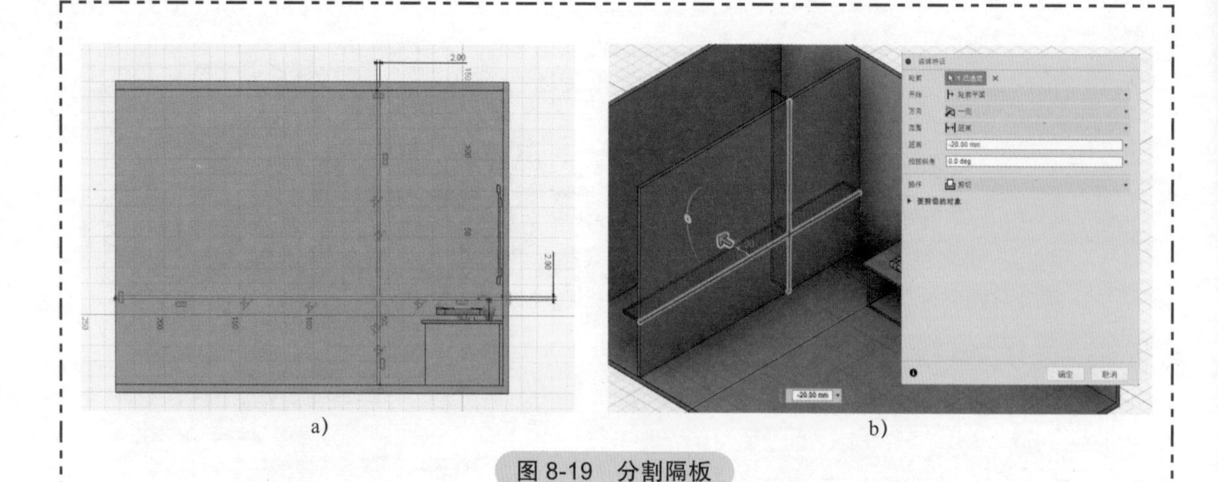

a) b)

图 8-19 分割隔板

步骤 17 创建浴室把手

绘制浴室把手草图，如图 8-20a 和图 8-20b 所示。单击【创建】/【扫掠】，弹出【扫掠】属性管理器。【轮廓】选择“圆轮廓”，【路径】选择“扫掠路径”，勾选【链选】选项，如图 8-20c 所示。

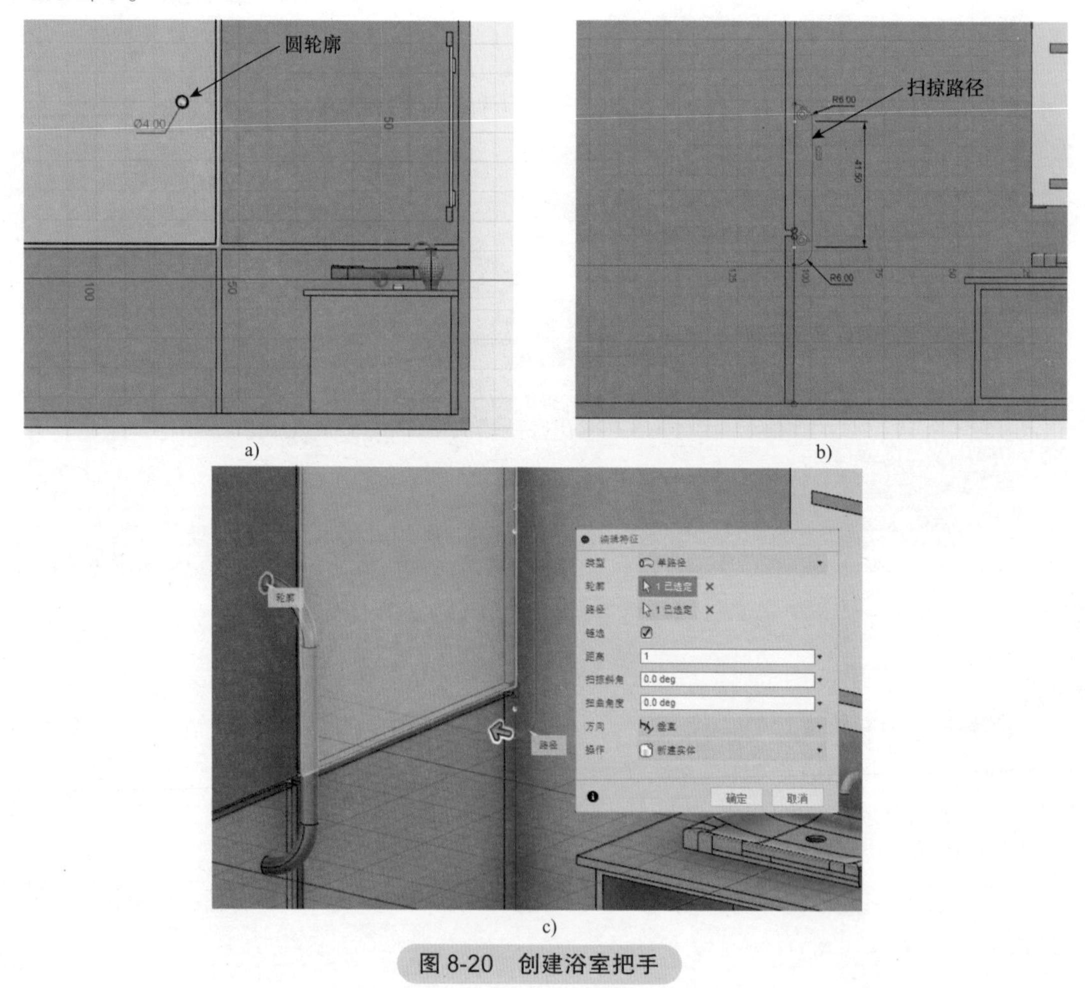

a) b)

c)

图 8-20 创建浴室把手

步骤 18 创建地漏

绘制地漏草图，如图 8-21a 所示。单击【创建】/【拉伸】，弹出【拉伸】属性管理器。【开始】选择【轮廓平面】，【方向】选择【一侧】，【范围】选择【距离】，【距离】设为“5mm”，【操作】选择【新建实体】，单击【确定】，效果图如图 8-21b 所示。

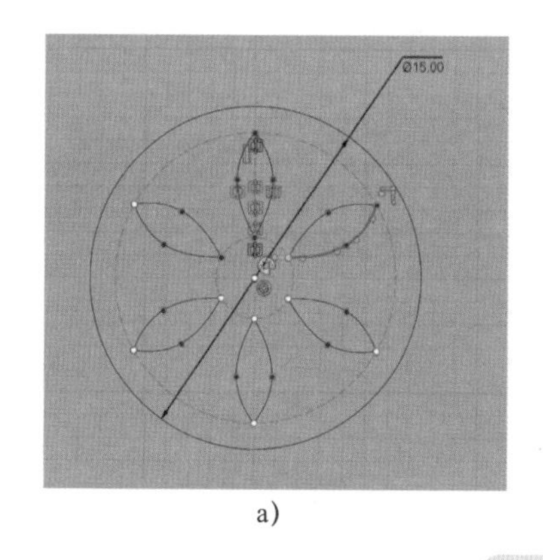

a)

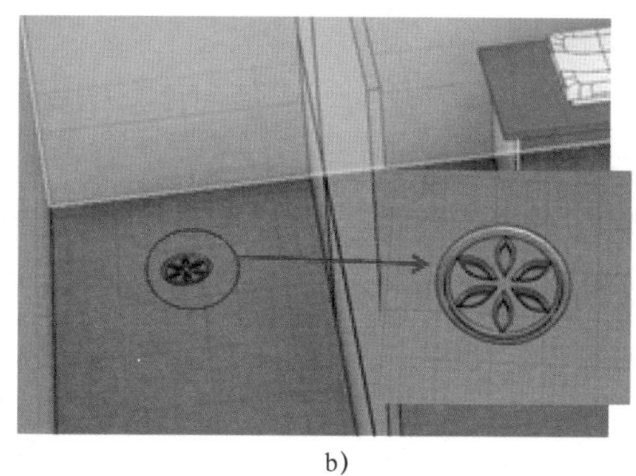

b)

图 8-21 创建地漏

步骤 19 创建水管及蓬头

绘制水管及蓬头草图。选择草图使用【旋转】、【拉伸】、【扫掠】命令，创建水管以及蓬头，如图 8-22 所示。

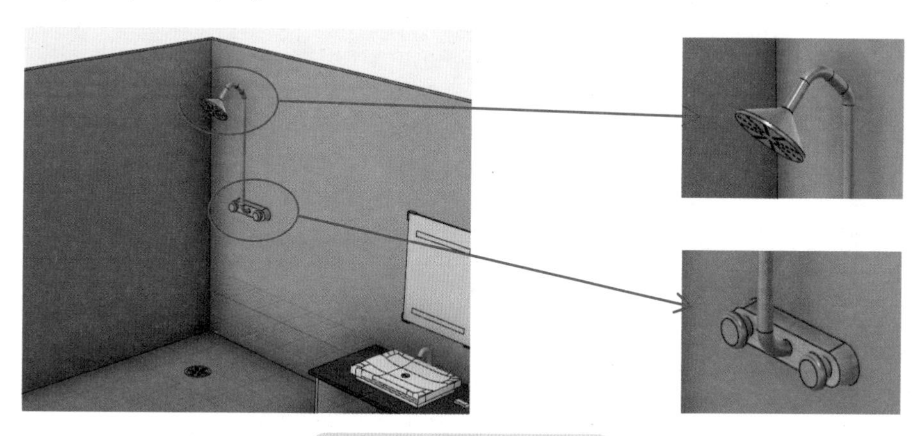

图 8-22 创建水管及蓬头

小提示

水管及蓬头草图部分在这里不详细指出，可根据模型实际设计与布置自行绘制。

步骤 20 分割隔板

绘制草图，单击【创建】/【拉伸】，弹出【拉伸】属性管理器。【开始】选择【轮廓平面】，【方向】选择【一侧】，【范围】选择【距离】，【距离】设为“–10mm”，【操作】选择【剪切】，单击【确定】，效果图如图 8-23 所示。

小提示

分割隔板草图部分在这里不详细指出，可根据模型实际设计与布置自行绘制。

步骤 21　检查模型

旋转整体场景，使用全图缩略方式查看模型。多角度观察模型是否合理，布局是否符合设计师设计要求，完成建模过程，如图 8-24 所示。

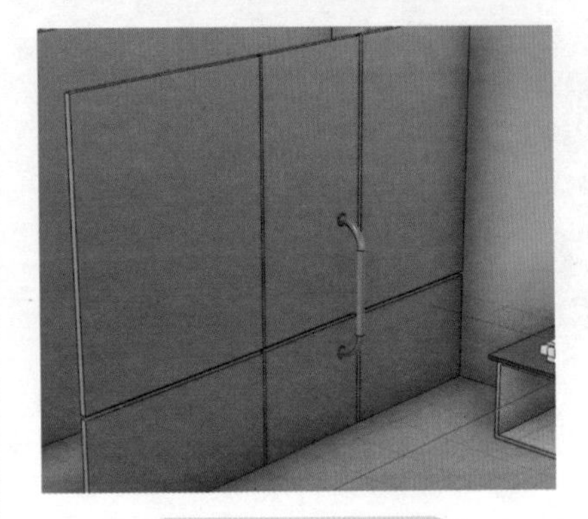

图 8-23　分割隔板

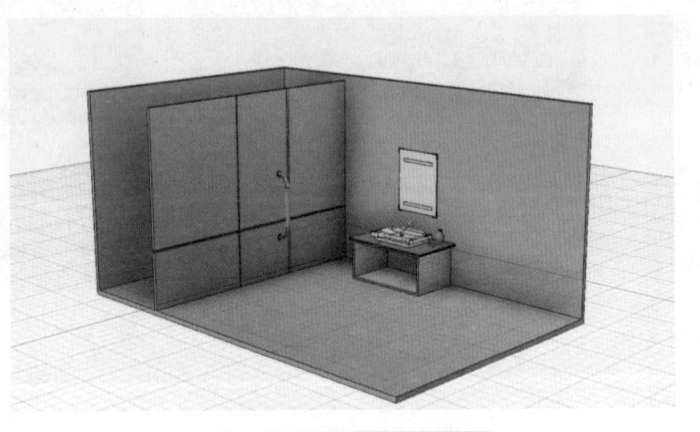

图 8-24　整体场景搭建

8.3　场景、模型渲染

为了呈现更为真实的环境效果，在本节中将更改模型材质以及添加贴图，使得洗漱间模型更为真实，并在最后使用云渲染功能，渲染整个场景出最终效果图，如图 8-25 所示。

图 8-25　渲染场景图

步骤 1　更改隔板材质

切换至渲染工作空间，单击【设置】/【外观】，选择【玻璃】/【纹理】/【玻璃 - 浅磨砂】，并将其拖拽至隔板部分，隔板由 6 部分组成，注意全部添加材料，如图 8-26 所示。

步骤 2　更改把手材质

单击【设置】/【外观】，选择【金属】/【不锈钢】/【不锈钢 - 缎光】以及【不锈钢 - 抛光】，并拖拽至把手部分，注意【应用于】选项勾选【面】，如图 8-27 所示。

图 8-26 更改隔板材质

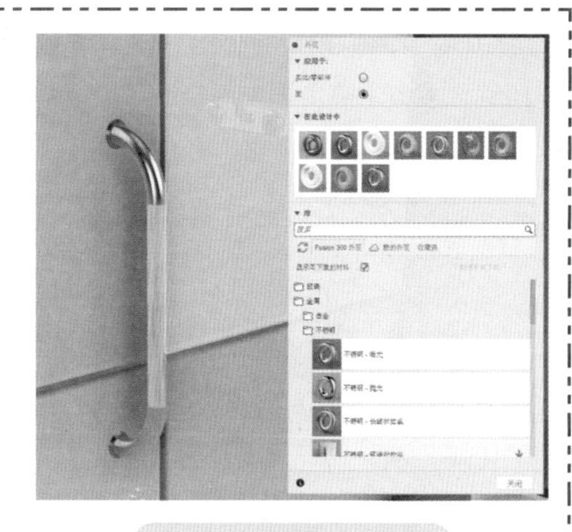

图 8-27 更改把手材质

步骤 3 更改镜子材质

单击【设置】/【外观】，镜面部分使用【ABS（白色）】，护角部分使用【钢 - 缎光】，灯管部分使用【其他】/【发射】/【LED-SMD 3528-8lm（白色）】，如图 8-28 所示。

步骤 4 更改蓬头及水管材质

单击【设置】/【外观】，蓬头部分使用【不锈钢 - 长线状拉丝】，水管部分使用【不锈钢 - 长线状拉丝】，水阀部分使用【黄铜 - 粗面】，如图 8-29 所示。

图 8-28 更改镜子材质

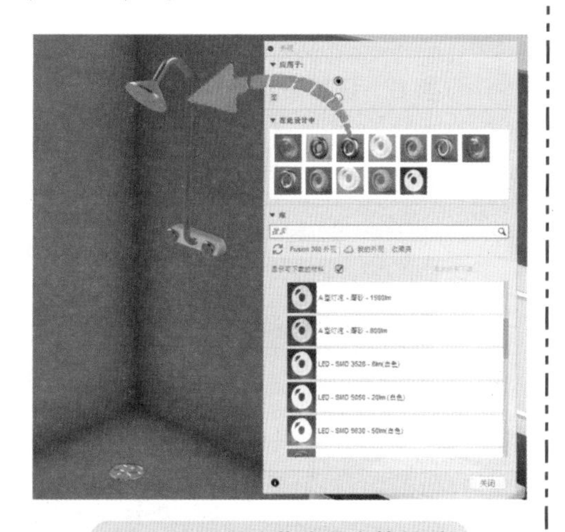

图 8-29 更改蓬头及水管材质

小提示

在设置外观时，拖动材料的同时要查看最终位置，不要拖动到其他地方。在细小特征上附加外观材料时，可以适量放大视图，将模型特征居中显示，再次拖动外观材料到指定模型，这样可以在很大程度上减少错误率。

步骤 5 贴图

单击【设置】/【贴图】，【选择面】选择需要贴图曲面或平面，如图 8-30 所示。用鼠标拖动圆形图标可以旋转图片，拖动矩形图标可以移动图片位置，【不透明度】选项输入“100”，单击【确定】完成贴图。

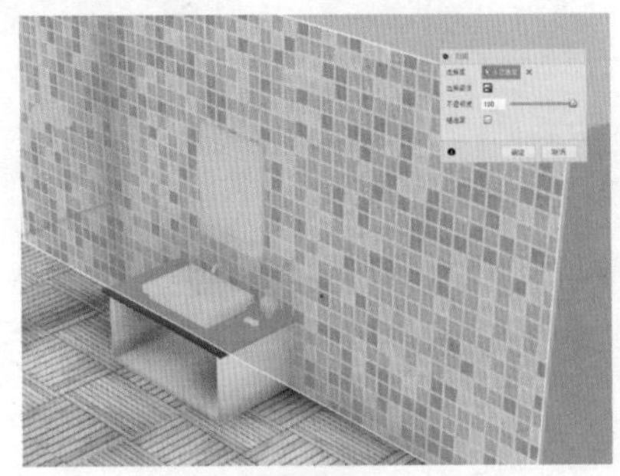

a）选择墙壁

b）选择地板

图 8-30 贴图

小提示

在贴图过程中，【链选面】选项可以不勾选，这样贴图不会影响所选面以外的其他平面外观。在贴图过程中，可以在同一平面贴多张图。如果所贴平面过大，可以使用该种方式。

步骤 6 场景设置

单击【设置】/【场景设置】。【背景】选择【实体颜色】，在【位置】选项中，可以设置灯光方向以及模型位置和大小比例。【环境库】选项卡中选择【暖光灯】，如图 8-31 所示。

图 8-31 场景设置

步骤 7 检查模型

旋转整体场景，使用鼠标中键调整大小进行查看。多角度观察模型是否合理，布局是否符合设计师设计要求，完成外观以及场景设置，如图 8-32 所示。

图 8-32 检查模型

步骤 8 云渲染

调整好场景后，单击【渲染】，弹出【渲染设置】属性管理器。选择【WEB】模式，格式选择【1280×1024】,【渲染方式】选择【云渲染器】。单击【渲染】，云渲染开始，如图 8-33 所示。

渲染设置
WEB 手机 打印 视频 自定义
800 x 600 0.5 兆像素
1024 x 768 0.8 兆像素
1280 x 1024 1.3 兆像素
渲染方式
云渲染器 本地渲染器
渲染质量
标准 最终
渲染队列时间: < 60 分钟
1 所需积分
渲染
关闭

a)【渲染设置】属性管理器

已开始云渲染
当完成渲染后，在渲染作品库中单击缩略图以查看完整图像。

b）云渲染开始

c）渲染最终效果图

图 8-33 云渲染

8.4 动画演示 Layout 制作

本节将使用洗漱间场景制作 2min 左右的演示动画。根据不同角度的机位改变，展示洗漱台、镜子、浴室等模型细节以及布局方式，让设计师更好地展示模型，如图 8-34 所示。

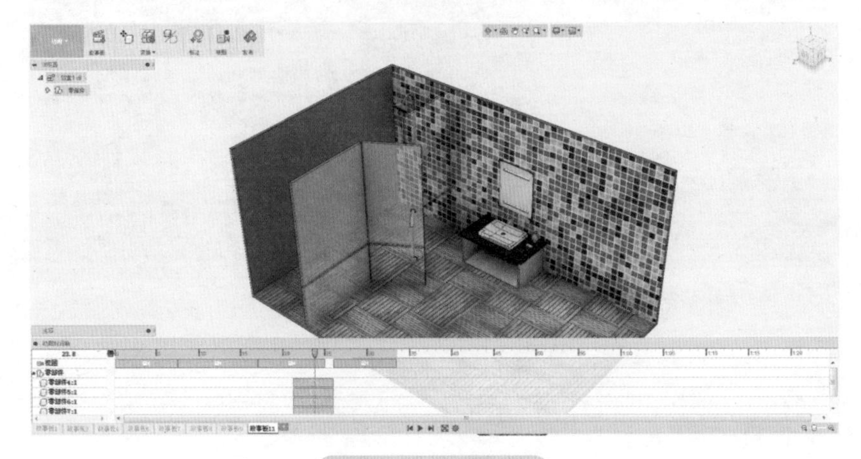

图 8-34 动画制作

开始制作洗漱间案例演示动画之前，将先介绍 Layout 动画的基本常识，这些知识可以使我们今后制作的镜头更具张力。

> 小提示
> 为了更好地说明镜头语言，在知识点中将“壁纸”用【织物 - 粗面】表示。

1. 如何布置镜头以进行场景展示

（1）正视图构图：通常状态下，正视图构图主要用于说明主体场景所展示的建筑、物体的状态及其他具体情况，最为接近人们的主观视角。在设置动画镜头预演时，一般用于说明主体物体，如图 8-35 所示。

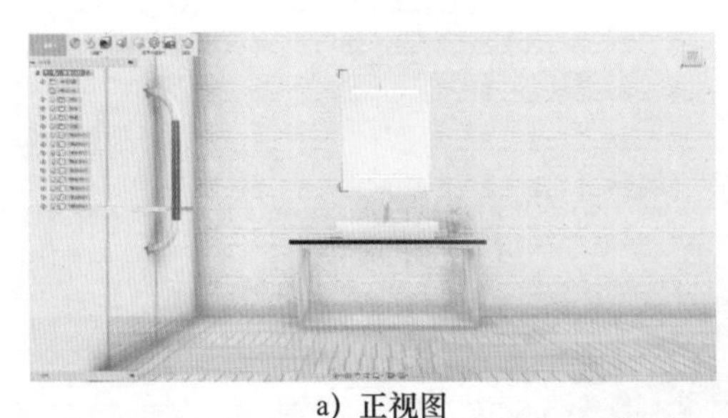

a）正视图

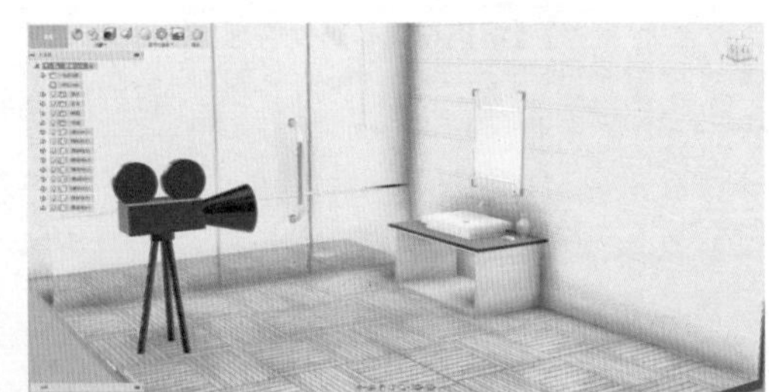

b）相机位置

图 8-35 正视图构图

> 小提示
> 左图为视图，右图为相机位置即人观察视角。

（2）侧视图构图：侧视图构图通常用于进行场景主体物体各个角度的演示，动画镜头预演中不会全部使用，只有在特殊说明场景、物体具体结构、状态时才会使用，如图 8-36 所示。

a）侧视图

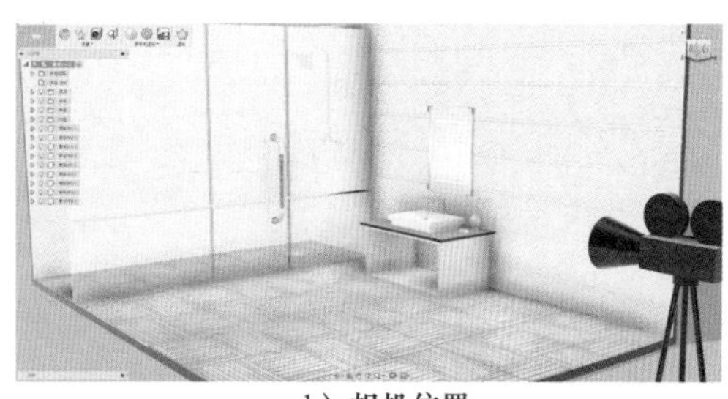

b）相机位置

图 8-36 侧视图构图

（3）俯视图构图：这类镜头更偏重说明场地使用面积、不同物体布局位置等，如果预演动画使用此类镜头，会放在视频的最前面或者结尾处。

1）45° 角构图：这类构图比较适合说明场景中多个物体的位置关系和不同侧面物体的细节情况，如图 8-37 所示。

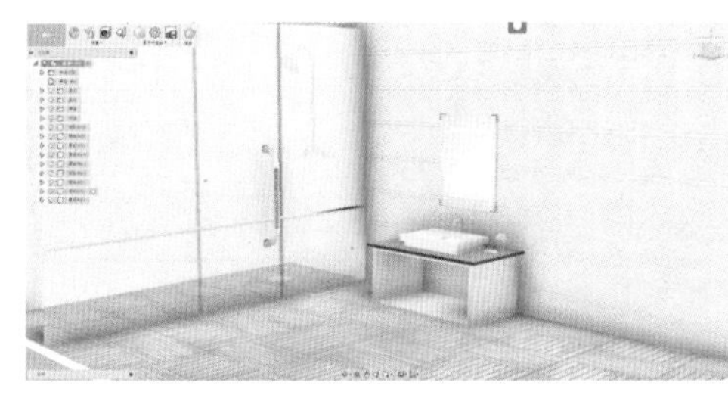

a）45° 角视图

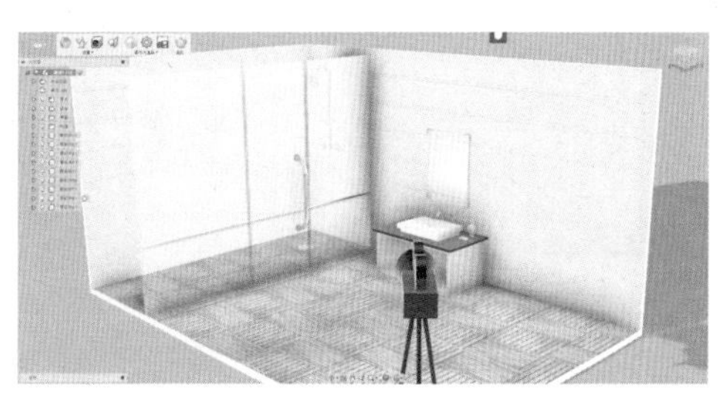

b）相机位置

图 8-37 45° 角构图

2）正交视图构图：这类镜头是场景说明中最为常用的角度，可以更加立体地从多个角度来观察场景和被展示物体。在下面的案例中，我们会多次运用相关镜头来展示洗漱间场景，如图 8-38 所示。

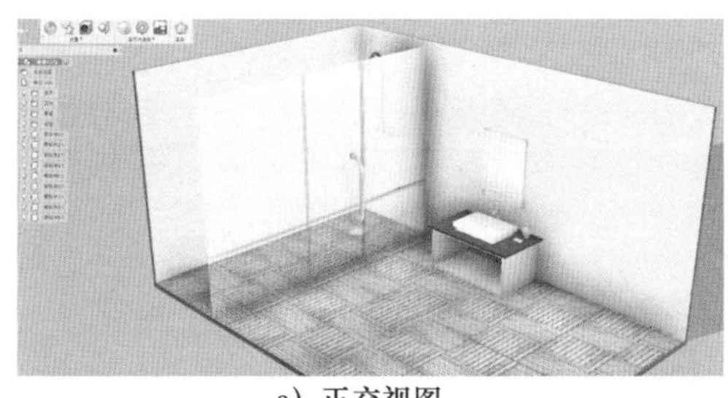

a）正交视图

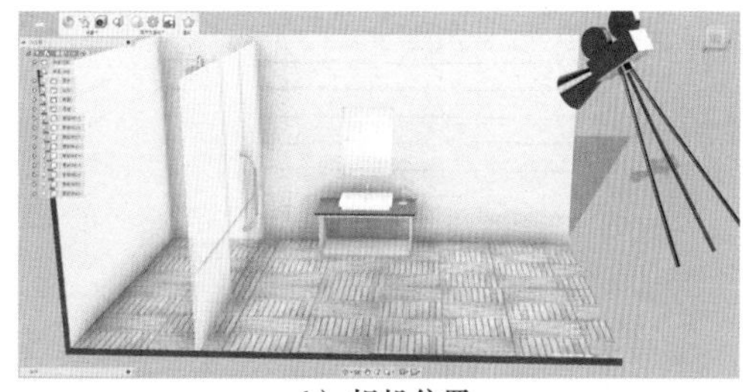

b）相机位置

图 8-38 正交视图构图

2. 认识常用镜头语言

（1）固定镜头，如图 8-39 所示。相机固定不动，展示场景特征。

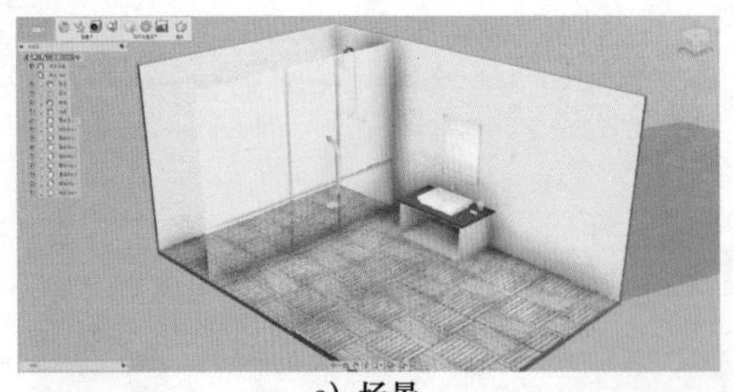

a）场景

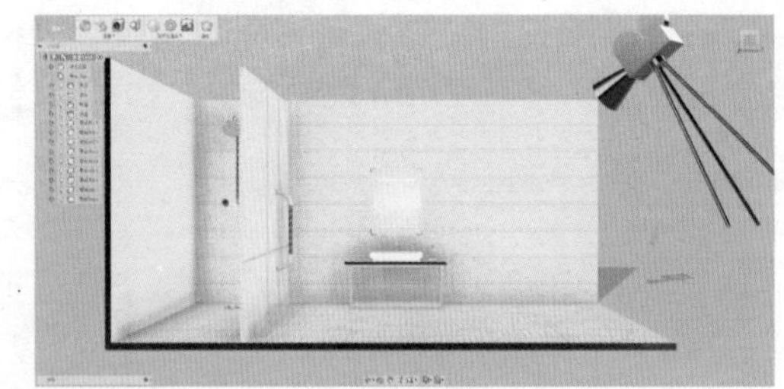

b）相机位置

图 8-39　固定镜头

（2）移动镜头

1）平移镜头，如图 8-40 所示。

a）上移镜头

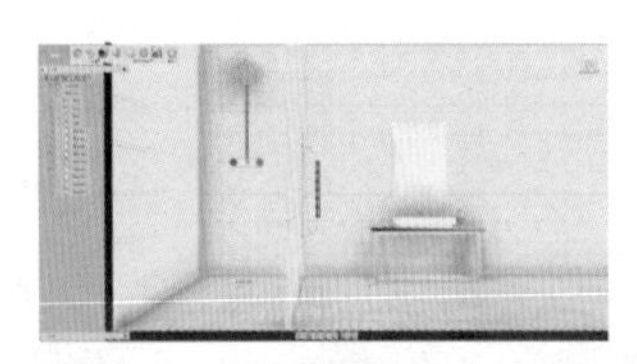

b）左移镜头

c）主镜头（以正视图为例）

d）右移镜头

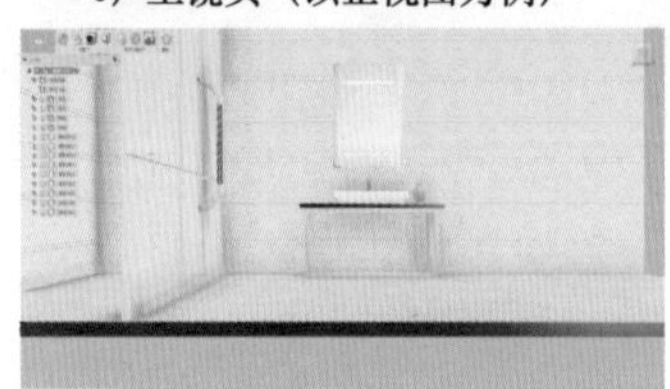

e）下移镜头

图 8-40　平移镜头

2）摇镜镜头，如图 8-41 所示。

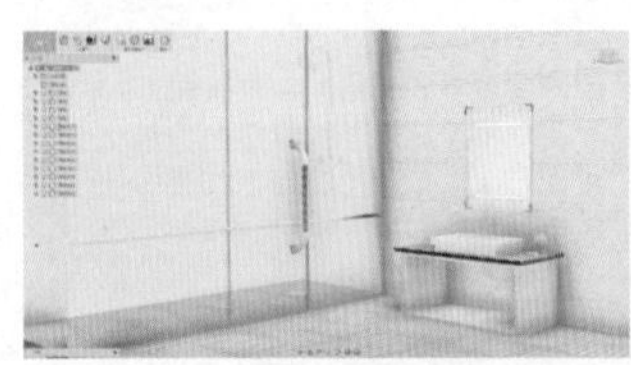

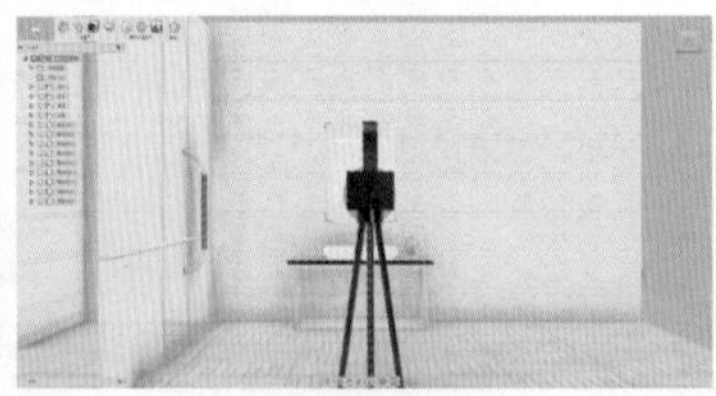

a）左右摇镜

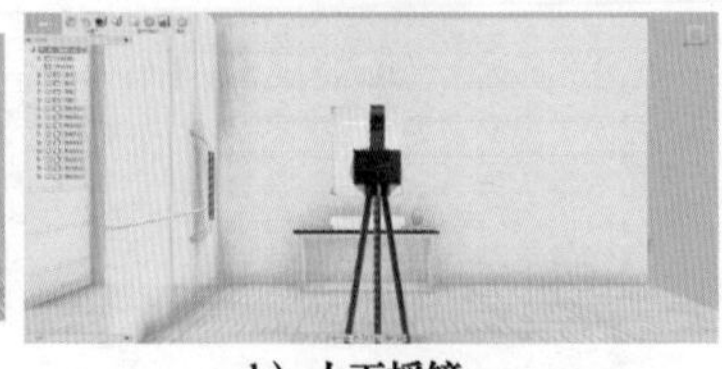

b）上下摇镜

图 8-41　摇镜镜头

3. 洗漱间场景案例（见表 8-1）

表 8-1　Layout 动画镜头预演脚本

镜号	时长	画面内容	景别	镜头角度	镜头运动
第一幕 / 第一场					
1	2 s	展示主题："洗漱间样板间"文字、面积以及平面图	全景	正视	固定
2	4 s	切换视角位置为正交视图	全景	正交	摇移
3	2 s	洗漱池模型细节展示	全景	正交	移镜
4	4 s	镜子模型细节展示	全景	正交	移镜
5	6 s	浴室花洒模型细节展示		正视	移镜
6	3 s	地漏模型细节展示		正交	摇移
7	5 s	浴室门把手模型细节展示		正交	移镜
第一幕 / 第二场					
8	3 s	从正交视图变换为正视图	全景	正交	摇移
9	1.5 s	展示			
10	6.5 s	切换为洗漱池近景		正视	移镜
11	1 s	展示			
12	3 s	切换视角展示进入浴室动作	全景	正视	固定
13	2 s	展示			
14	3 s	旋转视角站在浴室门口	全景	正视	摇镜
15	3.5 s	浴室门打开			移镜
第二幕					
16	7.5 s	进入浴室转换视角看到花洒		正视	摇移
17	9.5 s	拉伸缩小视图显示浴室		正视	摇移
18	9 s	关闭浴室门并且回正交视图		正视	摇移
19	7.4 s	结束动画演示切换到左视图，显示结束语		正视	摇移

步骤 1　绘制平面图

在场景样板间中使用背景墙作为第一个镜头，简单说明整体布局内容，使用草图功能创建平面图，如图 8-42 所示。

步骤 2　创建故事板

切换至【动画】工作空间，移动播放指针到 2s 的位置，展示第一个相机位置为后视图，如图 8-43 所示。

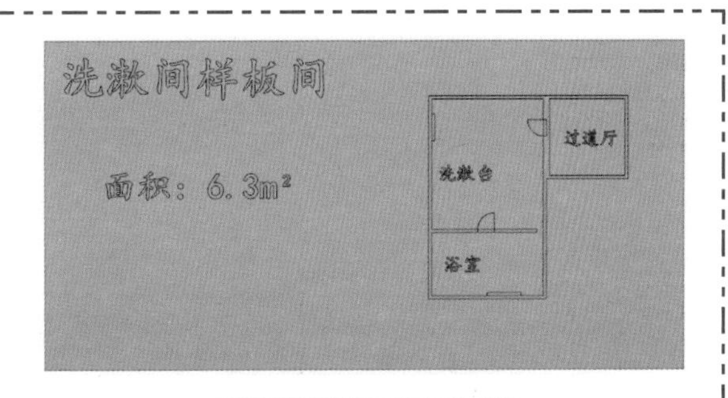

图 8-42　绘制平面图

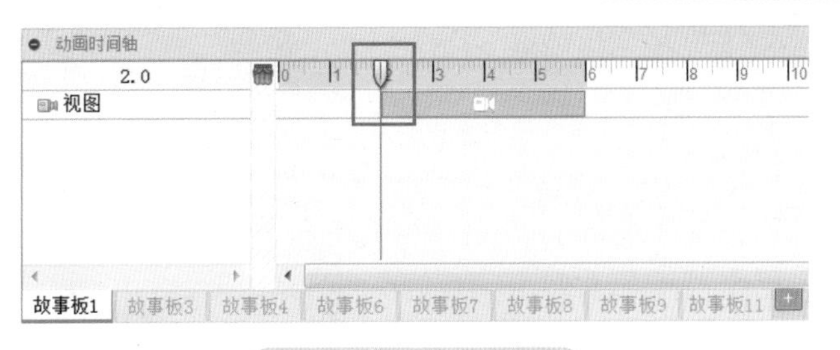

图 8-43　创建故事板

步骤 3　更改相机视角

开启视图录制，移动播放指针到 6s 的位置，单击 ，场景回到初始视图位置，记录第一个相机视图，如图 8-44 所示。

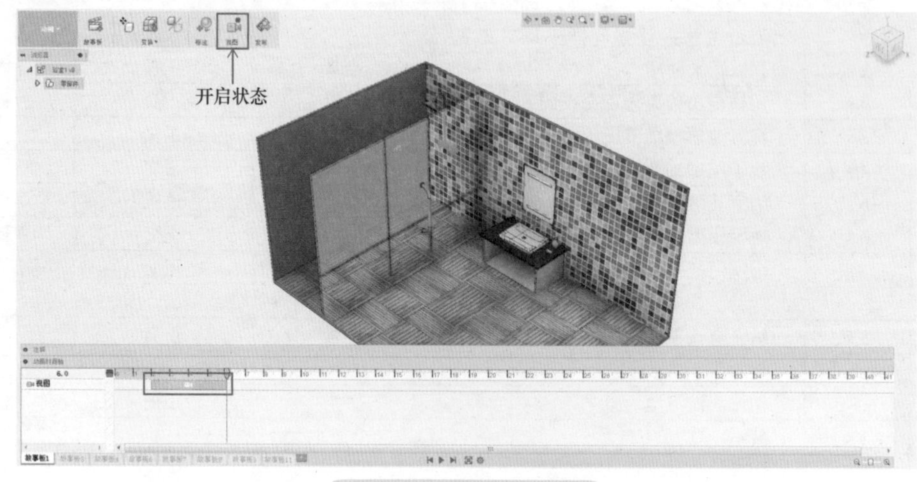

图 8-44　更改相机视角

步骤 4　新建故事板

开启视图录制，单击【故事板】，【故事板类型】选择【从上一个的末尾开始】，初始视图放大到洗漱池局部，如图 8-45 所示。

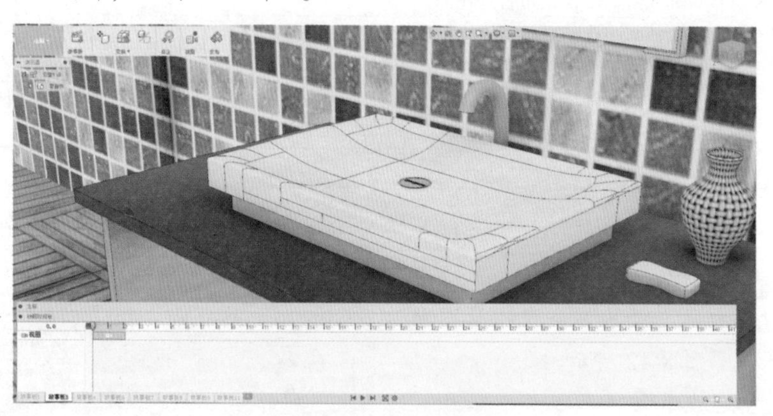

图 8-45　新建故事板

步骤 5　窗口缩放

单击【窗口缩放】，移动播放指针到 2s 的位置，鼠标框选需要放大区域，增加相机视图，如图 8-46 所示。

图 8-46　窗口缩放

步骤 6　新建故事板

开启视图录制，单击【故事板】，【故事板类型】选择【从上一个的末尾开始】，初始视图放大到镜子局部。单击【窗口缩放】，移动播放指针到 4s 的位置，鼠标框选需要放大区域，增加相机视图，如图 8-47 所示。

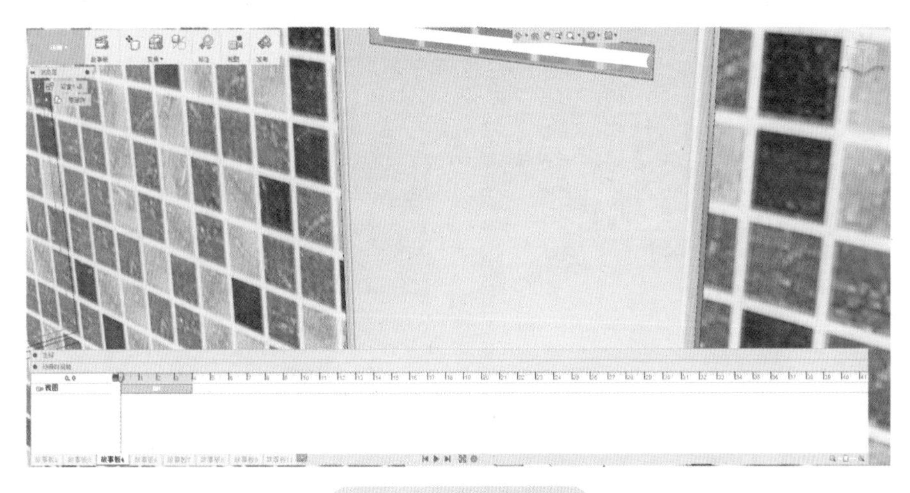

图 8-47 新建故事板

步骤 7 花洒视图切换

单击【故事板】，【故事板类型】选择【从上一个的末尾开始】，初始视图放大到花洒局部。移动播放指针到 6s 的位置，上移视图显示全部结构，如图 8-48 所示。

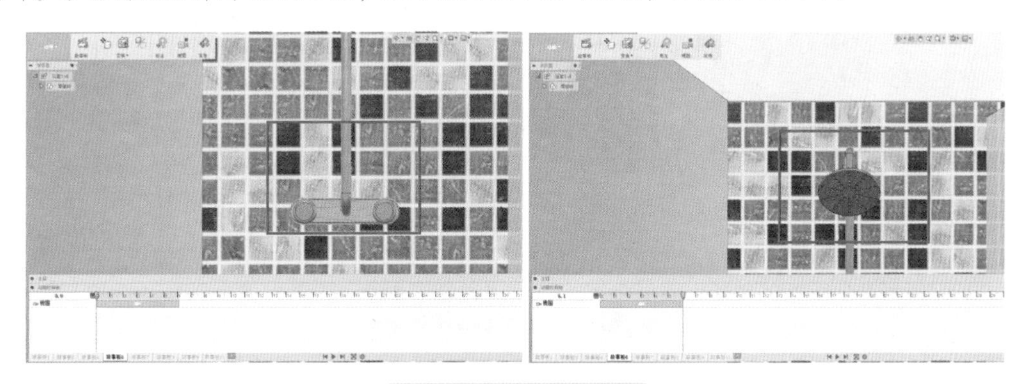

图 8-48 花洒视图切换

步骤 8 地漏展示

单击【故事板】，【故事板类型】选择【从上一个的末尾开始】，初始视图放大到地漏处。移动播放指针到 3s 的位置，缩放窗口显示放大视图，如图 8-49 所示。

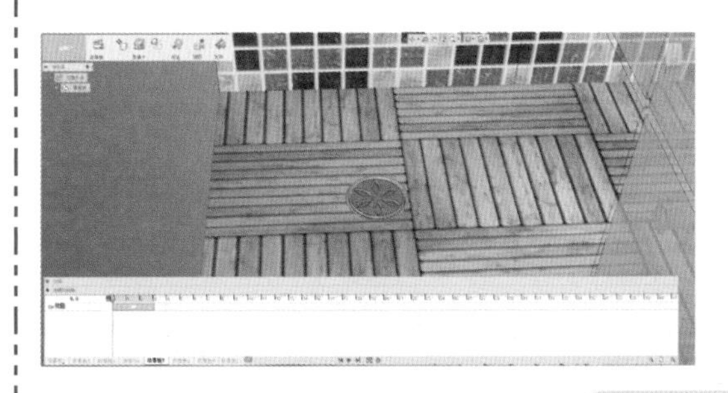

图 8-49 地漏展示

步骤 9　浴室门把手展示

单击【故事板】，【故事板类型】选择【从上一个的末尾开始】，初始视图放大到把手局部。移动播放指针到 5s 的位置，上移视图显示全部结构，如图 8-50 所示。

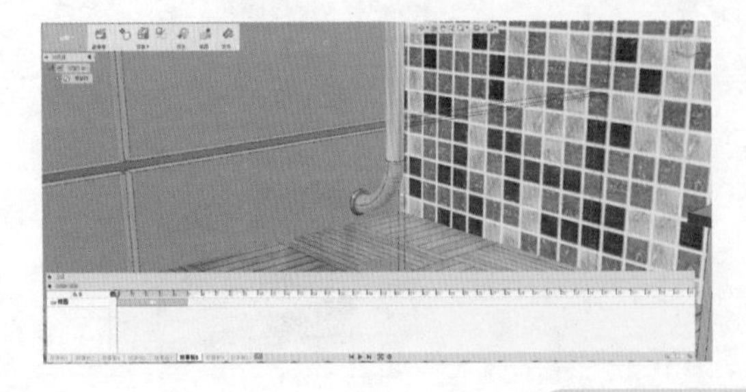

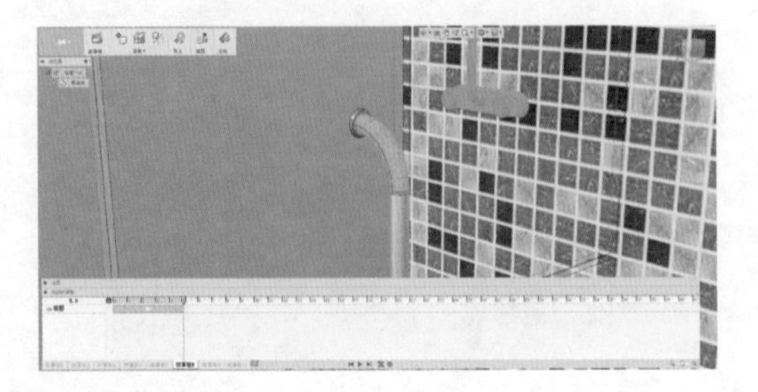

图 8-50　浴室门把手展示

步骤 10　新建故事板

单击【故事板】，【故事板类型】选择【从上一个的末尾开始】，移动播放指针到 3s 的位置，视图切换为正视图记录变化相机位置，如图 8-51 所示。

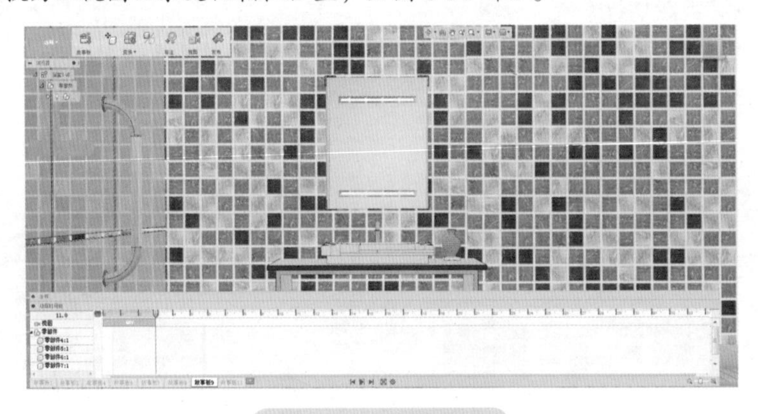

图 8-51　新建故事板

步骤 11　推进镜头

移动播放指针到 11s 的位置，通过放大操作，拉近视图相机位置，近距离展示洗漱台与镜子，如图 8-52 所示。

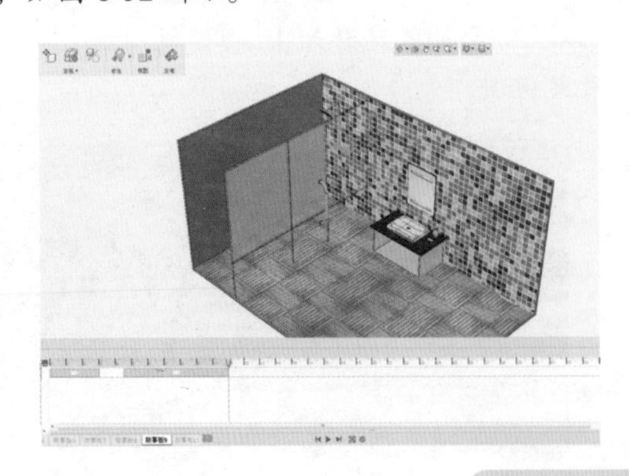

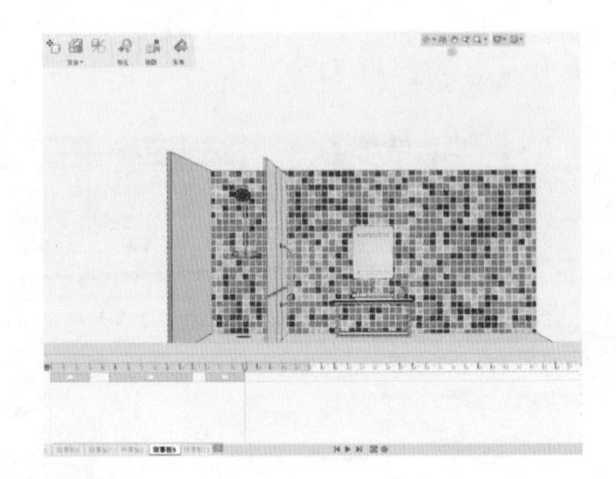

图 8-52　推进镜头

步骤 12　拉近镜头

移动播放指针到 15s 的位置，通过旋转工作空间操作，切换角度展示洗漱台与镜子，如图 8-53 所示。

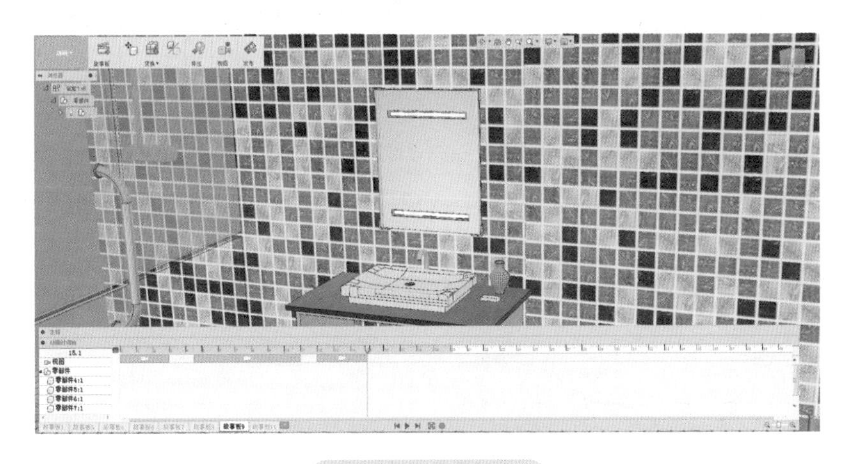

图 8-53　拉近镜头

步骤 13　推进镜头

移动播放指针到 20s 的位置，通过旋转工作空间操作，切换角度展示浴室门，如图 8-54 所示。

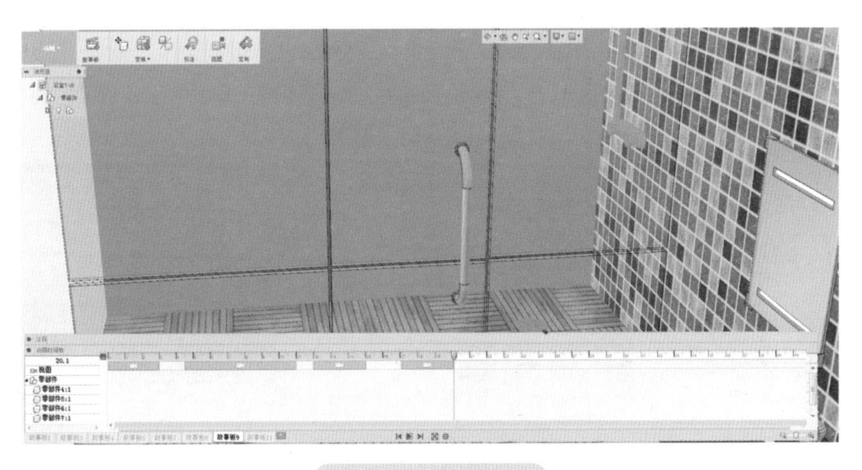

图 8-54　推进镜头

步骤 14　展示镜头

移动播放指针到 23.5s 的位置，单击【变换零部件】，选择浴室门以及把手等零部件，旋转 120° 显示开门动作，如图 8-55 所示。

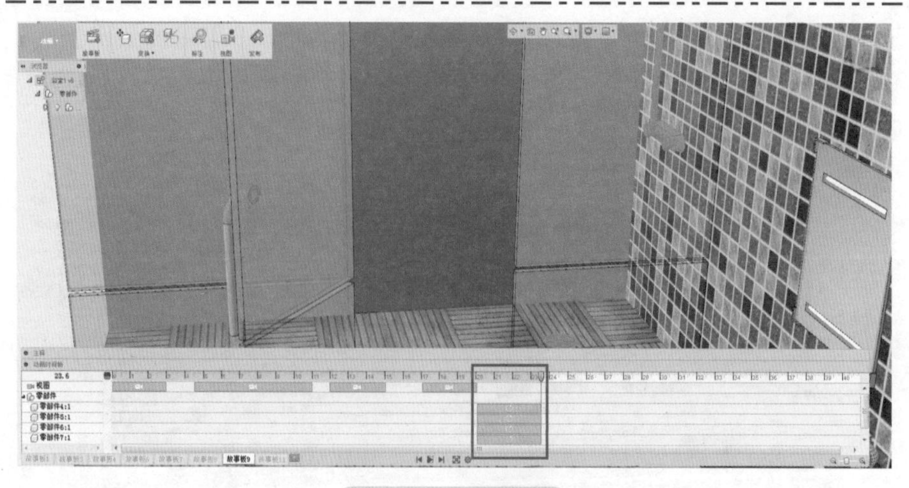

图 8-55　展示镜头

小提示

在视图变换前后，可以加入 1 ~ 3s 的停顿时间，方便展示上一角度视图所说明的特征。如果零部件在制作动画时没有拆分，可以返回模型工作空间，在【新建零部件】选项中选择【从实体】，选择需要拆分的实体，则可添加制作动画时的零部件。

步骤 15　新建故事板

单击【故事板】，【故事板类型】选择【从上一个的末尾开始】，初始视图为上一故事板的最后一个视图。移动播放指针到 7.5s 处，通过旋转工作空间操作，切换角度展示进入浴室后的场景，移动播放指针到 17s 处，加入拉远相机位置视图，如图 8-56 所示。

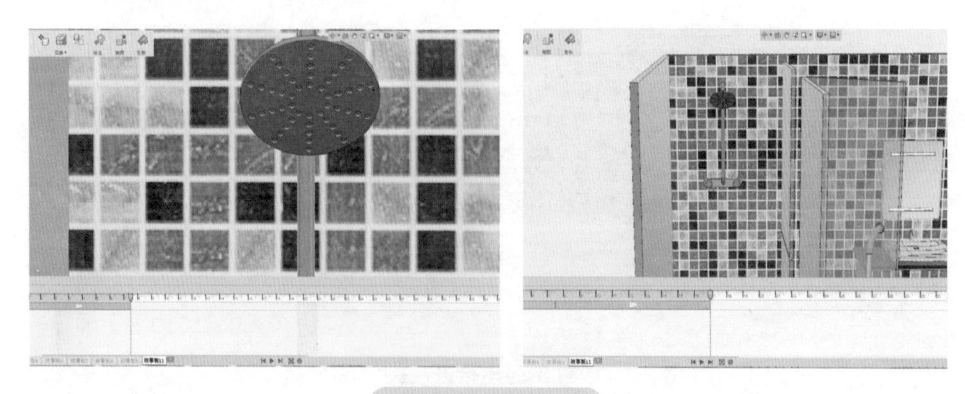

图 8-56　花洒场景

步骤 16　正交镜头

移动播放指针到 25s 的位置，单击，场景回到初始视图位置，记录相机视图。移动播放指针到 26s 的位置再次使用【变换零部件】命令，选择浴室门以及把手等零部件，旋转“–120°”显示关门动作，如图 8-57 所示。

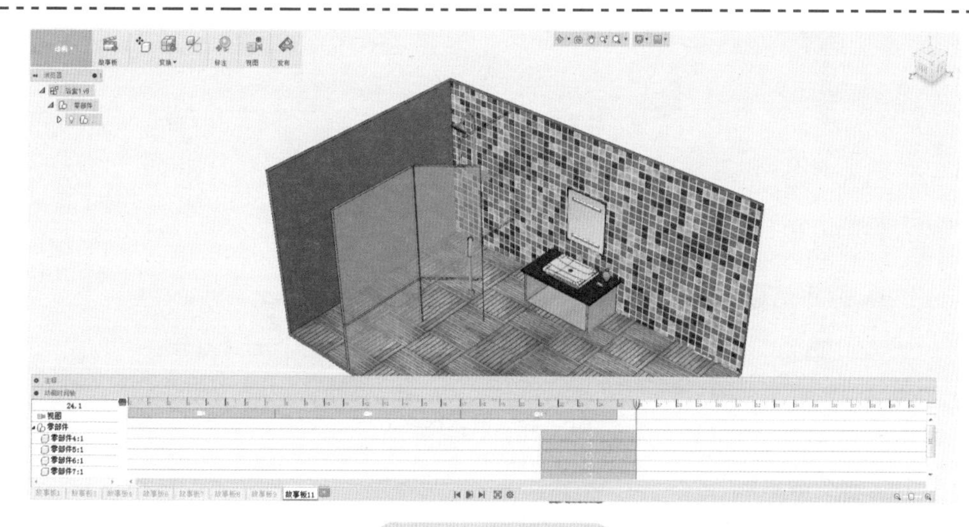

图 8-57 正交镜头

小提示

【变换零部件】命令与视图变换在一起操作时，要注意先后顺序，做到刚好视图切换完成浴室门关闭，或者后延 1s 关闭完成。两个操作可以分开进行，再编辑修改持续时间。

步骤 17 结束镜头

在洗漱间模型展示最后，回到初始视图位置，移动播放指针到 33.4s 处，单击切换到左视图，显示最后一个镜头，如图 8-58 所示。

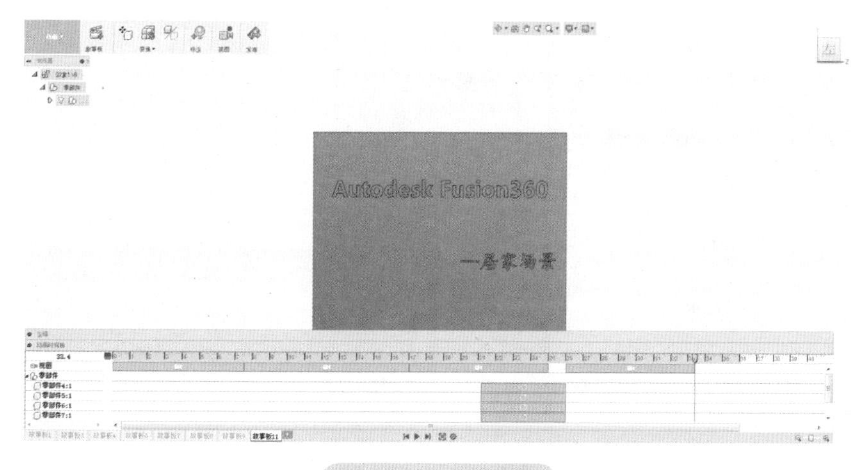

图 8-58 结束镜头

步骤 18 消失镜头

在洗漱间模型展示结束后，延时 0.4s。单击【显示 / 隐藏】，目标选择全部零部件，移动播放指针到 35.6s 的位置，隐藏零部件，如图 8-59 所示。

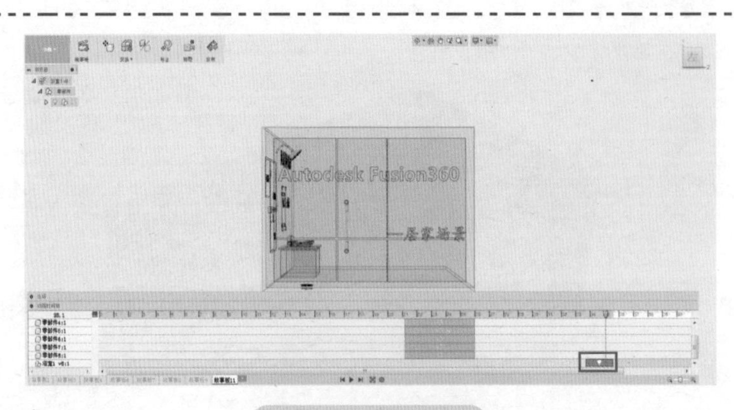

图 8-59　消失镜头

步骤 19　检查故事板

在洗漱间模型演示动画制作完成后，检查每个故事板动画是否合理。共计 8 个故事板，整合后查看完整动画，如图 8-60 所示。

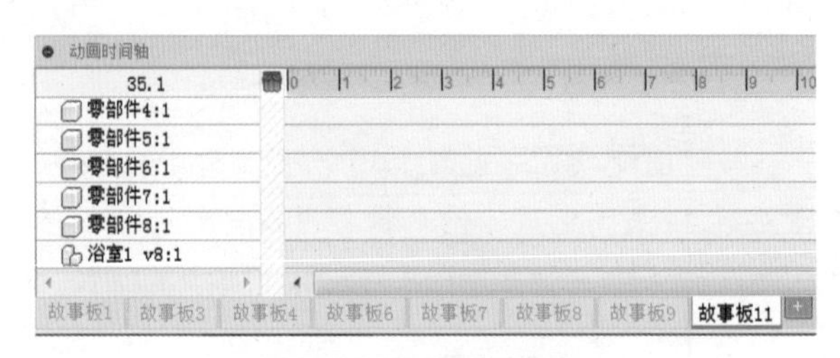

图 8-60　检查动画

步骤 20　发布视频

单击【发布】，弹出【视频选项】对话框，【视频范围】选择【所有故事板】，其他参数默认。单击【确定】后选择保存位置，如图 8-61 所示。

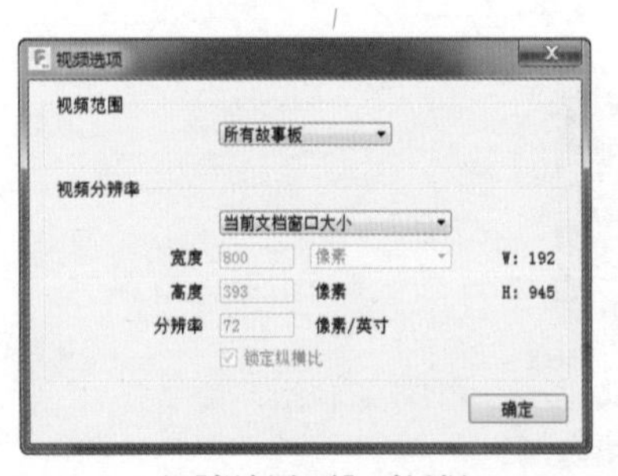

a)【视频选项】对话框

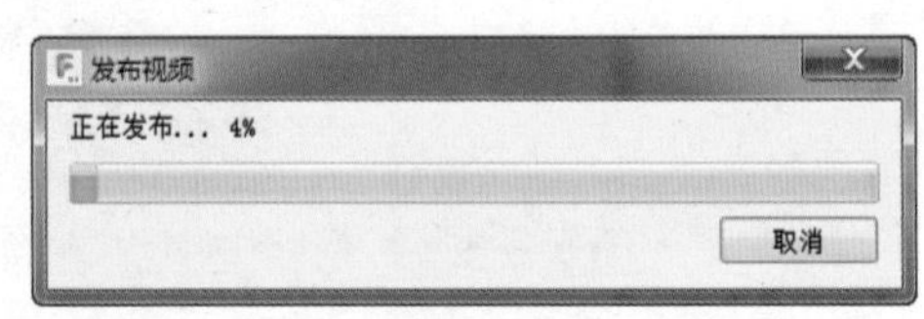

b）发布视频进度

图 8-61　发布视频

8.5　3D 打印

根据模型的数量，分批次打印模型。首先导入小零件部分，优化打印位置以及摆放方向，如图 8-62 所示。

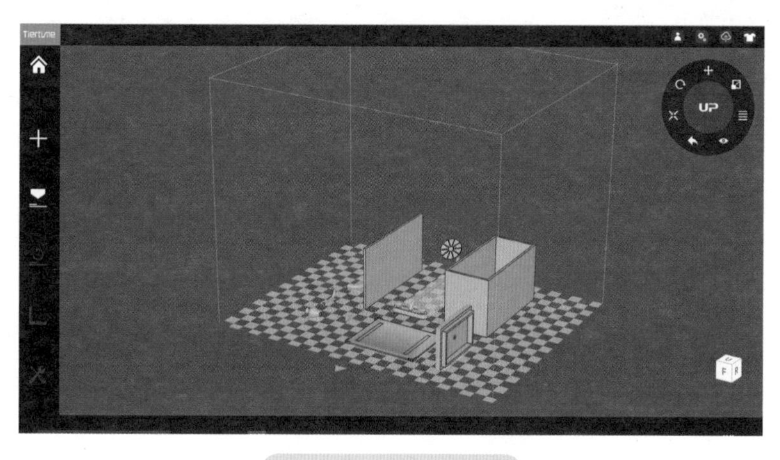

图 8-62 导入小零件

打印过程中，注意保持打印机所处环境的稳定性，并且实时观察打印过程是否有误。根据模型要求的不同，对打印参数做定向优化，从而平衡时间与打印精度。打印过程如图 8-63 所示。

a）过程 1

b）过程 2

图 8-63 打印过程

打印完成后，按照渲染图摆放模型，调整位置。可适当进行后处理，通过上色以及打磨使得场景更加形象生动。成果展示如图 8-64 所示。

图 8-64 成果展示

课堂练习

1. 结合整体案例进行场景设置。
2. 根据学习内容设置其他场景。
3. 建模以及渲染场景。